钳工锉削技术

吴清 编著

西南交通大学出版社
·成都·

内容简介

本书全面、系统、详细地介绍了锉削加工的技术方法。本书共分五章，内容包括锉刀基础知识、锉削基本技能、锉削技能练习、锉配加工技术和钳工操作技能等级考核练习试题。本书对于锉削操作方法、锉削加工方法以及锉配加工工艺等内容作了详细的描述和定义。

本书可作为职业院校机械、模具、机电等专业学生进行钳工实训的教学用书，可作为企业和职业院校进行钳工专业的培训用书，可作为在职钳工自学用书，可作为参加钳工技能等级考核与钳工技能竞赛的指导用书，也可作为钳工实训指导教师的参考用书。

图书在版编目（CIP）数据

钳工锉削技术 / 吴清编著. -- 成都：西南交通大学出版社，2024.9. -- ISBN 978-7-5774-0075-4

Ⅰ.TG934

中国国家版本馆 CIP 数据核字第 2024VR5261 号

Qiangong Cuoxue Jishu
钳工锉削技术

吴清　编著

策 划 编 辑	郭发仔
责 任 编 辑	李晓辉
封 面 设 计	GT 工作室
出 版 发 行	西南交通大学出版社
	（四川省成都市金牛区二环路北一段 111 号
	西南交通大学创新大厦 21 楼）
营销部电话	028-87600564　028-87600533
邮 政 编 码	610031
网　　　址	http://www.xnjdcbs.com
印　　　刷	成都蜀通印务有限责任公司
成 品 尺 寸	185 mm × 260 mm
印　　　张	14
字　　　数	348 千
版　　　次	2024 年 9 月第 1 版
印　　　次	2024 年 9 月第 1 次
书　　　号	ISBN 978-7-5774-0075-4
定　　　价	70.00 元

图书如有印装质量问题　本社负责退换
版权所有　盗版必究　举报电话：028-87600562

前　言

　　锉削加工是钳工最基本的一项操作技能，也是钳工运用最多的一项切削加工技艺。锉削加工属于手工操作，其一招一式皆有讲究。要达到锉削技术的基本掌握与熟练应用，除了勤学苦练，还要勤学巧练、掌握方法、掌握要领、规范操作。

　　作者在近 30 年的钳工实训教学实践中，致力于锉削操作方法、锉削加工方法、锉削操作训练方法等方面的探索和研究；在传统锉削技艺的基础上，不断尝试发展与创新，发表了多篇关于锉削技术的论文，其中《关于锉削操作方法的探讨》《锉削操作技法》《平面锉削的操作要领和基本锉法》《吴氏全程大力锉削操作与训练法》《吴氏平面精锉操作法》《吴氏曲面锉削操作法》和《型面锉削工艺》等七篇论文形成了"吴氏锉削操作技法"的基本内容。可以说，该基本内容使锉削加工技术得到了丰富与完善。又在此基础上，作者理论联系实际，几经修改，形成了这本书。本书对锉削操作方法、锉削加工方法、锉配工艺方法等内容以及相关要义进行了详细描述，并确定大量的术语（60 余条），力求突出规范性和实用性。

　　全书共分为五章，内容包括锉刀基础知识、锉削基本技能、锉削技能练习、锉配加工技术和钳工操作技能等级考核练习试题。

　　为提高钳工锉削加工能力以及综合加工能力，本书依据最新《钳工国家职业技能标准（2020 年版）》，设计了从初级工到高级技师的操作技能考核练习试题，以适应不同层次学习者参加钳工技能等级考核和钳工技能竞赛的需要，使得本书更具实用性。

　　本书配有大量的教学视频资源，以二维码形式呈现。除了学生操作练习视频外，示范操作演示视频全部为作者本人完成；样品展示视频中的工件，绝大部分为作者本人制作。

　　作者在编写的过程中参考了相关文献，在此谨向原作者们致以衷心感谢。

　　由于作者水平及能力有限，本书难免存在一些不足之处，敬请广大读者朋友批评指正。希望与读者朋友加强交流，相互切磋，共同进步。

作　者

2024 年 2 月

技师与高级技师操作技能练习

数字资源目录

序号	二维码名称	资源类型/数量或链接	书籍页码
1	锉柄的安装	MP4	024
2	锉柄的拆卸	MP4	024
3	斜进锉法示意	MP4	025
4	横推锉法示意	MP4	025
5	拉动锉法示意	MP4	025
6	全程大力锉削	MP4	026
7	站立姿态	MP4	028
8	曲膝动作姿势	MP4	030
9	推锉动作姿势	MP4	030
10	"倾二锉三"动作	MP4	032
11	"同步"动作	MP4	032
12	"同反"动作	MP4	032
13	前臂内收	MP4	032
14	前臂外展	MP4	032
15	纵向锉削练习	MP4	033
16	相互提示法	MP4	033
17	平衡感觉法	两个 MP4	033
18	齿面特点	MP4	036
19	涂粉笔灰的作用	MP4	036
20	短程纵向锉	MP4	037
21	短程纵向锉施力点范围	MP4	038
22	双手握法	MP4	038
23	拉动锉法	MP4	039
24	多切面逼近锉法	MP4	043

续表

序号	二维码名称	资源类型/数量或链接	书籍页码
25	轴向多切面逼近锉法	MP4	043
26	周向多切面逼近锉法	MP4	043
27	轴向滑动锉法	MP4	043
28	周向摆动锉法	MP4	043
29	合成锉法	两个MP4	043
30	横推滑动锉法	MP4	044
31	定位旋转锉法	MP4	044
32	锤头端部球冠面与近似球冠面	两个MP4	044
33	纵倾横向滑动锉法	MP4	045
34	侧倾垂直摆动锉法	两个MP4	045
35	纵向环绕滑动锉法	MP4	045
36	平面接圆弧面锉削方法	MP4	048
37	凸圆弧面接凹圆弧面锉削方法	MP4	049
38	凹圆弧面双接凸圆弧面锉削方法	MP4	049
39	宽座直角尺制作	MP4	064
40	刀口直角尺制作	MP4	066
41	角度样板制作	MP4	068
42	鸭嘴锤制作	五个MP4	072
43	点检锤制作	MP4	074
44	桌虎钳制作	四个MP4	076
45	五角星制作	MP4	083
46	六角星制作	MP4	083
47	六柱鲁班锁制作	两个MP4	084
48	技师与高级技师操作技能练习	文档	前言

目 录

第一章 锉刀基础知识 ·· 001
    第一节 锉刀的构成、锉纹与锉柄 ·· 001
    第二节 锉刀的种类、型式、规格与锉纹参数 ······································ 004
    第三节 锉刀的代号与选用 ·· 011
    第四节 台虎钳的装夹操作方法与工量具摆放要求 ······························ 014

第二章 锉削基本技能 ·· 022
    第一节 基本操作方法 ·· 022
    第二节 锉削平面基本技能 ·· 026
    第三节 锉削曲面基本技能 ·· 042
    第四节 锉削一般形面基本技能 ·· 046

第三章 锉削技能练习 ·· 051
    第一节 锉削基本技能练习 ·· 051
    第二节 量具制作练习 ·· 064
    第三节 工具制作练习 ·· 072
    第四节 铁艺制作练习 ·· 083

第四章 锉配加工技术 ·· 087
    第一节 锉配概述 ·· 087
    第二节 工艺尺寸的测量与计算 ·· 092
    第三节 典型形面锉配工艺 ·· 102

第五章 钳工操作技能等级考核练习试题 ·· 143
    第一节 初级工操作技能考核练习试题 ·· 143
    第二节 中级工操作技能考核练习试题 ·· 156
    第三节 高级工操作技能考核练习试题 ·· 176

参考文献 ··· 216

第一章 锉刀基础知识

锉刀一般采用 T12 或 T12A 碳素工具钢经过轧制、锻造、退火、磨削、剁齿和淬火等工艺加工而成；经淬火热处理后，其硬度可达 62~67HRC。另外，镀层刀具发展很快，如金刚石镀层锉刀，其硬度不小于 73HRC。

第一节 锉刀的构成、锉纹与锉柄

一、锉刀的构成

下面以钳工锉中的尖头扁锉为例介绍锉刀的构成。

1. 齿面

由主、辅锉纹（或单向锉纹）所形成的齿纹面称为齿面。如：扁锉有上下两个主齿面以及由边锉纹形成的一个（或两个）侧齿面，如图1-1所示。三角锉有三个齿面，方锉有四个齿面，半圆锉有两个齿面，圆锉有一个齿面。

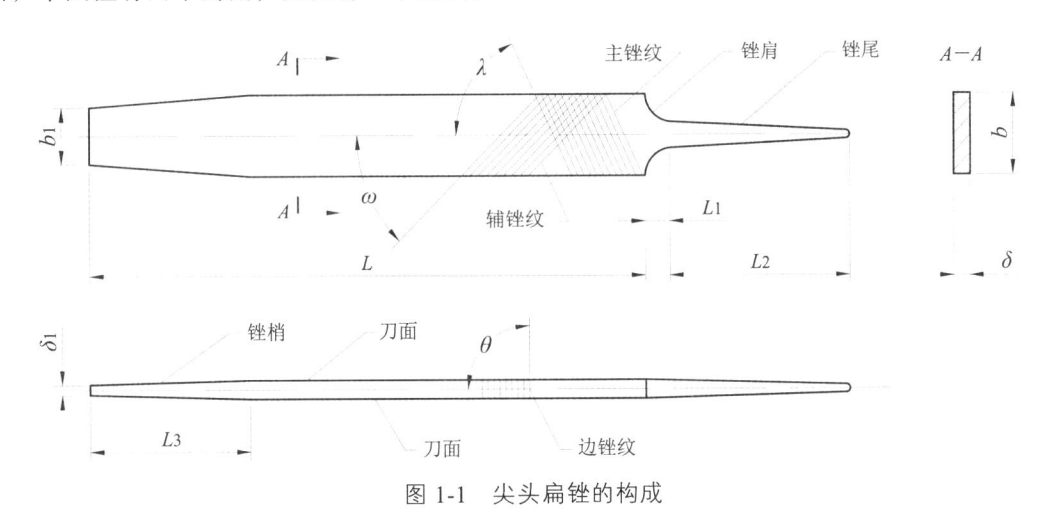

图 1-1 尖头扁锉的构成

2. 锉身

自锉肩至锉梢前端面之间的部分称为锉身，如图 1-1 中的 L 部分。整形锉和异形锉中的刀面长度部分被称为锉身。

3. 锉尾

自锉肩处逐渐变薄变尖的部分称为锉尾，如图 1-1 中的 L_2 部分。锉尾是用来装锉柄的部分。

4. 锉肩

自锉身后端连接锉尾的一段内圆弧过渡部分称为锉肩，如图 1-1 中的 L_1 部分。

5. 锉梢

锉身宽度（或直径）自锉身前部向前端面逐渐变窄的部分以及锉身厚度自锉身前部向前端面逐渐变薄的部分称为锉梢，如图 1-1 中的长度 L_3 部分。

6. 辅锉纹

辅锉纹又称为底齿，是先在锉刀上第一次剁出来的锉纹。

7. 主锉纹

主锉纹又称为面齿，是在第一次锉纹上再剁上的第二次锉纹，是锉刀面上起主要切削作用的锉纹。

8. 边锉纹

边锉纹又称为护齿，是指扁锉的一个（或两个）侧面的单向锉纹。边锉纹可以用来锉削铸件或其他材料较硬的表面部分，防止对主刀面产生破坏，从而对主刀面起到一个保护作用，故又称为护齿。

9. 光边

光边又称为安全边，是指扁锉上没有单向锉纹的侧面。有光边的锉刀在加工工件的表面时不会锉到与其相邻的垂直面而使其受到破坏，即不会产生加工干涉，故又称为安全边。根据加工需要，可以将三角锉、方锉的刀面各磨出一个光边。

10. 主锉纹斜角 λ

主锉纹与锉身轴线之间的夹角，称为主锉纹斜角。用铜丝刷清理锉刀面中的切屑时，应沿着主锉纹方向进行清理。

11. 辅锉纹斜角 ω

辅锉纹与锉身轴线之间的夹角，称为辅锉纹斜角。

12. 边锉纹斜角 θ

边锉纹与锉身轴线之间的夹角，称为边锉纹斜角。

13. 锉纹条数

表示沿锉身轴线每 10 mm 长度内所包含的主锉纹条数，称为锉纹条数。

14. 齿底连线

在主锉纹法向垂直剖面上，过相邻两齿底的直线称为齿底连线，如图 1-2 所示。

15. 齿高

齿尖至齿底连线的垂直距离称为齿高，如图 1-2 所示。

16. 齿前角 α

在主锉纹法向垂直剖面上，主锉纹的前刀面与经过齿尖并与齿底连线相垂直的垂线之间的夹角称为齿前角，如图 1-2 所示。

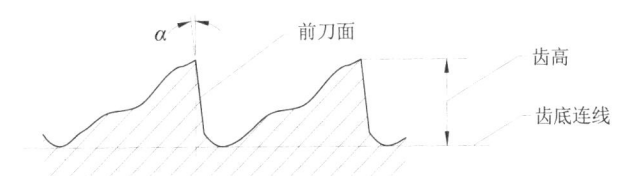

图 1-2 齿前角 α、齿高、齿底连线

二、锉纹

锉刀的锉纹有单纹锉和双纹锉之分。如图 1-3（a）所示，双纹锉的主锉纹斜角和辅锉纹斜角不同，锉齿与锉刀面纵向中心线形成有规律的倾斜排列，这样锉出来的沟痕就会互相覆盖，被加工表面的沟痕就比较小一些。如图 1-3（b）所示，如果主锉纹斜角与辅锉纹斜角相同，锉齿与锉刀面纵向中心线形成平行排列，这样被加工表面的沟痕就比较粗大一些。如图 1-3（c）所示，单纹锉的主锉纹斜角一般在 45°~70°之间，单纹锉的锉齿是一条线状，因此在加工时产生的沟痕一般要比双纹锉加工时产生的沟痕浅一些。

双纹锉的主锉纹覆盖在辅锉纹上，使其锉齿间断，可达到分屑与断屑作用；其缺点是锉屑容易嵌入锉齿中。单纹锉的容屑槽为直线状，便于排屑；单纹锉的齿距比较小，因此其切削量要比双纹锉小一些；单纹锉的硬度（67~70 HRC）要比双纹锉的硬度稍高一些，可用来锉削比较硬的金属材料。单纹锉的切削量比较小，因此多用于细锉、精锉和光整加工中。

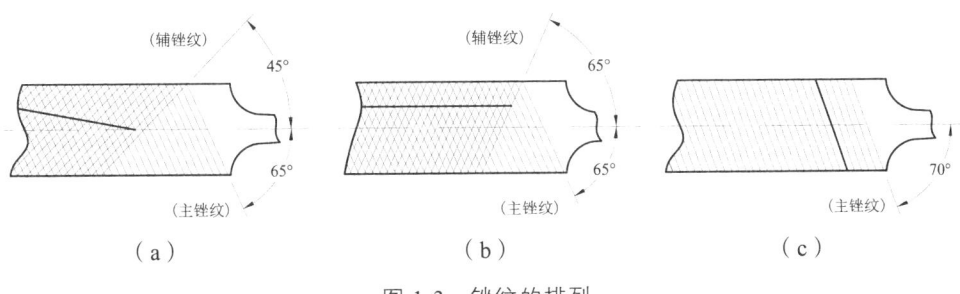

图 1-3 锉纹的排列

三、锉柄

为了握住锉刀和用力方便，钳工锉必须装上锉柄，锉柄通常用硬木和塑胶制成。木质锉柄由木质柄体和金属柄箍构成（木质锉柄必须装上金属柄箍才能使用）。木质锉柄的种类形状比较多，一般常用的木质锉柄的形状如图 1-4（a）(b) 所示。塑胶锉柄为整体式，样式也较多，但其基本形状与木质锉柄大致接近，一般较扁平一些，其形状如图 1-4（c）所示。

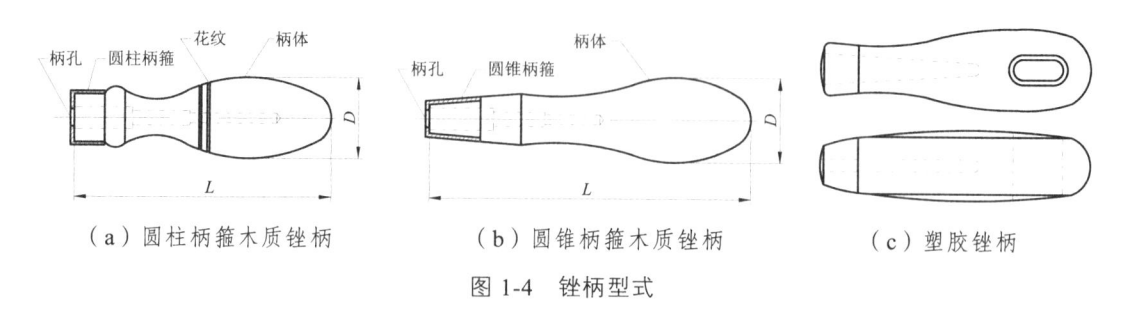

（a）圆柱柄箍木质锉柄　　（b）圆锥柄箍木质锉柄　　（c）塑胶锉柄

图 1-4　锉柄型式

木质锉柄的尺寸规格见表 1-1。

表 1-1　木质锉柄参考尺寸　　　　　　　　　　　单位：mm

编号	长度 L	直径 D
1	80	20
2	90	24
3	100	28
4	110	30
5	120	32

第二节　锉刀的种类、型式、规格与锉纹参数

一、锉刀的种类

钳工用的锉刀分为钳工锉、整形锉和异形锉三大类。

1. 钳工锉

钳工锉是钳工在锉削加工中应用最为基本的一类锉刀。主要型式通常包括齐头扁锉、尖头扁锉、半圆锉、三角锉、方锉、圆锉等六种，如图 1-5（a）~（f）所示。钳工锉的横截面形状如图 1-6（a）~（e）所示。

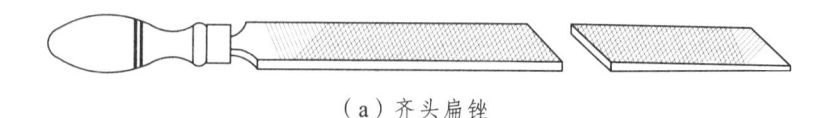

（a）齐头扁锉

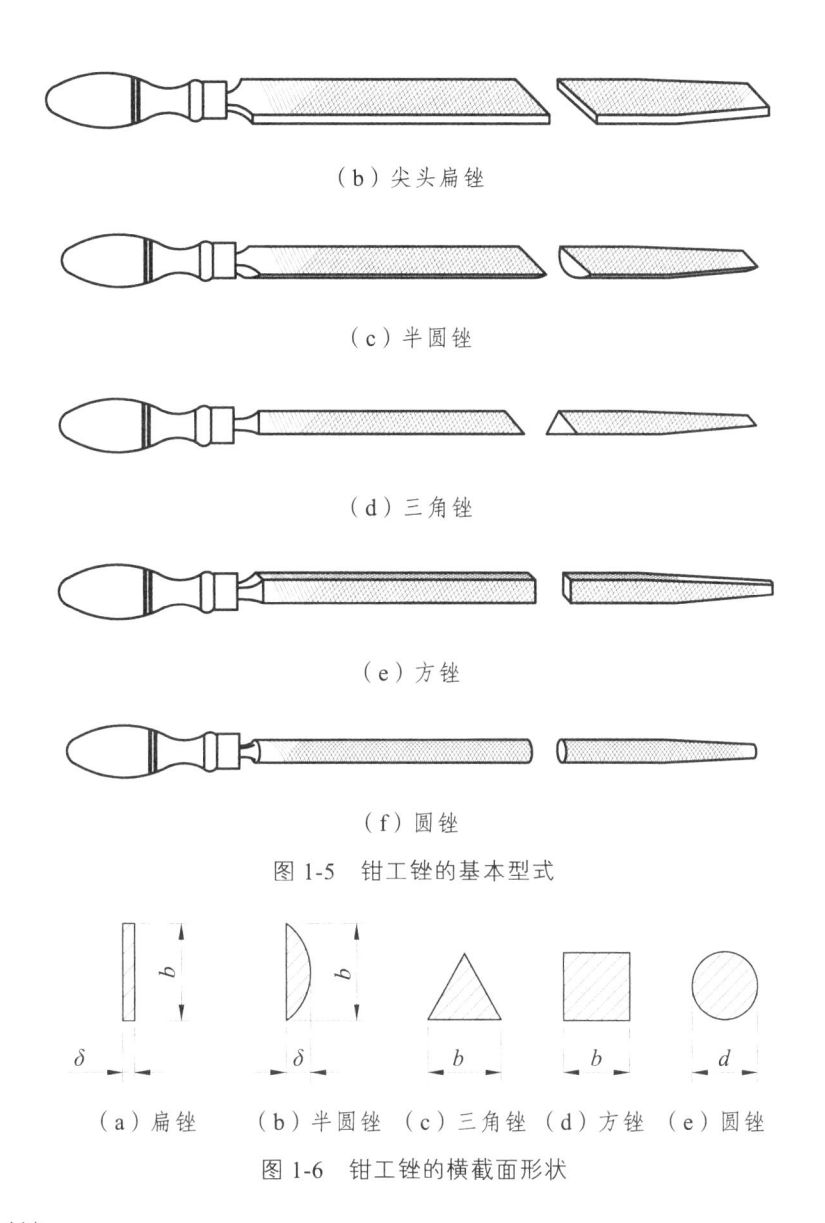

（b）尖头扁锉

（c）半圆锉

（d）三角锉

（e）方锉

（f）圆锉

图 1-5　钳工锉的基本型式

（a）扁锉　（b）半圆锉　（c）三角锉　（d）方锉　（e）圆锉

图 1-6　钳工锉的横截面形状

2. 整形锉

整形锉又称为什锦锉，是用来锉削较小工件、工件的狭小部位以及修整锉削工件表面的一类锉刀。主要型式为齐头扁锉、尖头扁锉、半圆锉、三角锉、方锉、圆锉、菱形锉、单面三角锉、刀形锉、双半圆锉、椭圆锉、圆边扁锉等，如图 1-7 所示。

3. 异形锉

异形锉是专门用于对工件的型腔表面进行光整锉削的一类锉刀。异形锉的构成如图 1-8 所示。异形锉的种类有弯头异形锉，如图 1-9（a）所示；弯柄直头异形锉，如图 1-9（b）所示；双弯头异形锉，如图 1-9（c）所示。异形锉的基本型式为扁锉、半圆锉、三角锉、方锉、圆锉等，此外还有刀口锉、菱形锉、扁三角锉、椭圆锉、圆肚锉等。

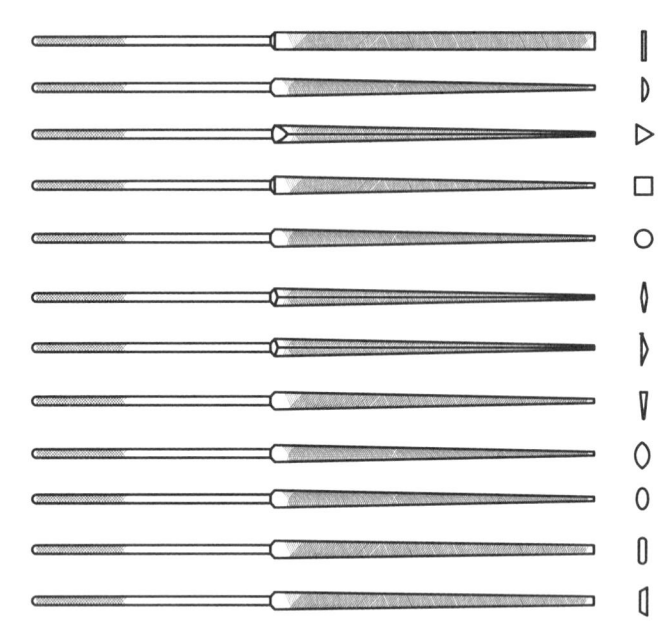

图 1-7　整形锉的基本型式

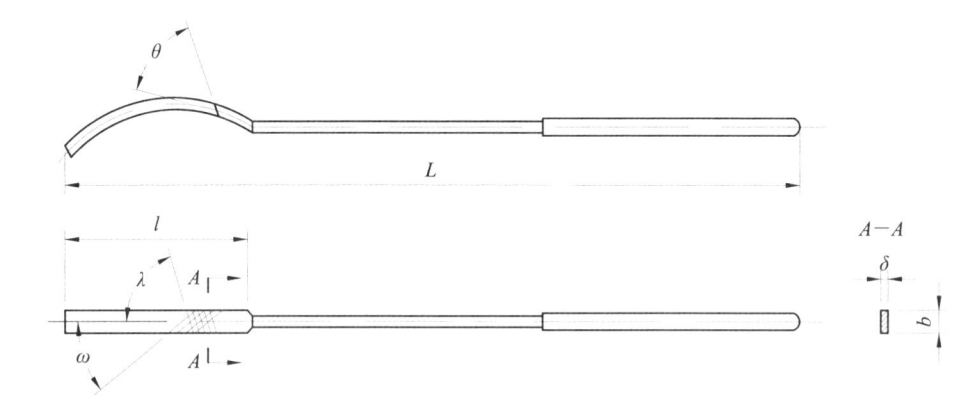

图 1-8　异形锉的构成

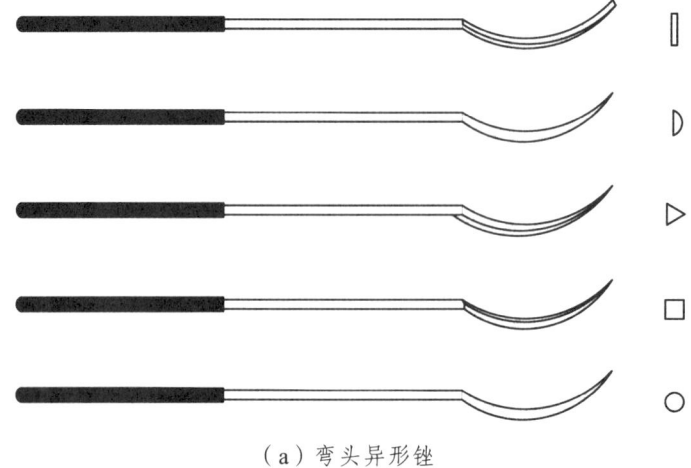

（a）弯头异形锉

(b) 弯柄直头异形锉

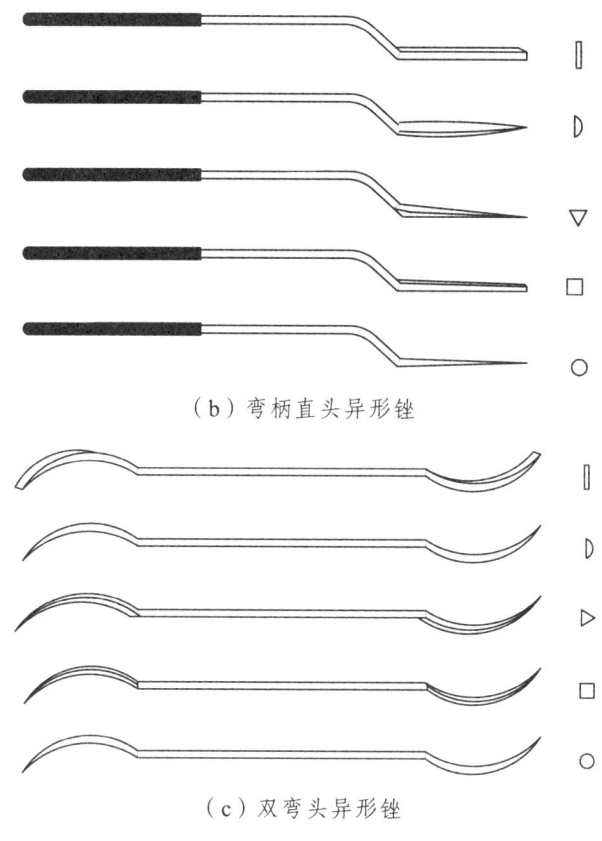

(c) 双弯头异形锉

图 1-9 异形锉的种类和基本型式

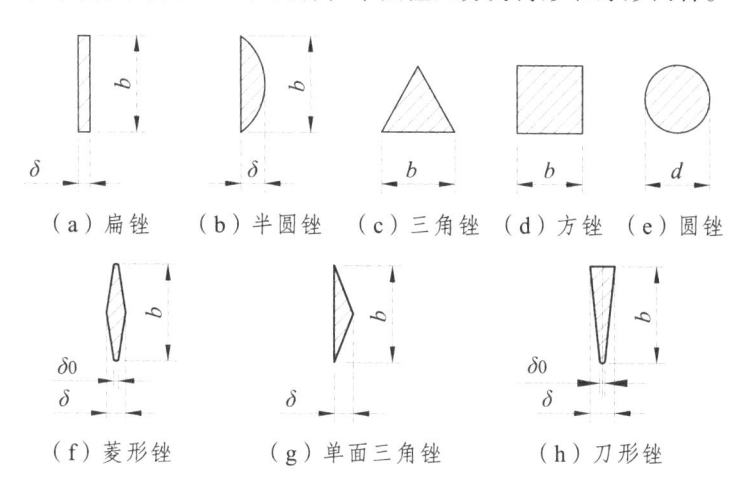

二、锉刀的基本型式

锉刀的基本型式按照横截面形状的不同，主要分为扁锉、半圆锉、三角锉、方锉、圆锉、菱形锉、单面三角锉、刀形锉、双半圆锉、椭圆锉、圆边扁锉等，如图 1-10 所示。其中扁锉又分尖头（图 1-1）和齐头（图 1-11）两种，半圆锉又分为薄形和厚形两种。

(a) 扁锉　(b) 半圆锉　(c) 三角锉　(d) 方锉　(e) 圆锉

(f) 菱形锉　(g) 单面三角锉　(h) 刀形锉

(i)双半圆锉　　(j)椭圆锉　　(k)圆边扁锉

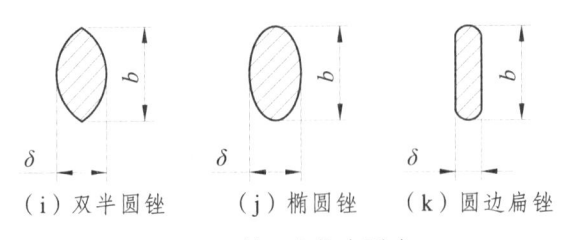

图 1-10　锉刀的基本型式

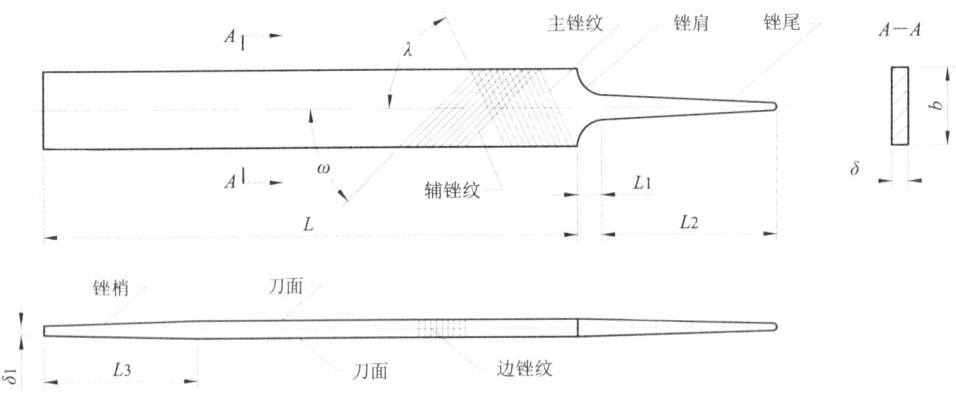

图 1-11　齐头扁锉

三、锉刀的规格

锉刀的规格主要是指尺寸规格，钳工锉是以锉身长度作为尺寸规格，整形锉和异形锉是以锉刀全长作为尺寸规格。

1. 钳工锉的基本尺寸

钳工锉的基本尺寸见表 1-2。

表 1-2　钳工锉的基本尺寸（摘自 QB/T 2569.1—2002）　　单位：mm

规格		扁锉（尖头、齐头）		半圆锉			三角锉	方锉	圆锉
					薄形	厚形			
L		b	δ	b	δ	δ	b	b	d
/in	/mm								
4″	100	12	2.5（3.0）	12	3.5	4.0	8.0	3.5	3.5
5″	125	14	3.0（3.5）	14	4.0	4.5	9.5	4.5	4.5
6″	150	16	3.5（4.0）	16	4.5	5.0	11.0	5.5	5.5
8″	200	20	4.5（5.0）	20	5.5	6.5	13.0	7.0	7.0
10″	250	24	5.5	24	7.0	8.0	16.0	9.0	9.0
12″	300	28	6.5	28	8.0	9.0	19.0	11.0	11.0
14″	350	32	7.5	32	9.0	10.0	22.0	14.0	14.0
16″	400	36	8.5	36	10.0	11.5	26.0	18.0	18.0
18″	450	40	9.5					22.0	

2. 整形锉的基本尺寸

整形锉的基本尺寸见表 1-3。

表 1-3 整形锉的基本尺寸（摘自 QB/T 2569.3—2002）　　　　单位：mm

规格	扁锉（尖头、齐头）		半圆锉		三角锉		方锉	圆锉	单面三角锉		刀形锉			双半圆锉		椭圆锉		圆边扁锉		菱形锉	
L	b	δ	b	δ	b	δ	b	d	b	δ	b	δ	δ_0	b	δ	b	δ	b	δ	b	δ
100	2.8	0.6	2.9	0.9	1.9	1.2	1.4	3.4	1.0	3.0	0.9	0.3	2.6	1.0	1.8	1.2	2.8	0.6	3.0	1.0
120	3.4	0.8	3.5	1.2	2.4	1.6	1.9	3.8	1.4	3.4	1.1	0.4	3.2	1.2	2.2	1.5	3.4	0.8	4.0	1.3
140	5.4	1.2	5.2	1.7	3.6	2.6	2.9	5.5	1.9	5.4	1.7	0.6	5.0	1.8	3.4	2.4	5.4	1.2	5.2	2.1
160	7.3	1.6	6.9	2.2	4.8	3.4	3.9	7.1	2.7	7.0	2.3	0.8	6.3	2.5	4.4	3.4	7.3	1.6	6.8	2.7
180	9.2	2.0	8.5	2.9	6.0	4.2	4.9	8.7	3.4	8.7	3.0	1.0	7.8	3.4	5.4	4.3	9.2	2.1	8.6	3.5

3. 异形锉的基本尺寸

异形锉的基本尺寸见表 1-4。

表 1-4 异形锉的基本尺寸（摘自 QB/T 2569.4—2002）　　　　单位：mm

规格	齐头扁锉		尖头扁锉		齐头扁锉		尖头扁锉		半圆锉		三角锉		方锉	圆锉	单面三角锉		刀形锉			双半圆锉		椭圆锉	
L	b	δ	b	δ	b	δ	b	δ	b	δ	b	δ	b	d	b	δ	b	δ	δ_0	b	δ	b	δ
170	5.4	1.2	6.2	1.1	4.9	1.6	3.3	2.4	3.0	5.2	1.9	5.0	1.6	0.6	4.7	1.6	3.3	2.3					

四、锉刀的锉纹参数

1. 钳工锉的锉纹参数

GB/T 5806—2003《锉纹参数》规定：锉纹的条数是沿钢锉轴线每 10 mm 的主锉纹条数来表示，见表 1-5。钳工锉的锉纹号按主锉纹条数分为 1～5 号，其中 1 号为粗齿锉刀、2 号为中齿锉刀、3 号为细齿锉刀、4 号为双细齿锉刀、5 号为油光锉刀。钳工锉的齿高应不小于主锉纹法向齿距的 45%，主锉纹条数小于或等于 28 条时，齿前角不大于 -10°；大于或等于 32 条时，齿前角不大于 -14°。

表 1-5 钳工锉的锉纹参数（摘自 GB/T 5806—2003）

规格 /mm	每 10 mm 主锉纹条数 锉纹号					辅锉纹 条数	边锉纹 条数	主锉纹斜角 λ		辅锉纹斜角 ω		边锉纹 斜角 θ
	1	2	3	4	5			1～3 号锉纹	4～5 号锉纹	1～3 号锉纹	4～5 号锉纹	
100	14	20	28	40	56	为主锉 纹条数 的 75%～ 95%	为主锉 纹条数 的 100%～ 120%	65°	72°	45°	52°	90°
125	12	18	25	36	50							
150	11	16	22	32	45							
200	10	14	20	28	40							
250	9	12	18	25	36							
300	8	11	16	22	32							
350	7	10	14	20	—							
400	6	9	12	—	—							
450	5.5	8	11	—	—							
公差	±5%					—		±5°				

2. 圆锉的锉纹参数

钳工锉中的圆锉有单螺旋锉纹和双螺旋锉纹之分。采用螺旋锉纹的圆锉，其锉纹参数见表 1-6。

表 1-6 采用螺旋锉纹圆锉的锉纹参数（摘自 GB/T 5806—2003）

规格/mm		每 10 mm 主锉纹条数锉纹号			辅锉纹条数	主锉纹斜角 λ	辅锉纹斜角 ω
		1	2	3			
100	单螺纹	13	16	19	—	70°～80°	45°～55°
125		12	15	18			
150		11	14	17			
200		10	13	16			
250	双螺纹	9	12	15	为主锉纹条数的 75%～95%		
300		8	11	14			
350		7	10	13			
400		6	9	12			
公差		±5%			—		

3. 整形锉和异形锉的锉纹参数

整形锉和异形锉的锉纹参数按主锉纹条数分为 00、0、1～8 共 10 个号。其锉纹角度以及每 10 mm 纵（轴）向长度内的锉纹条数，见表 1-7。齿高应不小于主锉纹法向齿距的 40%，在锉梢部分 10 mm 纵（轴）向长度内，齿高应不小于主锉纹法向齿距的 30%，用切齿法制成的锉纹，其齿高应不小于主锉纹法向齿距的 30%。

表 1-7　整形锉和异形锉的锉纹参数（摘自 GB/T 5806—2003）

规格 /mm	主锉纹条数 锉纹号									辅锉纹条数	边锉纹条数	主锉纹角度 λ	辅锉纹角度 ω	边锉纹角度 θ	切齿法 主锉纹角度 λ	切齿法 辅锉纹角度 ω
	00	0	1	2	3	4	5	6	7	8							
75	—	—	—	—	50	56	63	80	100	112	为主锉纹条数的 75%~95%	为主锉纹条数的 100%~120%	72°	52°	80°	55°	40°
100	—	—	—	40	50	56	63	80	100	112
120	—	—	32	40	50	56	63	80	100	—
140	—	25	32	40	50	56	63	80	—	—
160	20	25	32	40	50	—	—	—	—	—
170	20	25	32	40	50	—	—	—	—	—
180	20	25	32	40	—	—	—	—	—	—
公差	±5%												±4°	±10°	±5°		

第三节　锉刀的代号与选用

一、锉刀的代号

1. 锉刀的类别代号与型式代号

锉刀的类别代号与型式代号见表 1-8。

表 1-8　锉刀的类别代号与代号（摘自 GB/T 5806—2003）

类别代号	类别	型式代号	型式	类别代号	类别	型式代号	型式
Q	钳工锉	01	齐头扁锉	Z	整形锉	01	齐头扁锉
		02	尖头扁锉			02	尖头扁锉
		03	半圆锉			03	半圆锉
		04	三角锉			04	三角锉
		05	方锉			05	方锉
		06	圆锉			06	圆锉
Y	异形锉	01	齐头扁锉			07	单面三角锉
		02	尖头扁锉			08	刀形锉
		03	半圆锉			09	双半圆锉
		04	三角锉			10	椭圆锉
		05	方锉			11	圆边扁锉
		06	圆锉			12	菱形锉
		07	单面三角锉				
		08	刀形锉				
		09	双半圆锉				
		10	椭圆锉				

2. 锉刀的其他代号

p——普通型、b——薄型、h——厚型、z——窄型、t——特窄型、l——螺旋型。

二、锉刀的编号与示例

按照国标 GB/T 5806—2003 规定，锉刀的编号由类别代号、型式代号、其他代号、规格、锉纹号组成。

示例1：钳工锉类的尖头扁锉，300 mm、2 号锉纹锉刀的编号为 Q—02—300—2。
示例2：钳工锉类的半圆锉，厚型、300 mm、1 号锉纹锉刀的编号为 Q—03h—300—1。
示例3：整形锉类的三角锉，160 mm、3 号锉纹锉刀的编号为 Z—04—160—3。
示例4：异形锉类的椭圆锉，120 mm、1 号锉纹锉刀的编号为 Y—10—120—1。

三、锉刀的选用

锉刀的合理选用关系加工质量、加工效率以及锉刀的使用寿命，应根据工件的表面状况、材料性质、加工余量以及尺寸精度、形位精度和表面粗糙度等技术要求来正确选用。锉刀的选用参考表 1-9。

表 1-9 锉刀的的选用

锉纹号	选用范围		
	加工余量/mm	尺寸精度/mm	表面粗糙度 Ra /μm
1 号（粗齿锉刀）	>0.5	0.2～0.5	100～25
2 号（中齿锉刀）	0.2～0.5	0.05～0.2	12.5～6.3
3 号（细齿锉刀）	0.05～0.2	0.02～0.05	6.3～3.2
4 号（双细齿锉刀）	0.05～0.1	0.01～0.02	3.2～1.6
5 号（油光锉刀）	<0.05	0.01	1.6～0.8

1. 按材料性质选用锉刀

通常，比较软的金属材料选用粗齿或中齿锉刀锉削；比较硬的金属材料选用中齿或细齿锉刀锉削。

2. 按加工面积与加工余量选用锉刀

通常，加工面积和加工余量较大时，选用较长的粗齿或中齿锉刀锉削；加工面积和加工余量较小时，选用较短的中齿或细齿锉刀锉削。

3. 按锉削工艺选用锉刀

通常，粗齿或中齿锉刀用于粗锉加工；中齿或细齿锉刀用于细锉加工；细齿或双细齿锉刀用于精锉加工；油光锉刀用于表面光整加工。

4. 按工件表面形状选用锉刀

典型锉刀的选用如图 1-12 所示，扁锉主要用来加工平面及凸圆弧面，如图 1-12（a）所示；半圆锉主要用来加工凹圆弧面，如图 1-12（b）所示；三角锉主要用来加工角度面，如图 1-12（c）所示；方锉主要用来加工直角面与方孔；圆锉主要用来工腰圆孔与圆孔，如图 1-12（d）所示。

（a）用扁锉加工平面与凸圆弧面　　（b）用半圆锉加工凹圆弧面

（c）用三角锉加工角度面　　（d）用方锉加工直角面与方孔

（e）用圆锉加工腰圆孔与圆孔

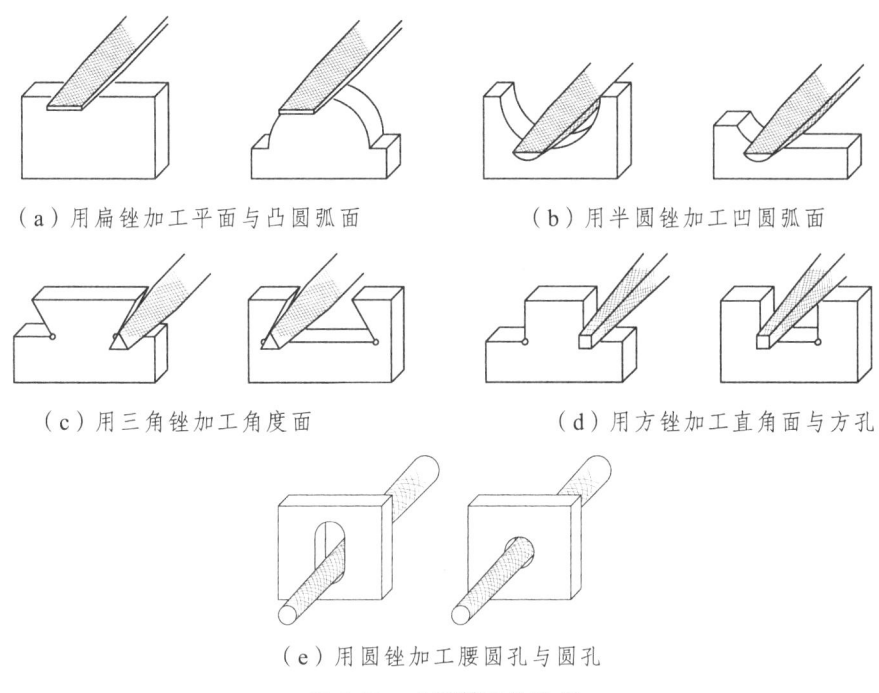

图 1-12　典型锉刀的选用

5. 按工件表面形状及加工特点改制锉刀

在相邻两面锉削时，为防止产生加工干涉，需要将相关锉刀进行改制。例如，用扁锉锉削角度面的基准平面时，为防止扁锉两侧面对相邻角度面或垂直面产生加工干涉，需要将两侧面磨光成一个斜面（其夹角 α 为 45°左右），如图 1-13（a）所示；用三角锉锉削角度面时，为防止三角锉对相邻平面产生加工干涉，需要磨光一个齿面，如图 1-13（b）所示；用方锉锉削垂直面时，为防止方锉对相邻平面产生加工干涉，需要磨光一个齿面，如图 1-13（c）所示。

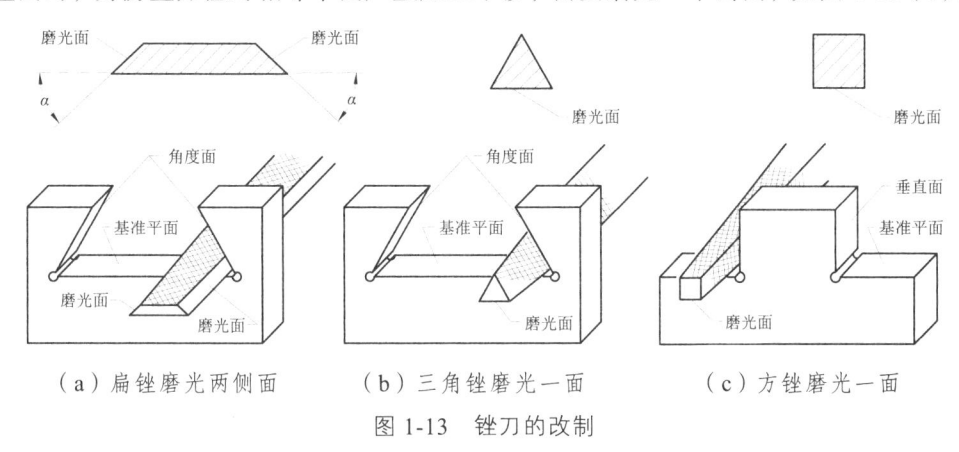

（a）扁锉磨光两侧面　　（b）三角锉磨光一面　　（c）方锉磨光一面

图 1-13　锉刀的改制

6. 注意事项

（1）一般情况下，不要用锉刀的主刀面锉削铸件的硬表面及钢件淬硬的表面，防止主刀面锉齿被破坏，可以用边锉纹处理工件较硬表面。

（2）锉刀表面横向中凹的刀面尽量用于粗锉加工，表面横向中凸的刀面尽量用于细锉和精锉加工。

（3）锉刀每次用完后，应用铜丝刷清理干净锉刀齿面的切屑，清理时注意，铜丝刷应沿着主锉纹的角度方向进行清理，如果还有切屑残留时，可将旧碳钢锯条折断，以锯条背部的棱角或专用剔针针尖沿着主锉纹方向剔除。

（4）锉刀不能重叠放置，防止损坏锉齿。

（5）严禁将锉刀作为撬棍或手锤使用。

（6）使用整形锉时用力不要过大，防止刀身折断。

第四节　台虎钳的装夹操作方法与工量具摆放要求

一、台虎钳装夹操作方法

台虎钳是用来夹持工件的通用设备，钳工会在台虎钳上进行工件的锉削、锯削、錾削等各种切削加工和操作。因此，为了安全、合理、规范地使用台虎钳，须掌握正确的操作方法。

1. 装夹操作区域

台虎钳上进行的工件装夹操作是通过扳动手柄与丝杠来完成的，丝杠轴端有一手柄孔，手柄可在孔内自由移动，手柄两端配有球头（或凸台），如图1-14所示。台虎钳上通过丝杠手柄所进行的装夹操作区域有安全操作区域和危险操作区域之分。

（1）安全操作区域。安全操作区域是指丝杠手柄在水平面及以下进行的装夹操作区域，如图1-15所示。

（2）危险操作区域。危险操作区域是指手柄在水平面以上所进行的容易出现伤手的装夹操作区域，如图1-16所示。之所以将这个区域规定为一个危险操作区域，是因为手柄在这个区域进行顺时针或逆时针旋转装夹操作时，若向下滑落，就容易在丝杠手柄孔的位置挤伤手，如图1-17所示。

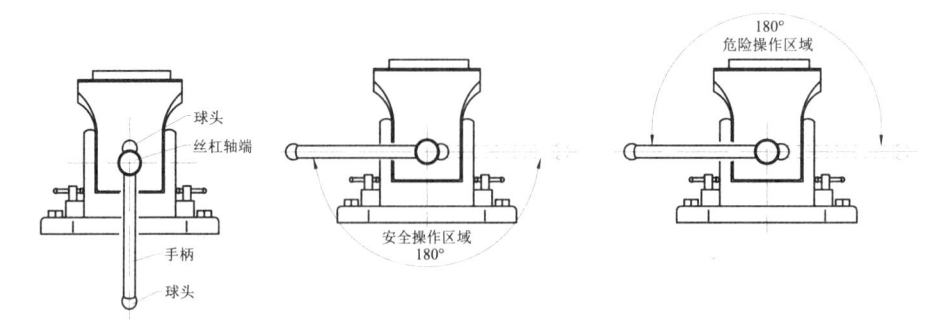

图1-14　手柄与丝杠轴　　图1-15　安全操作区域　　图1-16　危险操作区域

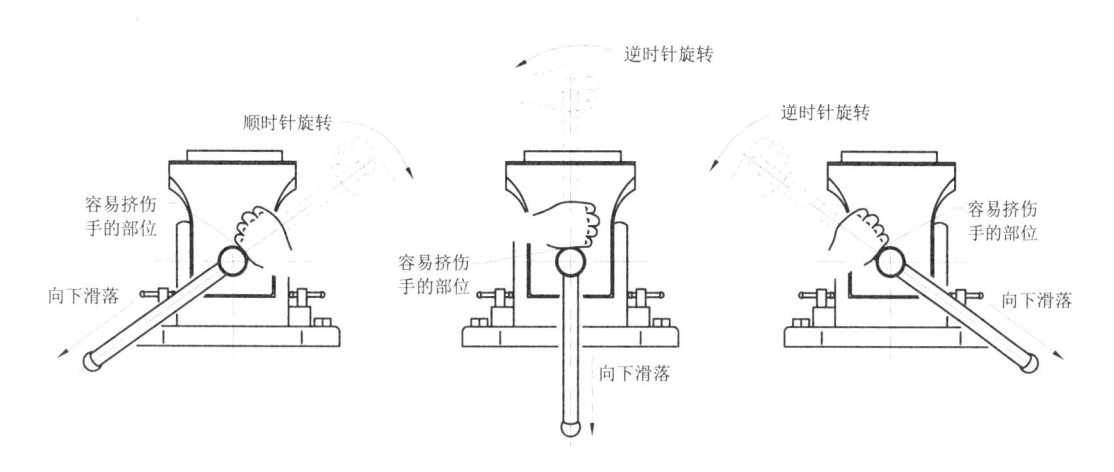

图 1-17　手柄在水平面以上进行装夹时容易下滑伤手的情形

2. 手的握持方法

手的握持方法分为施力手的握法与依靠手的握法。

（1）施力手的握法。左、右手在手柄的夹紧与松开操作中，可分别作为施力手。图 1-18 所示为左手作为施力手时的握法，虎口向下，手柄球头握于手心，大拇指压住食指即可。而露出球头的握法是不规范的，如图 1-19 中所示。右手作为施力手时的握法与左手相同。

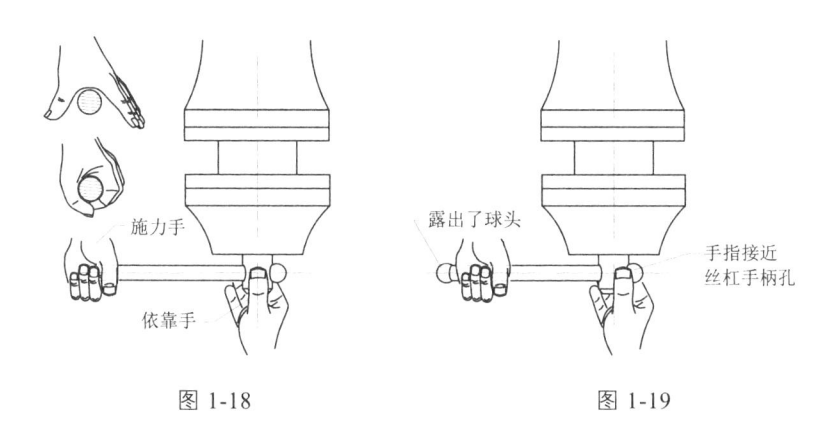

图 1-18　　　　　图 1-19

（2）依靠手的握法。左、右手在手柄的夹紧与松开操作中，可分别作为依靠手。图 1-18 所示为右手作为依靠手时的握法，大拇指与食指、中指相对捏住丝杠轴端部，注意握持的位置应该与丝杠轴端的手柄孔轴线成 90°。视站立姿势情况，弓箭步站立时依靠手的拇指平行于丝杠轴（图 1-20），八字步站立时依靠手的拇指垂直于丝杠轴（图 1-20）。图 1-19 中所示为依靠手的手指接近手柄孔，这样的握持位置具有挤伤手指的风险。图 1-21 所示为依靠手的手指紧挨着丝杠手柄孔，这是最容易挤伤手指的危险位置，因此，依靠手的握持位置一定要注意避开手柄孔。

图 1-20　　　　　　　图 1-21

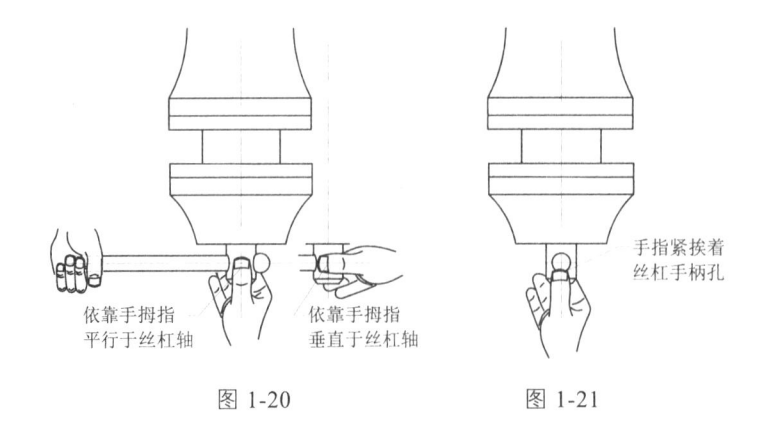

3. 站立姿势

在台虎钳上进行装夹操作时的站立姿势为八字步站立和弓箭步站立。八字步站立（两脚跟之间的距离大致与肩同宽）如图 1-22 所示，弓箭步（两脚之间的距离大致为两脚长度左右）分为左弓箭步（图 1-23）和右弓箭步（图 1-24）。

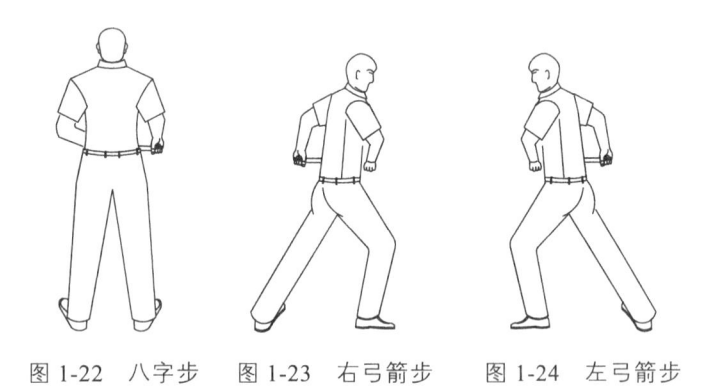

图 1-22　八字步　　图 1-23　右弓箭步　　图 1-24　左弓箭步

4. 工件夹持方法

以夹持 120 mm×20 mm×18 mm 的工件（45 钢）为例说明工件夹持方法。

1）夹紧工件的操作步骤

夹紧工件可分为固定工件、小力量预夹紧、调平工件和大力量夹紧四个步骤。

（1）固定工件。八字步站立、左手持工件、右手握手柄（图 1-25），将置于钳口适当位置，同时右手握手柄顺时针旋转，用一成左右的力（扭矩 20 N·m 左右）固定工件，如图 1-26 所示。

（2）小力量预夹紧。固定工件后，双手用 2~3 成的力（扭矩 50 N·m 左右）预夹紧工件，如图 1-27 所示。

（3）调平工件。调平工件时，需八字步下蹲，降低头部，尽量水平目测工件上平面（图 1-28），若工件上平面与钳口上平面有明显的不平行（图 1-29），可采用手锤的柄部端面或锉刀的柄部适当用力敲击高出的部位、调整至目测大致平行即可。

（4）大力量夹紧。调平工件后，再用双手大力量夹紧工件，如图 1-30 所示。一般情况下，进行锉削或锯削加工时,用 4~6 成的力(扭矩 100 N·m 左右)夹紧工件即可;进行錾削加工时,就需要用 8~10 成的力(扭矩 180 N·m 左右)夹紧工件。

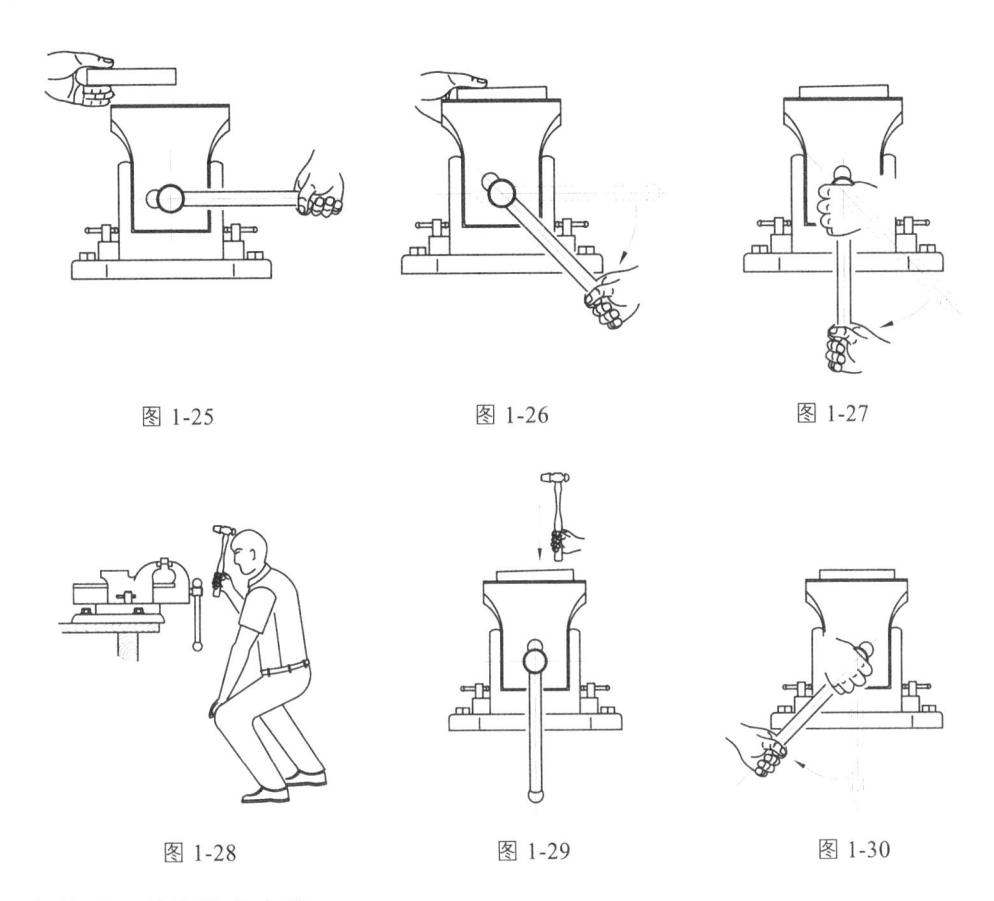

图 1-25　　　　　　图 1-26　　　　　　图 1-27

图 1-28　　　　　　图 1-29　　　　　　图 1-30

2)松开工件的操作步骤

松开工件的操作分为大力量预松开和小力量完全松开两个步骤。

(1)大力量预松开。左弓箭步站立、左手捏住丝杠轴端部、右手握手柄用大力量上提手柄预松开,仅留一成左右的固定力,如图 1-31 所示。

(2)小力量完全松开。大力量预松开后,左手再拿住工件,如图 1-32 所示,右手用小力量(一成左右的力)上提手柄直至完全松开,如图 1-33 所示。

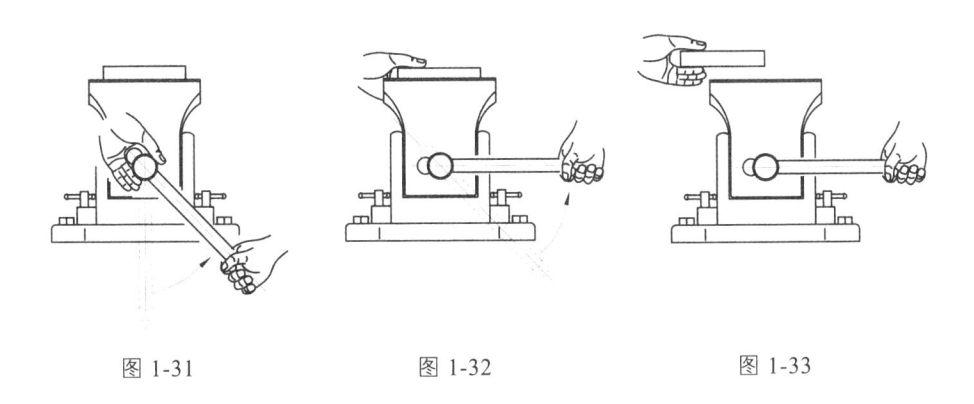

图 1-31　　　　　　图 1-32　　　　　　图 1-33

5. 大力夹紧操作过程

大力夹紧操作过程从水平面右侧开始（图1-34），在安全操作区域按顺时针方向分四段转过180°至水平面左侧。

八字步站立、左手为依靠手、右手为施力手顺时针方向下压手柄至45°处（图1-35）；左弓箭步站立，右手顺时针方向前推手柄至90°处（图1-36）；右弓箭步站立、左手为施力手、右手为依靠手（图1-37）；左手顺时针方向后拉手柄至135°处（图1-38）；八字步站立、左手顺时针方向上提手柄至180°处（图1-39）。

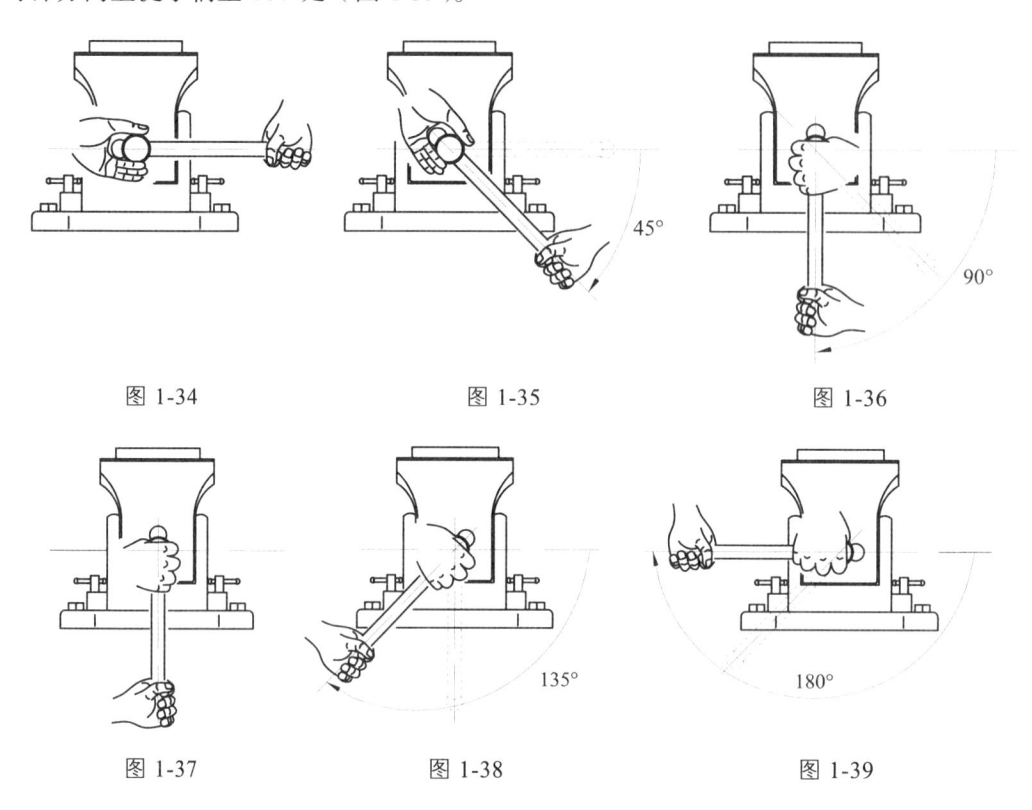

图1-34　　　　　图1-35　　　　　图1-36

图1-37　　　　　图1-38　　　　　图1-39

6. 大力松开操作过程

松开操作过程从水平面左侧开始（图1-40），在安全操作区域按逆时针方向分四段转过180°至水平面右侧。

八字步站立、右手为依靠手、左手为施力手顺时针方向下压手柄至45°处（图1-41）；右弓箭步站立，左手逆时针方向前推手柄至90°处（图1-42）；左弓箭步站立、右手为施力手、左手为依靠手（图1-43）；右手逆时针方向后拉手柄至135°处（图1-44）；八字步站立、右手逆时针方向上提手柄至180°处（图1-45）。

7. 注意事项

（1）若手柄上沾有油渍，应将手柄擦拭干净后才能进行装夹操作。

（2）在台虎钳钳身转过一定角度（图1-46）时不要进行装夹操作，应将台虎钳钳身摆正复位（即钳口夹持面平行于钳桌同侧边缘）后，才能进行装夹操作（图1-47），否则容易伤手。

图 1-40　　　　　　　图 1-41　　　　　　　图 1-42

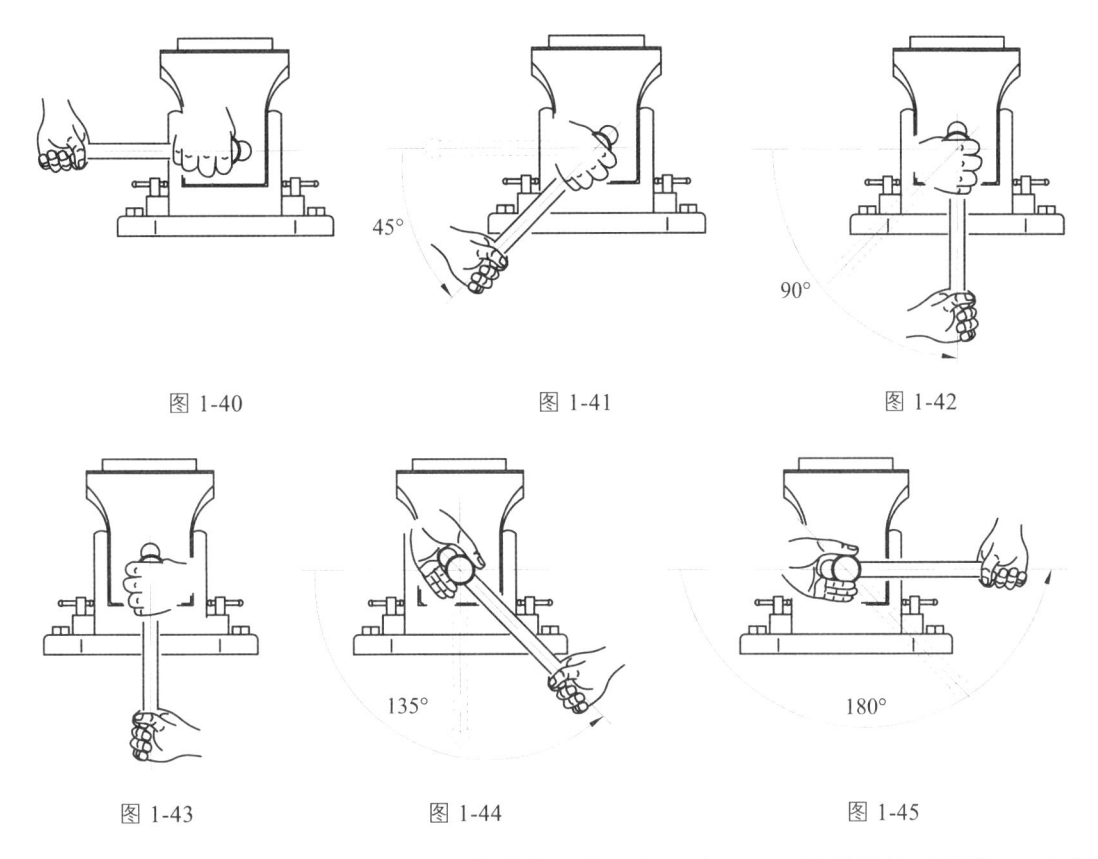

图 1-43　　　　　　　图 1-44　　　　　　　图 1-45

（3）弓箭步站立时，弓箭步的脚尖部位应踩在丝杆垂直于地面投影线的延长线上，如图 1-47 所示。

（4）进行夹紧和松开操作时，施力手的手臂应垂直于丝杆手柄轴线。

（5）进行大力装夹操作时，只能使用双手的力量来扳动手柄，禁止用手锤等工具锤击手柄、禁止在手柄上套接长管进行加力，以免损坏钳身。

（6）为使钳口受力均匀，工件应尽量夹在钳口中间。

（7）台虎钳使用完毕后，应将台虎钳摆正复位，两钳口夹持面空出 3~5 mm 的间隙，丝杠手柄处于垂直位置，如图 1-48 所示（单位：mm）。

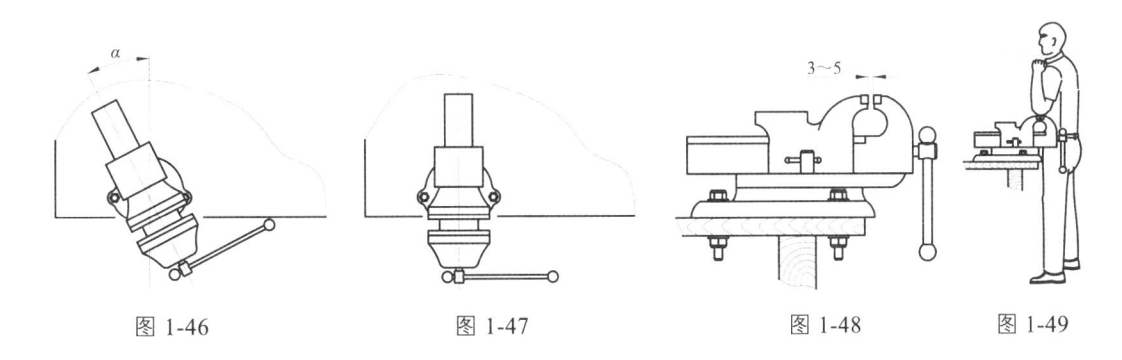

图 1-46　　　　　　　图 1-47　　　　　　　图 1-48　　　　　　　图 1-49

（8）操作者与台虎钳高度之间的关系如图 1-49 所示。身体靠近钳桌，眼睛平视前方，将肘关节置于钳口上面，前臂垂直于钳口上面，手握拳头，拳面若在下颌骨颏部（俗称下巴）

下面，说明操作者与台虎钳高度之间的关系是合适的；拳面若高于下颌骨颏部，说明操作者与台虎钳高度之间的关系是有些不合适的，建议使用垫板来增加身体高度。

8. 台虎钳装夹操作练习方法

台虎钳装夹操作练习可通过口令统一指挥进行动作分解练习。

（1）一次大力夹紧操作口令为：顺时针大力夹紧操作→准备（八字步站立）→1（八字步踮脚、右手下压手柄至45°）→2（左弓箭步、右手前推手柄至90°）→3（右弓箭步、左手后拉手柄至135°）→4（八字步、左手上提手柄至180°）。

进行动作1时，首先是双脚踮脚、身体上升，然后在身体下降的同时右手较慢地下压手柄至45°。动作1完成后向动作2转换时，依靠手（左手）脱离丝杠轴端部，左弓箭步站立，进行动作2，依靠手握持丝杠轴端部，然后再用右手较慢地前推手柄至90°。动作2完成后向动作3转换时，依靠手和施力手同时脱离丝杠轴端部和手柄球头，右弓箭步站立，进行动作3，依靠手握持丝杠轴端部、施力手握持手柄球头，然后再用左手较慢地后拉手柄至135°。动作3完成后向动作4转换时，依靠手（右手）脱离丝杠轴端部，八字步站立，进行动作4，依靠手握持丝杠轴端部，然后再用左手较慢地上提手柄至180°。

（2）一次大力松开操作口令为：逆时针大力松开操作→准备（八字步站立）→1（八字步踮脚、左手下压手柄至45°）→2（右弓箭步、左手前推手柄至90°）→3（左弓箭步、右手后拉手柄至135°）→4（八字步、右手上提手柄至180°）。

进行动作1时，首先是双脚踮脚、身体上升，然后在身体下降的同时左手较慢地下压手柄至45°。动作1完成后向动作2转换时，依靠手（右手）脱离丝杠轴端部，右弓箭步站立，进行动作2时，依靠手握持丝杠轴端部，然后再较慢地前推手柄至90°。动作2向动作3转换时，依靠手和施力手同时脱离丝杠轴端部和手柄球头，左弓箭步站立，进行动作3时，依靠手握持丝杠轴端部、施力手握持手柄球头，然后再用右手较慢地后拉手柄至135°。动作3完成后向动作4转换时，依靠手（左手）脱离丝杠轴端部，八字步站立，进行动作4时，依靠手握持丝杠轴端部，然后再用右手较慢地上提手柄至180°。

建议练习次数以20次左右为宜，后15次口令可简化为：大力夹紧操作→准备→1→2→3→4。大力松开操作→准备→1→2→3→4。

进行台虎钳装夹操作动作时须不慌不忙、有条不紊，即双脚先站好位置后，再做双手的动作。

二、工量具摆放要求

（1）常用的工量具，应放置在方便取用的位置。

（2）在钳桌上工作时，为了取用方便，右手使用的工具应放置在台虎钳的右边，纵向顺序排列；左手使用的工具应放置在台虎钳的左边，纵向顺序排列；所有工具不得伸出钳桌边缘，一般离钳桌边30~50mm，如图1-50所示。

（3）量具不能与工具或工件混放在一起，应放置在量具盒内。

（4）在钳桌上工作时，为防止量具接触到切屑，应将量具放置在量具搁板上（图1-51）。测量工件前，必须将工件上的切屑清理干净。

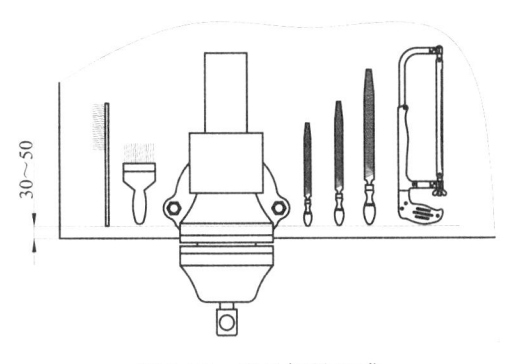

图 1-50 工具摆放要求

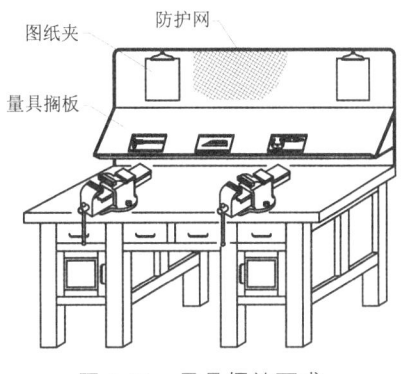

图 1-51 量具摆放要求

第二章 锉削基本技能

用锉刀对工件表面进行切削加工，使其尺寸、形状、位置和表面粗糙度等达到技术要求的操作称为锉削。锉削加工的尺寸精度可达到 0.01 mm，表面粗糙度值可达到 Ra 1.6～0.8 μm。

锉削基本技能包括基本操作方法、锉削平面基本技能、锉削曲面基本技能、锉削一般形面基本技能等。

第一节 基本操作方法

一、基本握持方法

1. 锉柄握法

（1）拇指压柄法：是指右手拇指向下压住锉柄，其余四指环握锉柄的一种握法，如图 2-1 所示。此握法是最基本的锉柄握法。

（2）食指压锉法：是指右手食指前端压住锉身上面，拇指伸直贴住锉柄（或锉身）侧面，其余三指环握锉柄的一种握法，如图 2-2 所示。此握法主要用于整形锉刀以及 8″及以下规格锉刀的单手锉削。

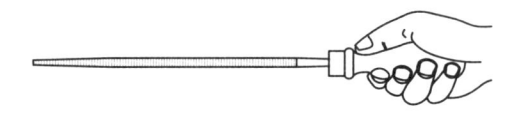

图 2-1　拇指压柄握法　　　　　图 2-2　食指压锉握法

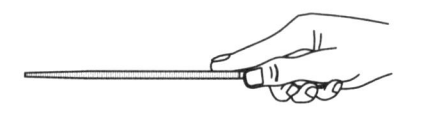

（3）抱柄法：是指双手拇指并拢向下压住锉柄，双手其余四指抱拳环握锉柄的一种握法，如图 2-3 所示。此握法主要用于整形锉刀以及 8″及以下规格锉刀进行孔、槽的加工。

2. 锉身握法（以扁锉为例介绍）

（1）掌压锉梢法：是指左手手掌自然伸展，手掌的大鱼际肌或小鱼际肌部位压住锉梢齿面的一种握法，如图 2-4 所示。此握法一般用于 12″及以上规格的锉刀进行全程大力锉削。

图 2-3　抱柄握法　　　　　图 2-4　掌压锉梢法

第二章　锉削基本技能

（2）拇指压锉法：是指左手拇指压住锉梢部位齿面，食指、中指的指头抵住锉梢端面的一种握法，如图 2-5 所示。此握法一般用于 12″ 及以上规格的锉刀进行全程大力锉削。

（3）捏锉法：是指左手拇指与食指、中指的指头相对捏住锉梢前端的一种握法，如图 2-6 所示。此握法主要用于锉削曲面。

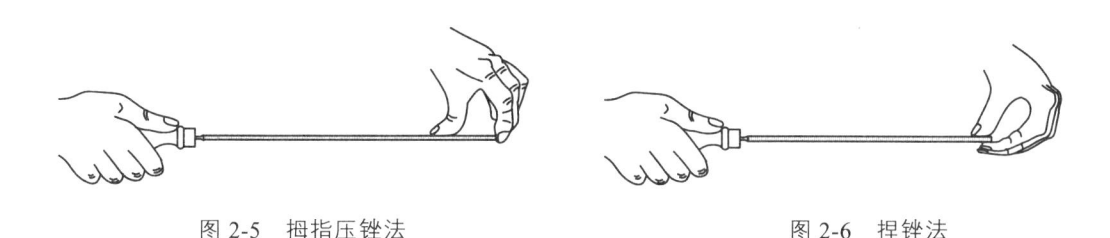

图 2-5　拇指压锉法　　　　　　　图 2-6　捏锉法

（4）掌压锉中法：是指左手手掌自然伸展，手掌的大鱼际肌或小鱼际肌部位压住锉身中部齿面的一种握法，如图 2-7 所示。此握法一般用于 12″ 及以上规格的锉刀进行短程锉削。

（5）三指压锉法：是指左手食指、中指和无名指的指头压住锉身中部齿面的一种握法，如图 2-8 所示。此握法一般用于 10″ 及以下规格的锉刀进行短程锉削。

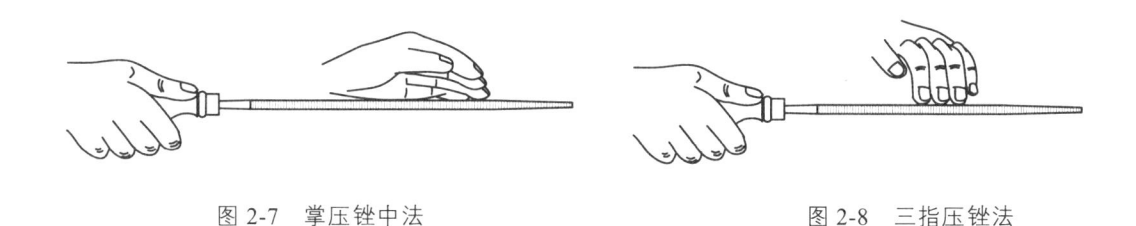

图 2-7　掌压锉中法　　　　　　　图 2-8　三指压锉法

（6）双指压锉法：是指左手食指和中指的指头压住锉身中部齿面的一种握法，如图 2-9 所示。此握法一般用于 8″ 及以下规格的锉刀进行短程锉削。

（7）八字压锉法：是指左手拇指与食指、中指的指头呈八字状压住锉身中部齿面的一种握法，如图 2-10 所示。此握法一般用于 10″ 及以下规格的锉刀进行短程锉削。

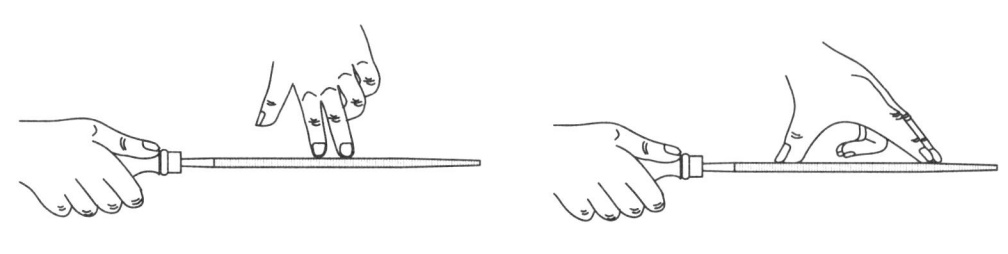

图 2-9　双指压锉法　　　　　　　图 2-10　八字压锉法

（8）双手横握法：是指左右手的拇指与其余四指的指头相对捏住锉身两侧面一种握法，如图 2-11 所示。此握法一般用于 8″ 及以下规格的锉刀进行短程横推锉削。横推锉削时，两手指离工件的侧面以不大于 10 mm 为宜，若离的太远，锉刀就容易产生横向摆动。

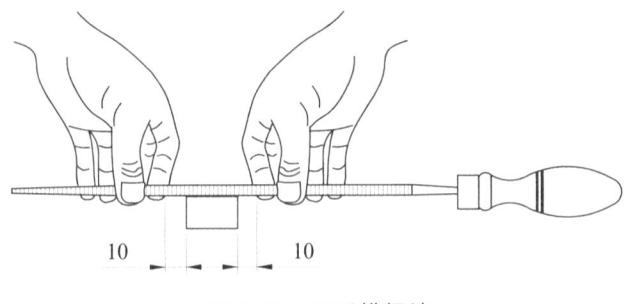

图 2-11 双手横握法

3. 锉柄的装卸方法

（1）装锉柄的方法：左手大拇指与其他四指相对捏住锉柄，右手大拇指与其他四指相对捏住锉梢齿面，将锉尾插入柄孔，在钳桌（台）上面或台虎钳上面垂直向下适当用力镦紧即可，如图 2-12（a）所示。装木质锉柄时，用力不要太大，以免损坏锉柄。

（2）卸锉柄的方法：左手捏住锉柄，右手捏住锉梢在台虎钳上面水平适当用力撞击锉柄卸出，如图 2-12（b）所示，也可在台虎钳侧面进行，如图 2-12（c）所示。这两种方法还可在钳桌（台）边缘进行。

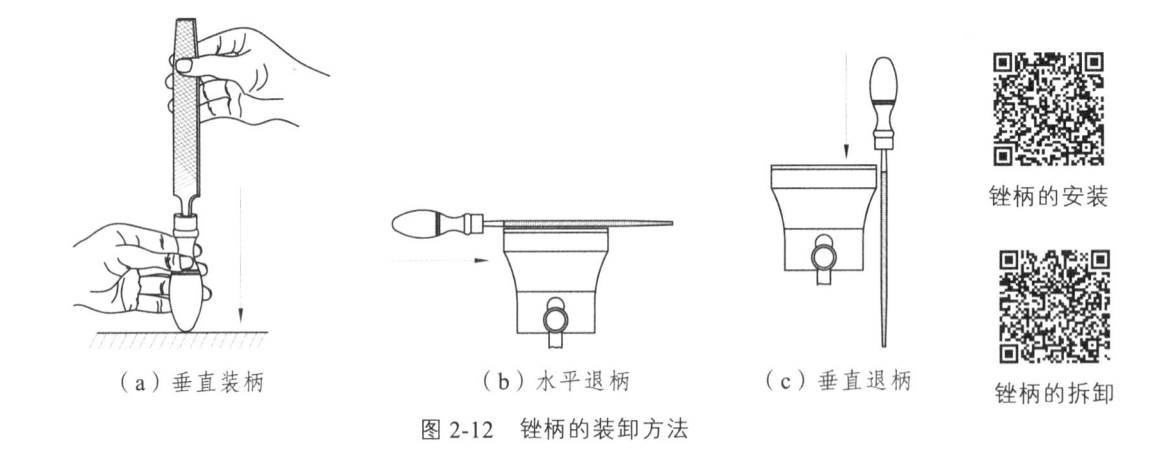

（a）垂直装柄　　（b）水平退柄　　（c）垂直退柄

图 2-12 锉柄的装卸方法

锉柄的安装

锉柄的拆卸

二、基本锉削方法

（1）纵向锉法：是指锉刀推进方向与工件表面纵向中心线相平行的一种锉法，如图 2-13 所示。纵向锉法可用于粗锉、细锉和精锉加工。在精锉加工时，采用短程纵向锉法理顺工件表面锉纹，可获得整齐、美观的锉纹。

（2）横向锉法：是指锉刀推进方向与工件表面纵向中心线相垂直的一种锉法，如图 2-14 所示。横向锉法的锉削效率较高，一般用于粗锉、细锉加工。

（3）交叉锉法：是指锉刀第一遍推进方向与工件表面纵向中心线相交成一定角度 α（35°～75°），锉刀第二遍推进方向与前一遍锉纹相交成 90°左右以获得交叉锉纹的一种锉法，如图 2-15 所示。交叉锉纹可反映工件表面高低状况，便于调整锉削部位，一般用于粗锉加工。

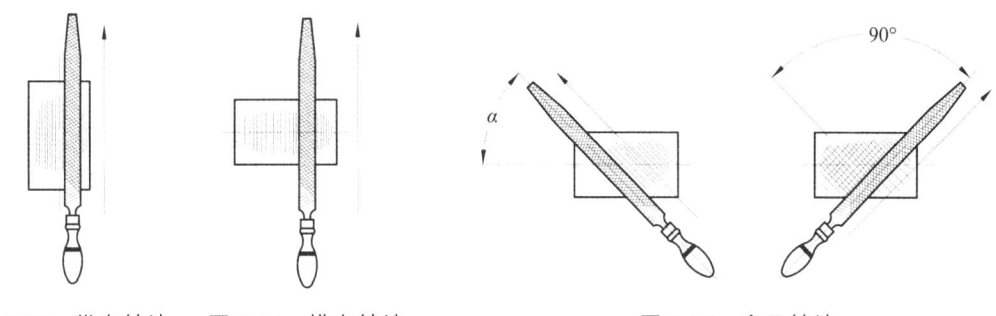

图 2-13　纵向锉法　　图 2-14　横向锉法　　　　　　图 2-15　交叉锉法

（4）全程锉法：是指锉刀在推进时，其行程的长度与齿面长度相当的一种锉法，如图 2-16 所示。此锉法一般用于粗锉和细锉加工。

（5）短程锉法：是指锉刀在推进时，其行程的长度只是齿面长度的 1/2～1/4，甚至更短的一种锉法，如图 2-17 所示。此锉法一般用于细锉和精锉加工。

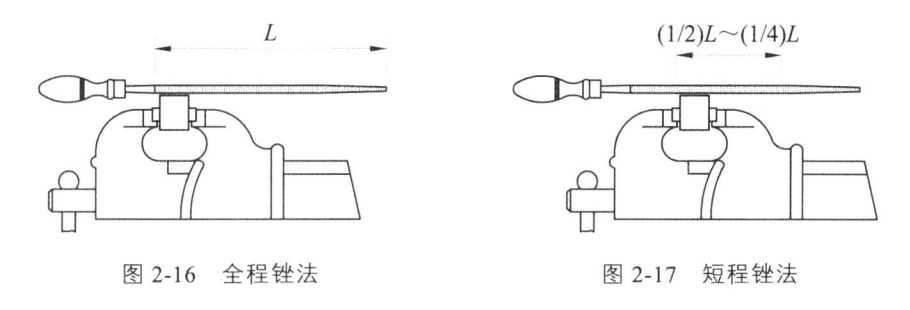

图 2-16　全程锉法　　　　　　　　图 2-17　短程锉法

（6）直进锉法：是指锉刀在锉削时的行程路线为直线往复而不向左右偏移的一种锉法，如图 2-18 所示。此锉法适宜于阶梯与沟槽形面的加工。

（7）斜进锉法：是指锉刀在锉削时的行程路线为自左向右（或自右向左）斜向推进的一种锉法，如图 2-19 所示。此锉法一般用于狭窄平面的粗锉、细锉加工。注意：在学习锉削的初期，建议不要练习斜进锉法。

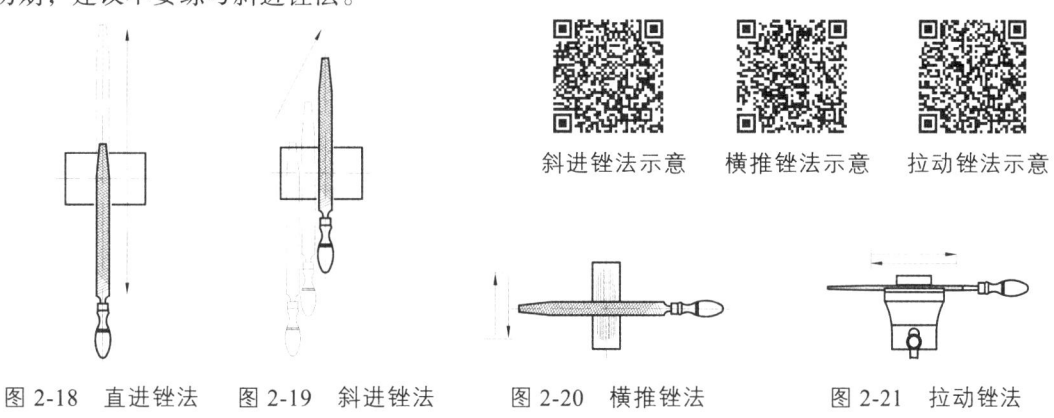

斜进锉法示意　　横推锉法示意　　拉动锉法示意

图 2-18　直进锉法　　图 2-19　斜进锉法　　图 2-20　横推锉法　　图 2-21　拉动锉法

（8）横推锉法：是指锉刀刀身与工件表面纵向中心线相垂直，推进方向与之相平行的一种锉法，如图 2-20 所示。此锉法主要用于细锉、精锉加工。

（9）拉动锉法：是指把扁锉刀夹在虎钳上，将形体较小或较薄的工件作为主动体用手握持放在锉刀齿面上采用纵向拉动进行加工的一种锉法，如图 2-21 所示。此锉法主要用于细锉、精锉加工。

三、锉削操作安全规程

（1）锉刀是右手工具，应纵向顺序放置在台虎钳的右边，且不许露出钳桌（一般放置在离钳桌边缘 30~50 mm），以防止掉下伤脚或损坏锉刀。
（2）不允许使用没有装锉柄的钳工锉；不允许使用已裂开的和没有安装柄箍的木质锉柄。
（3）锉削时锉柄不得撞击到工件或台虎钳上，以防止锉柄脱离露出锉尾尖端伤人。
（4）严禁用嘴吹锉屑，以防止锉屑吹入眼睛。
（5）锉削速度不宜过快、用力不宜过猛，否则容易使握持锉柄的手撞到工件或台虎钳上而导致受伤。

第二节　锉削平面基本技能

一、全程大力锉削

全程大力锉削是指采用 16″、14″的粗齿、中齿锉刀，对具有较大加工余量的工件表面进行全齿面、长行程、大力量的一种锉削操作方法。全程大力锉削具有动作幅度大、推锉力量大、锉削行程长、切削量大、韵律感强等特点，主要用于粗锉加工。全程大力锉削的动作过程可分为四个阶段，即准备、前倾、推锉（可细分为前 1/3 推锉行程、中 1/3 推锉行程、后 1/3 推锉行程）和回锉阶段，如图 2-22 所示。

全程大力锉削的动作姿势是最为基本的锉削动作姿势，是学习者必须最先掌握的锉削姿势。学习锉削时，双手不得戴手套，以免影响手的感觉和测量操作。

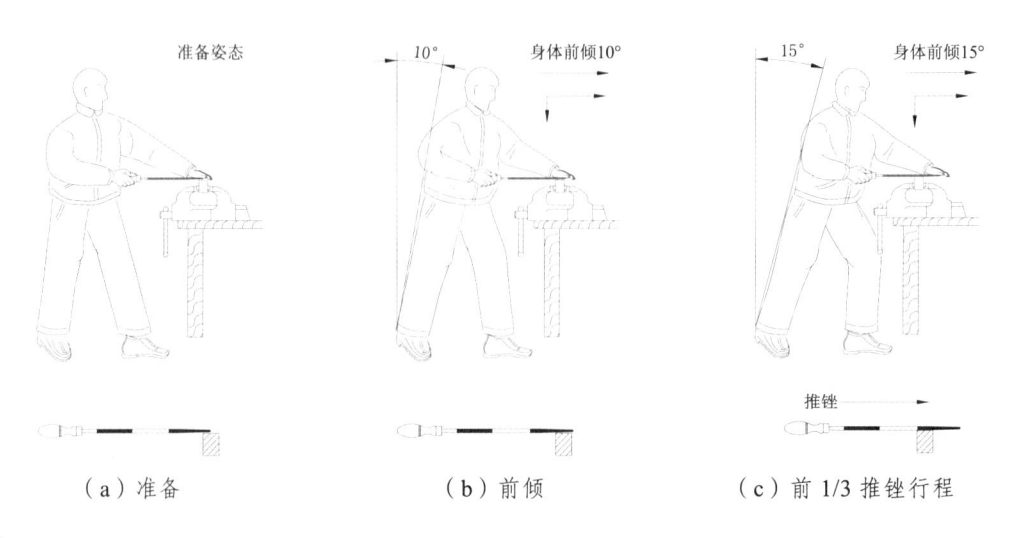

（a）准备　　　　　（b）前倾　　　　　（c）前 1/3 推锉行程

（d）中 1/3 推锉行程　　（e）后 1/3 推锉行程　　（f）回锉行程

图 2-22　全程大力锉削动作示意

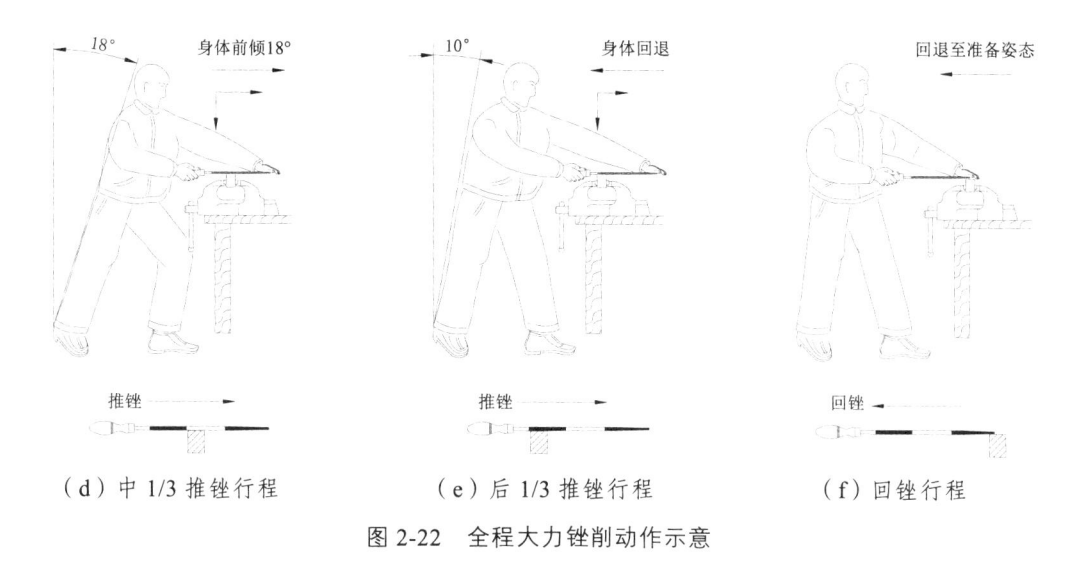

1. 站立姿态

如图 2-23 所示，站立姿态要以锉刀纵向中心线为基准，左脚距离该中心线的垂直投影线为 200 mm 左右，并与该线大致成 15°左右，脚尖接近或踩在钳身钳口面垂直投影线上；右脚与锉刀纵向中心线的垂直投影延长线大致成 100°左右，右脚的前 1/3 部位踩在该投影线上，两脚跟之间的距离大致与肩同宽。

2. 手臂姿态

如图 2-24 所示，手臂要以锉刀纵向中心线为基准，右手握持锉柄时，前臂应与锉刀纵向中心线共线，并且上臂也要大致与锉刀纵向中心线、前臂共在一个垂直平面（简称为三线一面），左手自然弯曲握持锉刀前部，身体与锉刀纵向中心线成 40°左右，在锉削运动中应基本保持这种姿态。站立与手臂姿态分析如图 2-25 所示。

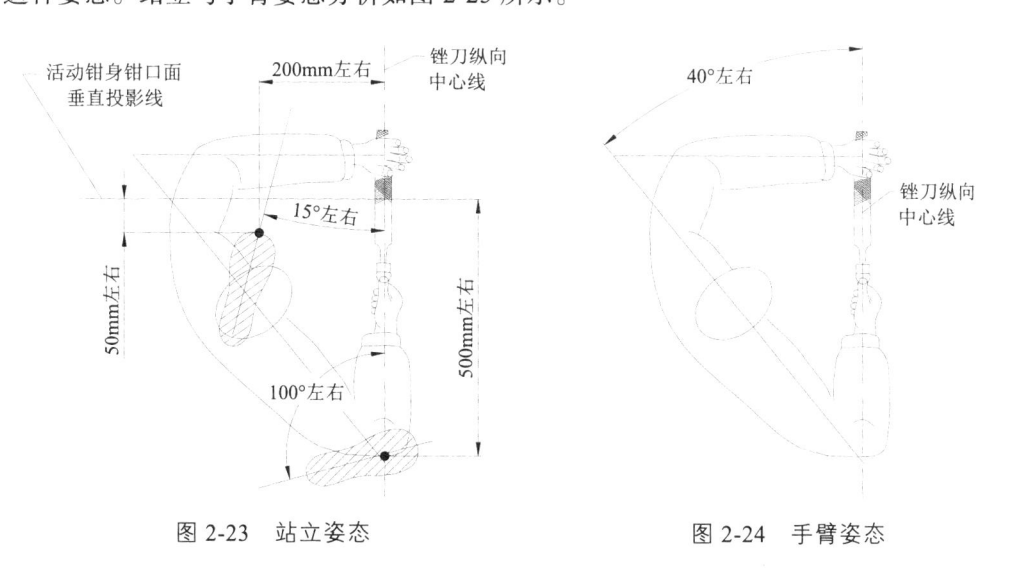

图 2-23　站立姿态　　图 2-24　手臂姿态

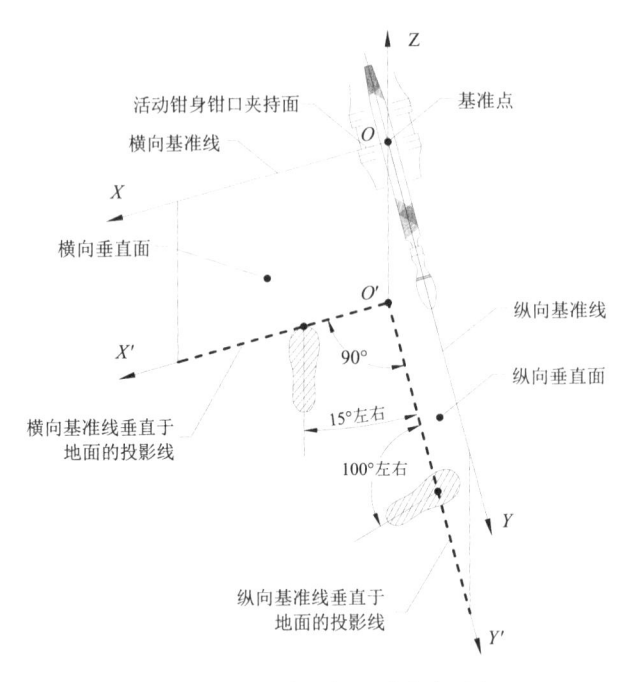

图 2-25　站立与手臂姿态分析

3. 全程大力锉削动作分解

一个锉削操作过程分为准备、前倾、推锉和回锉四个阶段。

（1）准备。如图 2-26 所示，双手握持锉刀，右上臂大致与地面垂直，右前臂大致与地面平行；左右脚按照站立姿态要求站立到位，左、右腿自然伸直、身体重心分布于左、右脚，锉刀前端置工件表面。

（2）前倾。如图 2-27 所示，身体从准备阶段逐渐前倾至 10°左右，右臂同时向后曲肘并即将带动双臂推动锉刀。

（3）推锉。为了充分理解推锉行程的姿势特点，可将锉刀刀身分为三个等分段。据此可将推锉又细分为前 1/3 推锉行程、中 1/3 推锉行程和后 1/3 推锉行程三个阶段，如图 2-28 所示。

① 前 1/3 推锉行程。如图 2-28（a）所示，左腿继续曲膝，在身体开始从 10°前倾 15°时，身体重心移向左脚；身体前倾的同时起锉并接续进行前 1/3 推锉行程，左手同时对锉刀施加压力。

② 中 1/3 推锉行程。进行中 1/3 推锉行程，此时，身体重心大部分移至左脚，左手对锉刀施加的压力为最大。如图 2-28（b）所示，左腿继续曲膝，身体继续前倾至 18°左右，并继续带动右臂向前。

③ 后 1/3 推锉行程。如图 2-28（c）所示，当开始后 1/3 锉削行程时，身体停止前倾并开始回退至 10°左右（回退的区域为锉刀面的中 1/3 处与后 1/3 处的交界处），在回退的同时，右臂则继续向前进行后 1/3 推锉行程，此时，左臂应尽量伸展，左手对锉刀施加的压力逐渐减小，身体重心后移。

（4）回锉。如图 2-28（d）所示，后 1/3 推锉行程完成后，可将锉刀贴着工件表面向后回退，此时，左手对锉刀不要施加压力。至此，一个锉削操作过程完成。

图 2-26 准备姿态　　　　　　图 2-27 前倾

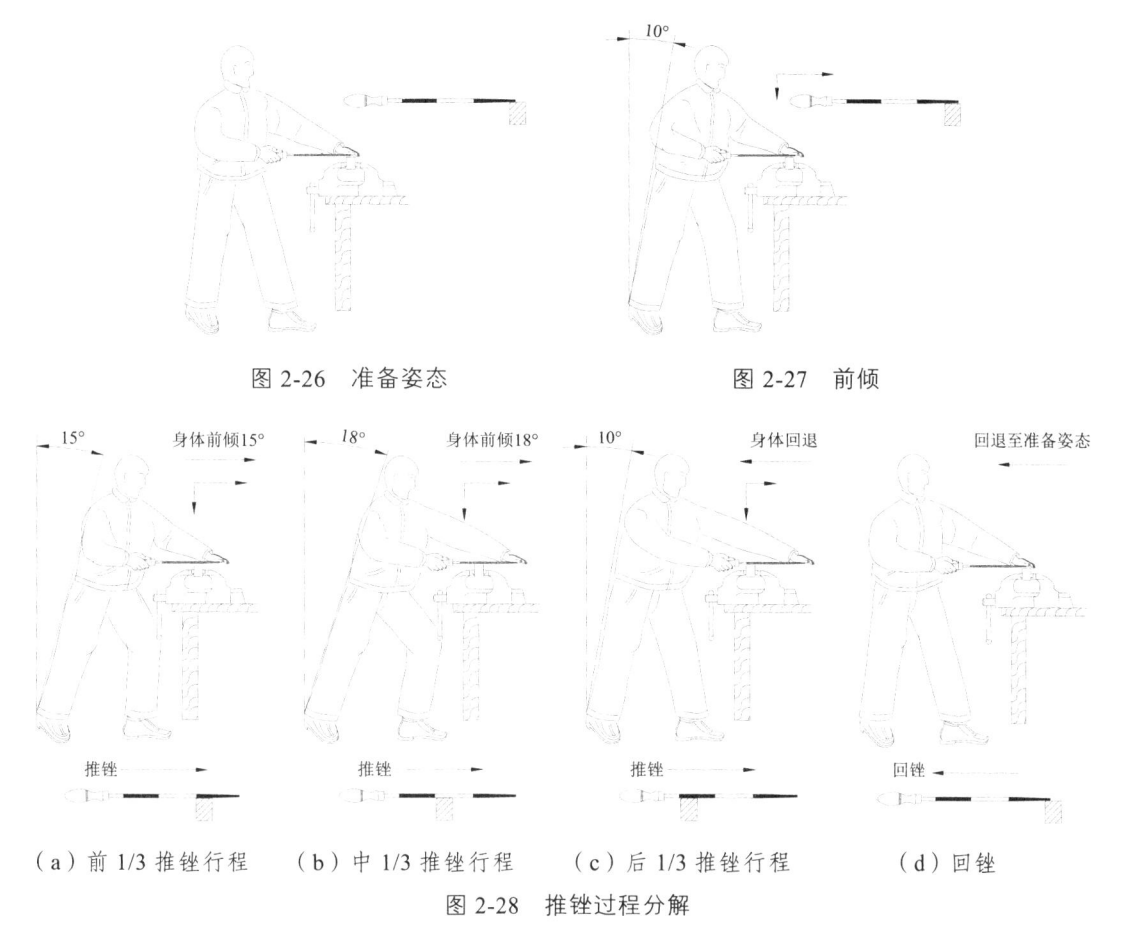

（a）前 1/3 推锉行程　　（b）中 1/3 推锉行程　　（c）后 1/3 推锉行程　　（d）回锉

图 2-28 推锉过程分解

回锉时不要抬起锉刀使其离开工件表面，应将锉刀贴着工件表面向后回退，这对训练端平锉刀、培养平衡感觉有较好的作用。

4. 全程大力锉削练习步骤

全程大力锉削练习分为两个大的练习阶段，即动作姿势协调性练习阶段和端平锉刀练习阶段。

1）动作姿势协调性练习

动作姿势协调性练习分为曲膝动作姿势练习、推锉姿势练习和"倾二锉三"体验练习等三个分阶段。

（1）曲膝动作姿势练习。曲膝动作姿势分为三个小阶段，即站立准备阶段、左腿曲膝动作阶段和身体回退阶段。首先按照站立姿态的要求（图 2-29）进行站立准备阶段，左、右腿自然伸直，身体重心分布于左、右脚之间，两手置于身后，如图 2-29（a）所示。然后继续进行左腿曲膝动作姿势练习部分，如图 2-29（b）所示，其动作要领是左腿膝关节尽量向前弯曲，身体前倾 18°左右，同时身体重心移向左脚，此时，右腿仍然处于自然伸直状态，此动作过程可称为"曲膝前倾"。接着继续进行身体回退部分，左腿向后直膝，身体回退至准备状态，身体重心分布于左、右脚，如图 2-29（c）所示，此动作过程可称为"直膝回退"。

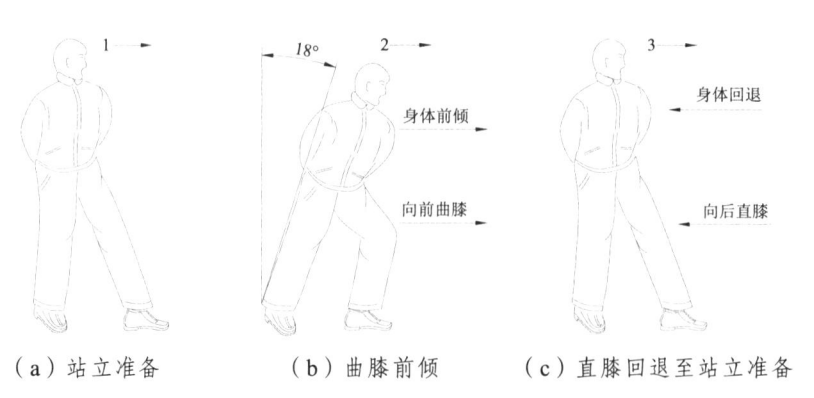

(a) 站立准备　　(b) 曲膝前倾　　(c) 直膝回退至站立准备

图 2-29　曲膝动作姿势练习

（2）推锉动作姿势练习。在曲膝动作姿势练习的基础上，进行双臂推锉动作姿势合练，如图 2-30 所示。推锉动作姿势分为四个部分，即站立准备部分，如图 2-30（a）所示；曲膝、曲肘动作部分，如图 2-30（b）所示；直膝、直臂动作部分如图 2-30（c）所示；身体回退部分如图 2-30（d）所示。准备部分练习时，双手握持锉刀，右后臂大致与地面垂直，右前臂大致与地面平行；双脚按站立姿态要求站立，右腿自然伸直，身体重心分布于左、右脚。进行曲膝、曲肘动作部分时，其动作要领是在左腿向前曲膝、身体前倾 18°左右的同时，右臂尽量向后曲肘回锉，此时，右腿仍然伸直，此动作过程可称为"曲膝回锉"。进行直膝、直臂动作部分练习时，其动作要领是在身体后倾至 10°左右的同时，左臂尽量向前伸直送锉，此动作过程可称为"直膝推锉"，接着左、右臂收回至准备部分。

本练习的重点是要突出曲膝、曲肘和直膝、直臂这几个动作的姿势特征，在练习时，动作幅度可尽量大一些、夸张一些。

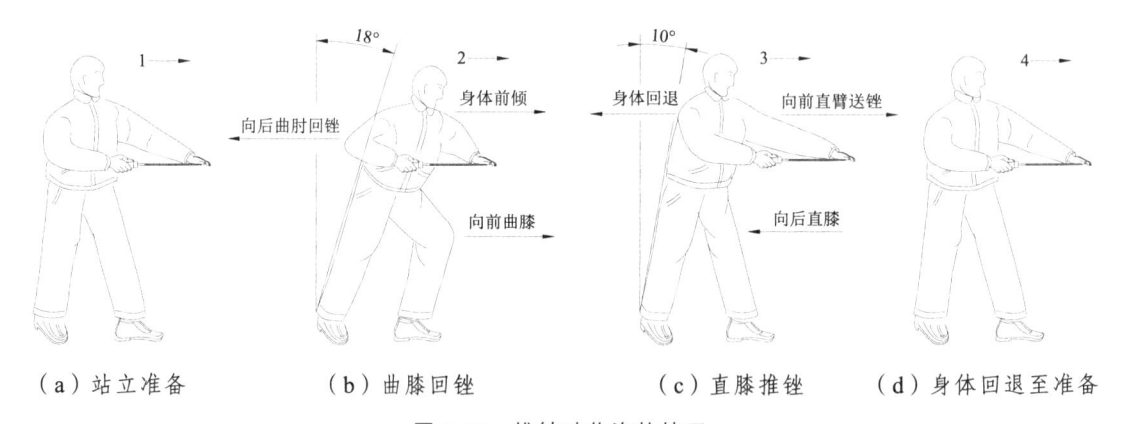

(a) 站立准备　　(b) 曲膝回锉　　(c) 直膝推锉　　(d) 身体回退至准备

图 2-30　推锉动作姿势练习

为优化教学效果，本阶段可通过口令统一指挥进行动作分解练习。口令为：准备（仅第一次喊出）→1（曲膝前倾）→2（直膝回退）等三个动作。注意：做 1、2 时，动作不要快，要缓慢一些；动作 1 与动作 2 之间的转换也要缓慢一些。练习次数以 20 次左右为宜。

（3）"倾二锉三"全程大力锉削动作姿势训练方法（简称"倾二锉三"训练法）。本训练法的目的是使学习者的全程大力锉削动作姿势达到协调、自然。所谓"倾二锉三"训练法，就是先做二次锉刀不动，仅身体前倾至 18°的动作姿势，前倾幅度可尽量大一点，然后接着做三次有推锉动作的身体前倾。练习"倾二锉三"可形成一个"动作时间差",就是在身体前倾与推动锉刀之间有一个时间间隔(1 s左右),即在身体先前倾10°左右后再开始推锉动作,这样就可使锉削动作姿势协调、自然。"倾二锉三"训练法具有简捷、高效的特点。

为优化教学效果,本阶段可通过口令统一指挥进行动作分解练习,如图2-31所示。口令为:准备(准备姿态见图a)→1(曲膝前倾见图b+直膝回退见图c)→2(重复动作1)→3(前倾见图e+推锉见图f、g、h+回锉见图i)→4(重复动作3)→5(重复动作3)等五个动作。注意:练习"倾二锉三"时,动作要缓慢一下,速度为25~30次/min。练习次数以20次左右为宜。

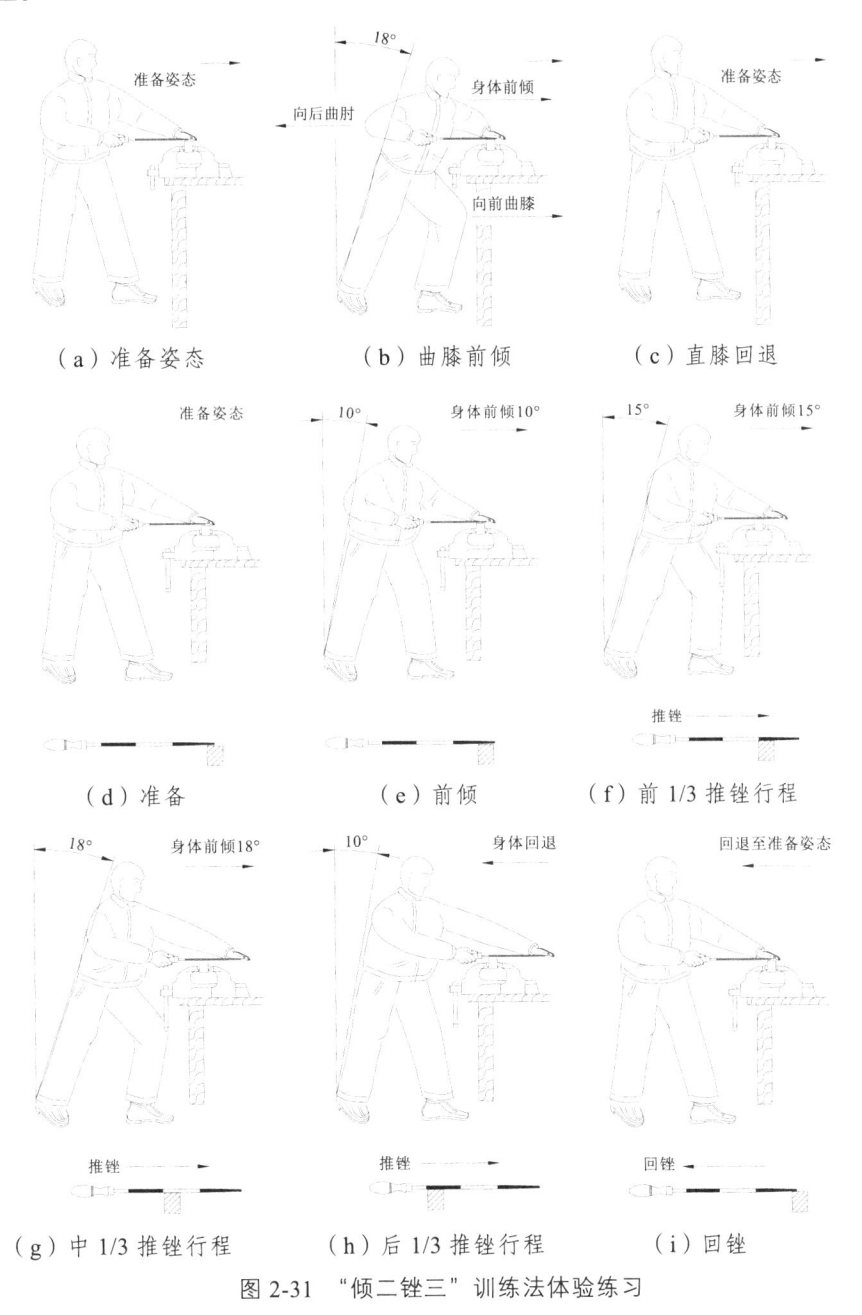

(a)准备姿态　　(b)曲膝前倾　　(c)直膝回退

(d)准备　　(e)前倾　　(f)前1/3推锉行程

(g)中1/3推锉行程　　(h)后1/3推锉行程　　(i)回锉

图2-31 "倾二锉三"训练法体验练习

（4）练习中容易出现的偏差与纠偏方法。进行全程大力锉削姿势练习时，少数学习者可能会出现两个较为典型的动作姿势偏差：一个是身体前倾时手臂与之同时动作，此动作姿势显得很机械，可简称为"同步"；二个是手臂开始向前推锉时，身体却同时反向后倾，此动作姿势显得不协调，可简称为"同反"。

对于以上两个偏差，一般可通过"倾二锉三"训练法的练习来进行纠偏。也可以采用练习"同步"的动作来中和"同反"的动作偏差；反之也可以采用练习"同反"的动作来中和"同步"的动作偏差，通过中和的方式来抵消偏差倾向，以达到纠偏的目的。

（5）前臂姿势不规范的问题。进行全程大力锉削动作姿势练习时，部分学习者可能会出现前臂与锉刀纵向中心线不共线的问题，即可能会出现前臂姿势不规范的问题：一个是"前臂内收"问题，如图 2-32 所示；二个是"前臂外展"问题，如图 2-33 所示。这两个问题的解决难度并不大，在练习中注意及时纠正即可。

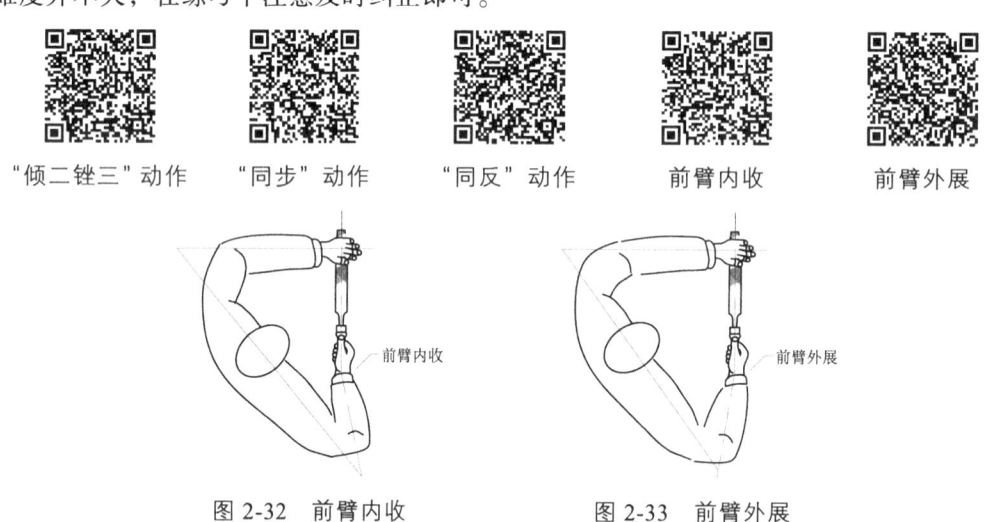

| "倾二锉三"动作 | "同步"动作 | "同反"动作 | 前臂内收 | 前臂外展 |

图 2-32　前臂内收　　　　图 2-33　前臂外展

2）端平锉刀练习

锉削加工的主要目的是要将工件表面锉削平整，因此，在全程大力锉削练习的后期，需进行端平锉刀的练习。

（1）锉削时的主要操作缺陷。锉削加工是手工操作，由于左右手用力不均衡，容易产生一些操作缺陷，在全程大力锉削时尤为明显，典型的操作缺陷有锉刀的纵向摆动与纵向倾斜（前高后低和前低后高）两种。纵向摆动如图 2-34 所示，纵向倾斜如图 2-35 所示。

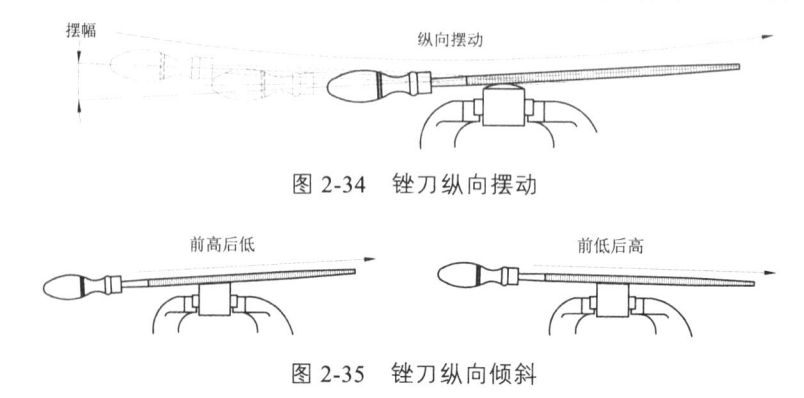

图 2-34　锉刀纵向摆动

图 2-35　锉刀纵向倾斜

（2）端平锉刀的练习方法。端平锉刀的关键问题是两手用力是否均衡。通过端平锉刀的方法的反复练习，培养双手力量平衡感觉（手感），以获得对锉刀的运动姿态有较强的平衡控制能力，从而将锉刀的摆幅和倾斜量降至最低。练习方法主要有纵向锉削练习法、相互提示法与基准面平衡感觉法三种。

① 纵向锉削练习法。采用纵向锉削练习法进行端平锉刀练习时，建议练习工件的纵向长度以 110～120 mm、横向宽度以 20～30 mm 为宜，夹持工件时，应目测工件表面是否大致平行于钳口上平面。由于工件表面较长，所以采用纵向锉削时，锉刀姿态自然就较平稳，通过一定的练习量，可获得较好的平衡感觉。纵向锉削练习如图 2-36 所示。建议将纵向锉削时的速度控制在 25～30 次/min。

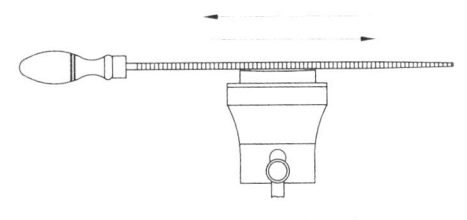

图 2-36　纵向锉削练习法

② 相互提示法。进行端平锉刀练习时，除了老师的指导外，同学之间可相互观察对方锉刀的高低并加以提示，根据提示及时调整两手用力的大小，使两手用力逐渐趋于均衡，这样可较快地端平锉刀。

③ 基准面平衡感觉法。本方法属于自我调整并端平锉刀的一种方法。首先，我们知道钳口的夹持面和其上平面是相互垂直的（图 2-37），两钳口的上平面又是等高的，因此两钳口夹紧后，它们的上平面可视为一个平面（图 2-38）。锉削平面时，锉刀的推进行程应平行于钳口上平面，摆幅越小，平行的状态越好，则锉出的面就越平。基于此，在夹持工件时，应在钳口左（或右）侧留出适当宽度的位置作为校正锉刀姿态的"基准面"（图 2-39），再将锉刀面的中间部位置于"基准面"（图 2-40）上停留 2～3 s 使双手获得纵、横两个方向的平衡感觉（图 2-41），然后将锉刀平行移到工件的上面停留 2～3 s 后再进行横向锉削（图 2-42）。

当本方法熟练掌握以后，也可将锉刀面的前 1/3 部位置于"基准面"，双手稳定 2～3 s 后再进行横向锉削，这样可使锉削操作感更加顺畅和便捷。

在锉削平面练习时，双手握持锉刀经常在"基准面"上"悟"一下平衡感觉，可及时自我调整锉刀姿态，这样就能较快、较稳定地获得对锉刀的平衡控制能力。

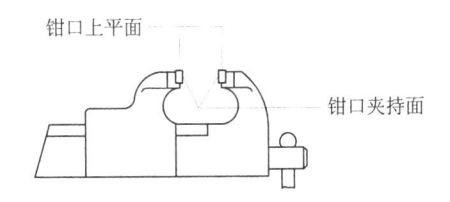

图 2-37　钳口夹持面与上平面相互垂直 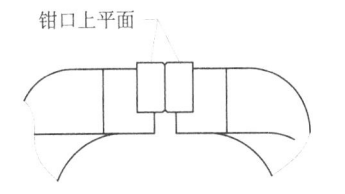　　图 2-38　两钳口夹紧后为一共同平面

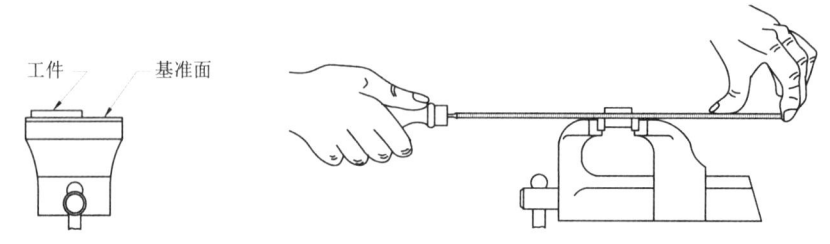

图 2-39 适当留出"基准面"　　图 2-40 将锉刀中间部位置于"基准面"上

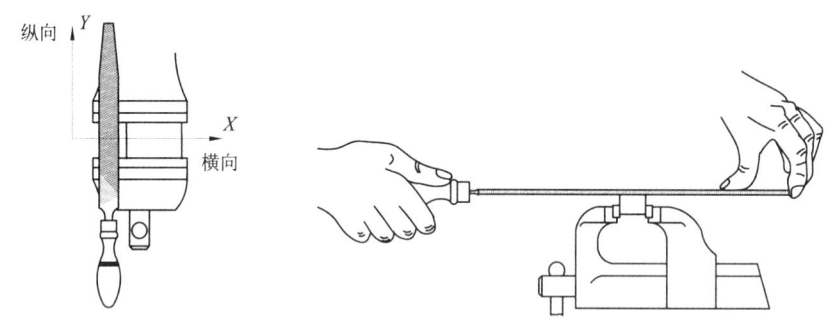

图 2-41 锉刀纵、横两个方向的平衡　　图 2-42 将锉刀移至工件表面进行横向锉削

5. 注意事项

（1）锉削速度。进行全程大力锉削练习时，可先进行慢速练习（25~30 次/min），待动作姿势基本规范并稳定后，再进行正常速度（30~35 次/min）练习。总而言之，锉削速度要均匀，要有节奏感和韵律感。

（2）锉削线路。为提高双手对锉刀运动的控制能力，进行全程大力锉削练习时，要注意控制锉削线路。锉刀在一个锉削行程时，要尽量做到直线推锉、直线回锉，端平推锉、端平回锉，此锉削特点可概括为"直进直回"和"平进平回"，如图 2-43 所示。要尽量控制锉刀在锉削行程时的横向偏移，一般情况下，多为向右的横向偏移，如图 2-44 所示。

（3）锉刀移位。如图 2-45 所示，锉刀在一个位置锉削 5、6 次以后，要横向移动一个待加工位置再锉削，横向移动的距离一般为 2/3 的锉身宽度，另外 1/3 的锉身宽度覆盖在已加工位置上，这样可保证工件待加工表面得到均匀的锉削。

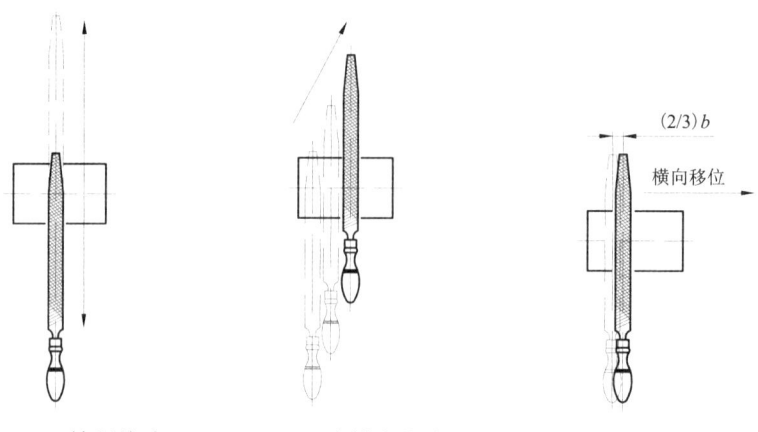

图 2-43 锉削线路　　图 2-44 右横向偏移　　图 2-45 锉刀横向移位

（4）工件表面露出高度。在进行初期锉削练习时，应注意工件表面的露出高度。一般情况下，被锉工件表面露出钳口上平面的高度以 10~15 mm 为宜，若工件表面露出钳口上平面的高度过低（低于 5 mm），则容易出现锉刀锉伤台虎钳表面的情况。

全程大力锉削姿势练习工件与要求详见第三章。

二、锉削平面技术

1. 锉削工序

（1）粗加工锉削（粗锉）。当加工余量>0.5 mm 时，一般选用 12″~14″的粗齿、中齿锉刀对工件表面进行大吃刀量加工，以快速去掉大部分余量，留下细锉余量 0.5 mm 左右。

（2）细加工锉削（细锉）。当加工余量介于 0.5~0.1 mm 时，一般选用 8″~12″的中齿、细齿锉刀对工件表面进行小吃刀量加工，留下精锉余量 0.1 mm 左右。

（3）精加工锉削（精锉）。当加工余量≤0.1 mm 时，一般选用 4″~8″的细齿、双细齿锉刀以及整形锉对工件表面进行微小吃刀量加工，同时消除细锉加工所产生的锉痕，达到尺寸、形状和位置精度以及表面粗糙度要求。

（4）光整锉削。对精锉后的工件表面理顺锉削纹理方向并进行进一步降低表面粗糙度值的加工，一般选用 4″~8″的双细齿、油光锉刀以及整形锉进行，或用砂布、砂纸垫在锉刀下面进行打磨加工。

2. 粗锉平面时的形面缺陷

以锉削长方体平面为例，在粗锉工件平面时，容易产生一些形面缺陷，较为典型的形面缺陷有工件表面纵向中凸与横向中凸（图 2-46）、工件表面纵向中凹与横向中凸（图 2-47）等两种基本类型。由于锉刀纵向摆动的原因，工件表面的横向中凸为其主要缺陷特征。

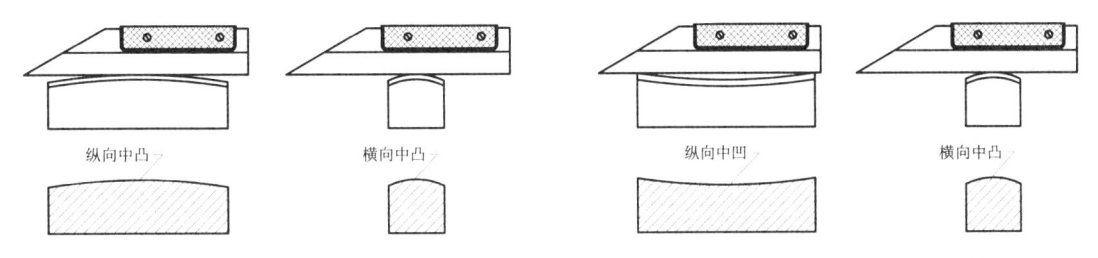

图 2-46 工件表面纵向中凸与横向中凸　　图 2-47 工件表面纵向中凹与横向中凸

3. 锉刀齿面的特点

锉刀刀体由于淬火的原因，会有一定的变形，因此，锉刀的齿面并不是很平整的。以扁锉为例，一般在齿面的纵长方向和横截方向略呈不规则的凸凹状，凸起面和凹陷面的分布情况对于每把锉刀而言都不尽相同，但其典型特征大致有三种：第一种是齿面纵向中凸且横向中凸，如图 2-48 所示；第二种是齿面纵向中凸且横向中凹，如图 2-49 所示；第三种是齿面纵向双中凸，如图 2-50 所示。纵向中凸且横向中凸的齿面最适宜于平面精锉加工。观察齿面状况的方法是在齿面涂满粉笔灰，并用手指自后向前压实一些，然后再在工件表面锉削五、六次，就可以看出齿面颜色较黑的区域就是凸起面。

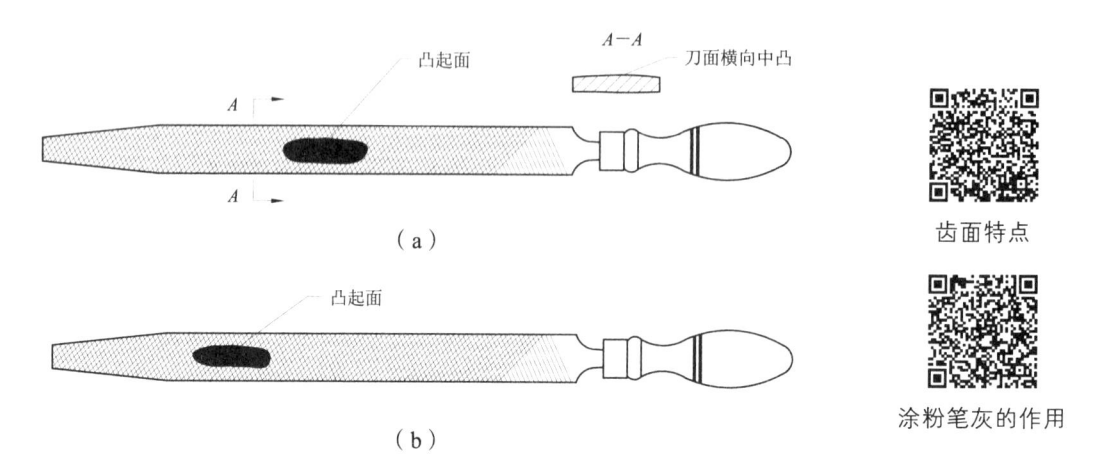

图 2-48　齿面纵向中凸刀且横向中凸

图 2-49　齿面纵向中凸且横向中凹

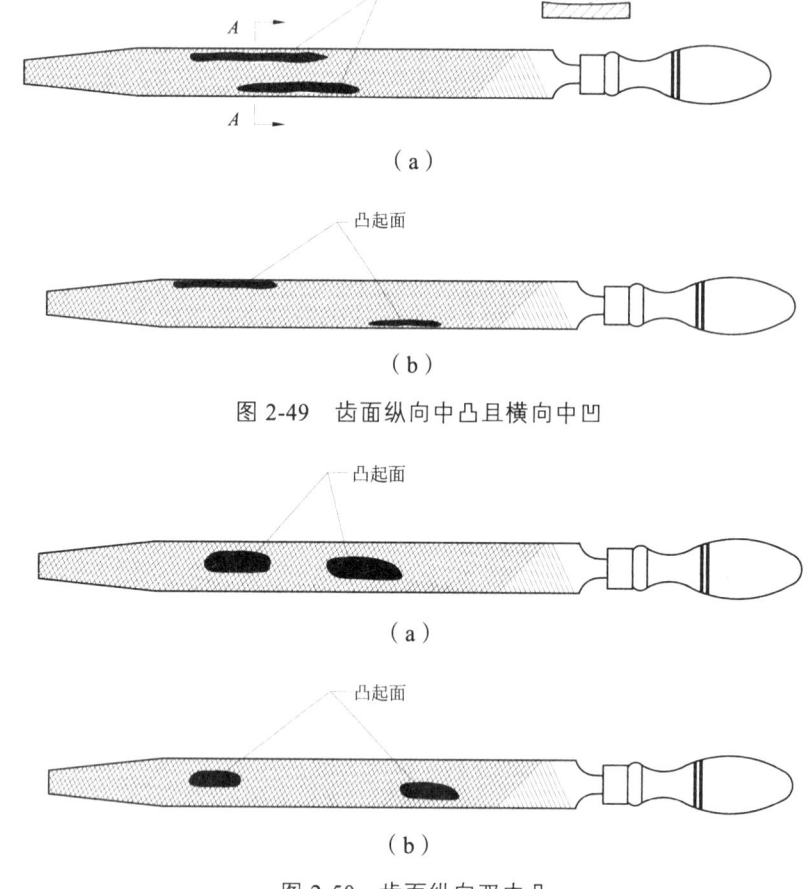

图 2-50　齿面纵向双中凸

锉刀齿面涂粉笔灰有三个作用：一是可以观察齿面状况；二是容易去掉嵌在齿面的切屑；三是可以减少吃刀量，降低工件表面粗糙度。

4. 精锉加工方法

为消除粗锉工件平面时的形面缺陷，主要采用"凸对凸、短程纵向锉法""凸对凸、短程横推锉法"和"凸对凸、短程拉动锉法"等三种平面精锉操作方法。

（1）凸对凸、短程纵向锉法。纵向锉法是指锉刀推进方向与工件表面纵向中心线相平行的一种锉削方法，如图 2-51 所示。长行程纵向锉法主要用于粗锉加工，短行程纵向锉法主要用于细锉、精锉加工。凸对凸、短程纵向锉法的特点是锉刀的凸面纵向锉削工件的凸面，即纵向凸对凸，如图 2-52 所示；锉削时，还要注意锉刀的凸面应置于工件凸面的中部，即横向凸对凸，如图 2-53 所示；短程是指短锉削行程，即是锉刀凸面的锉削行程须控制在工件凸面（图中阴影部分）的范围内，如图 2-54 所示。进行凸对凸、短程纵向锉法时，左手可采用三指压锉（图 2-55）与双指压锉（图 2-56）的手法，即施加压力的手指须置于刀面凸起部位的上面，以保证锉削的有效性。锉削时，施加压力的手指不得超越工件凸面的范围，如图 2-57 所示。

凸对凸、短程纵向锉法主要用于消除工件表面纵向中凸与横向中凸、工件表面纵向中凹与横向中凸等形面缺陷。

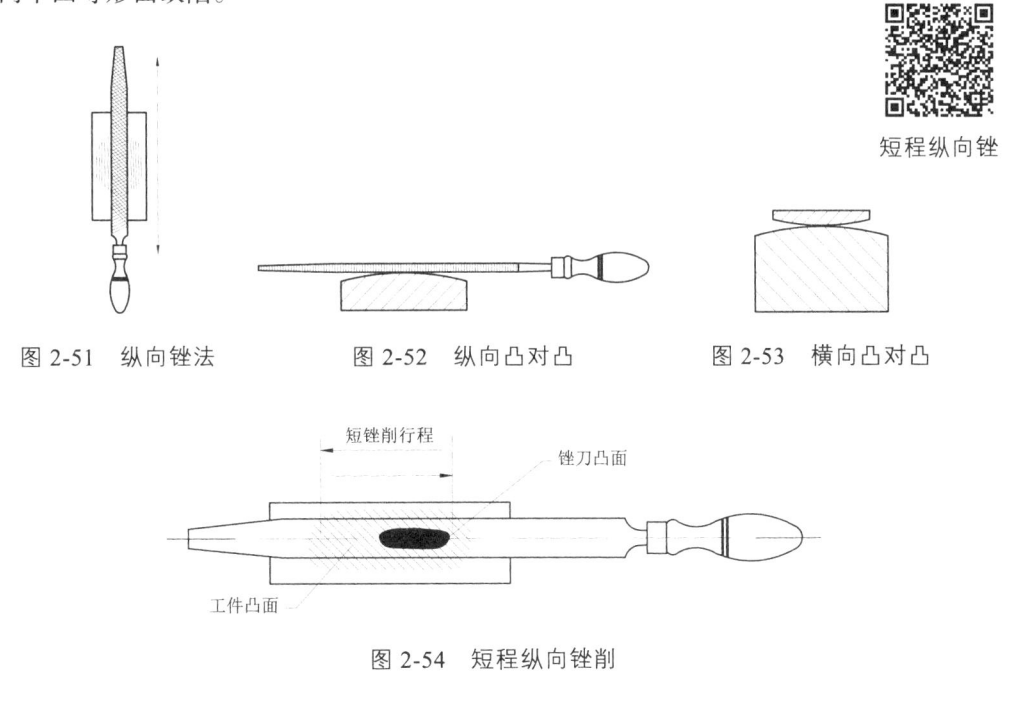

短程纵向锉

图 2-51　纵向锉法　　　图 2-52　纵向凸对凸　　　图 2-53　横向凸对凸

图 2-54　短程纵向锉削

图 2-55　三指压锉　　　　　　图 2-56　双指压锉

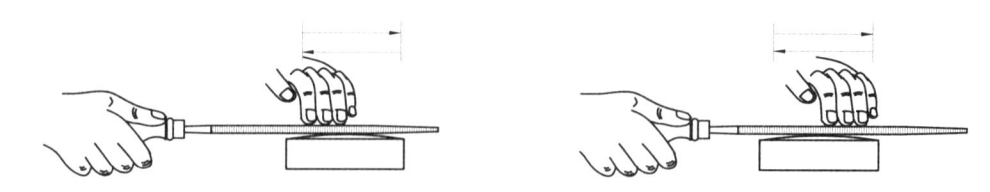

图 2-57 手指施力点的行程范围

（2）凸对凸、短程横推锉法如图 2-58 所示。横推锉法主要用于半精锉、精锉加工。凸对凸、短程横推锉法的特点是用扁锉刀的凸面横向锉削工件的凸面，即横向凸对凸，如图 2-59 所示；短程是指短锉削行程，即是锉刀凸面的锉削行程须控制在工件凸面的范围内，如图 2-60 所示。进行凸对凸、短程横推锉法时，还要注意双手与工件两侧的距离应控制在 10 mm 左右，若距离过远，在锉削时，易产生横向摆动。如图 2-61 所示。图 2-60 中锉刀表面阴影部分为锉刀的凸面；图 2-60 中工件表面阴影部分为工件凸面。

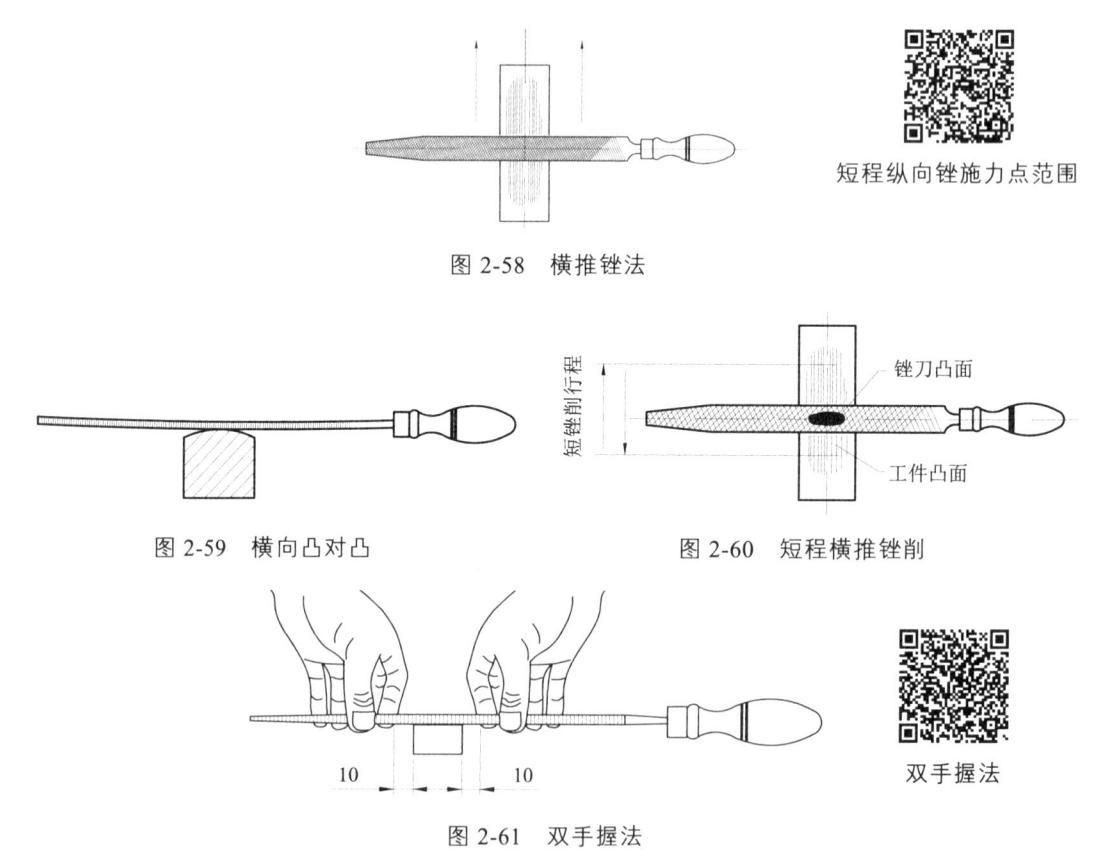

短程纵向锉施力点范围

图 2-58 横推锉法

图 2-59 横向凸对凸

图 2-60 短程横推锉削

双手握法

图 2-61 双手握法

凸对凸、短程横推锉法主要用于消除工件表面纵向中凹与横向中凹、工件表面纵向中凹与横向中凸等形面缺陷。

（3）凸对凸、短程拉动锉法。这种方法是将扁锉刀垫以铜钳口并夹在虎钳上（注意应将有凸面的刀面置于上面，夹持方法如图 2-62 所示），再将工件用手握持放在锉刀凸面上，通过自前向后地短程纵向拉动来进行加工的一种精锉方法，如图 2-63 所示。拉动锉法主要用于形体较小或较窄工件平面的精锉加工，其效果尤为明显。

凸对凸、短程拉动锉法，主要用于消除工件表面纵向中凸与横向中凸等形面缺陷。

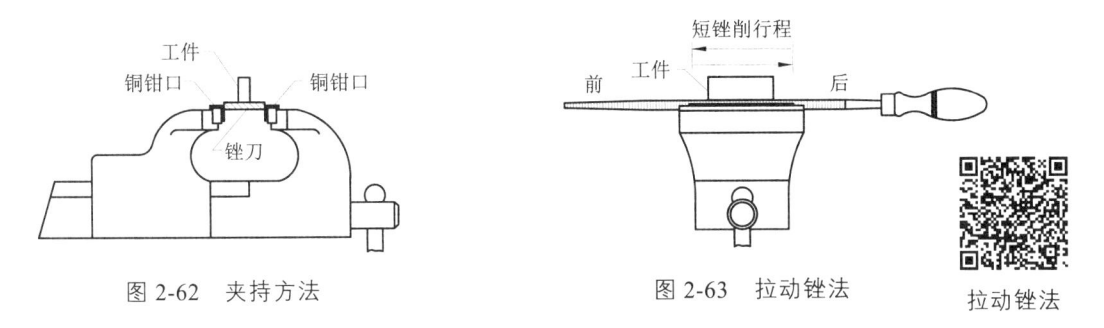

图 2-62　夹持方法　　　　图 2-63　拉动锉法　　　拉动锉法

（4）注意事项。在进行精锉工件平面的操作时，需要注意三个问题：锉削速度、锉削行程与锉削过量。

① 锉削速度。一般而言，速度愈慢则愈平，这是因为速度愈慢，动作就愈平稳，工件表面就锉得愈平整，但是，速度也不能过慢，否则会影响加工效率，故建议锉削速度以 35 次左右/min 为宜。

② 锉削行程。一般而言，行程愈短则愈平，这是因为行程愈短，则锉刀的摆幅就愈小，工件表面就锉得愈平整，故锉削行程应视工件表面凸起状况而定。

③ 锉削过量。精锉工件平面时，主要是利用锉刀的凸面对工件表面的凸起部位进行加工，在锉削时，要注意及时进行平面度检测，以防止锉削过量。若凸对凸、短程纵向锉削过量，工件表面就会产生横向中凹误差（图 2-64）；若凸对凸、短程横推锉削过量，工件表面就会产生纵向中凹误差（图 2-65），这样就容易形成新的形面缺陷，因此，一定要注意防止锉削过量超差。

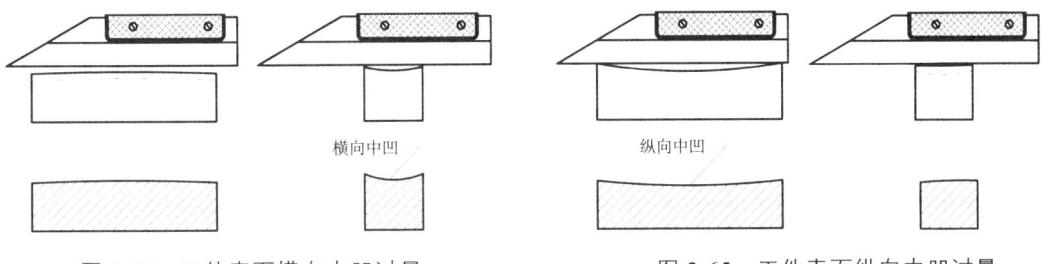

图 2-64　工件表面横向中凹过量　　　　图 2-65　工件表面纵向中凹过量

5. 平面度与垂直度的一般检测方法

1）平面度的一般检测方法

一般条件下，采用塞尺配合检测法、透光估测法以及对研显点法对工件表面进行平面度检测。

（1）塞尺配合检测法。采用塞尺与刀口尺配合进行插入检测，以确定工件表面平面度（或直线度）误差值的方法称为塞尺检测法（简称塞入法），如图 2-66 所示。对于中凹表面，其平面度误差值可取各检测部位中最大直线度误差值计；对于中凸表面，则应在两侧以同样厚度的尺片作插入检测，其平面度误差值可取各检测部位中最大直线度误差值计。使用塞尺时根据被测间隙的大小可用一片或数片尺片重叠在一起进行塞入检测。须做两次极限尺寸的检测后才能得出其间隙量的大小,例如用 0.03 mm 的尺片可以塞入,而用 0.04 mm 的尺片插不进去,则其间隙量为 0.03 mm,即平面度(或直线度)误差值为 0.03 mm。

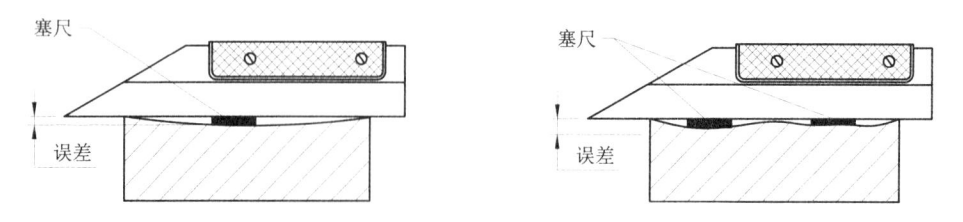

图 2-66 塞尺配合检测法

(2)透光估测法。在一定光源条件下,通过目视观察刀口尺与被测工件表面接触后其缝隙透光强弱程度来估计尺寸量值的方法称为透光估测法(简称透光法),如图 2-67 所示。检测时,尺身要垂直于工件被测表面,应采用多向多处测量,要在被测表面的纵向、横向、对角方向多处逐一进行检测,在每个方向上至少要检测三处,以估计各方向的直线度误差,如图 2-68 所示。

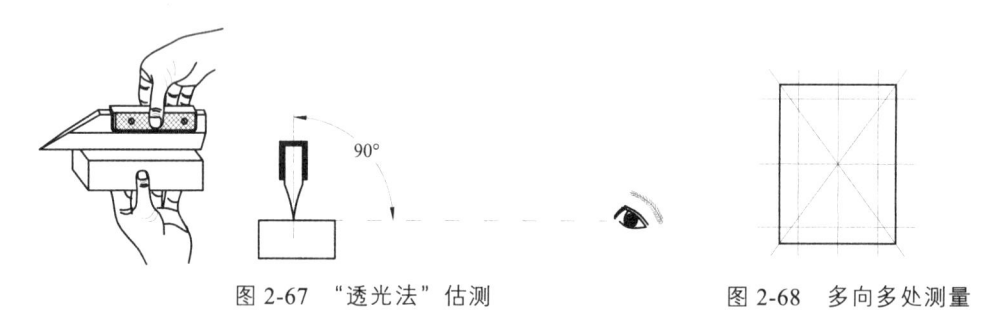

图 2-67 "透光法"估测　　图 2-68 多向多处测量

(3)对研显点法。采用标准平板作为对研研具,用双手对工件进行推拉研磨以显示凸点的方法称为对研显点法(简称显点法)。如图 2-69 所示,一般情况下,工件在前后方向的推拉距离为工件自身长度的 1/2,前后推拉 5、6 次就可以,工件表面颜色较黑、较亮的地方就是工件表面较高的地方。可在工件表面或平板表面涂上酒精色溶液或紫色水等显示剂,对研前,一定要用毛刷清理工件,工件加工表面四周的毛刺要用细齿锉刀锉去。

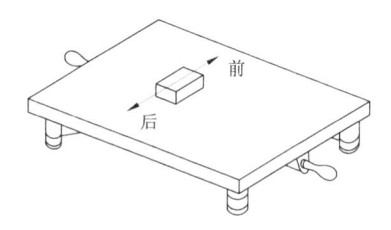

图 2-69 对研显点操作方法

2)垂直度的一般检测方法

一般条件下,采用直角尺对工件进行垂直度项目的检测。常用的直角尺有宽座直角尺和刀口形直角尺,其基本结构为尺座和尺苗,尺座有内外两个基准面,尺苗有内外两个测量面,如图 2-70 所示。

(a) 宽座直角尺　　　　(b) 刀口形直角尺

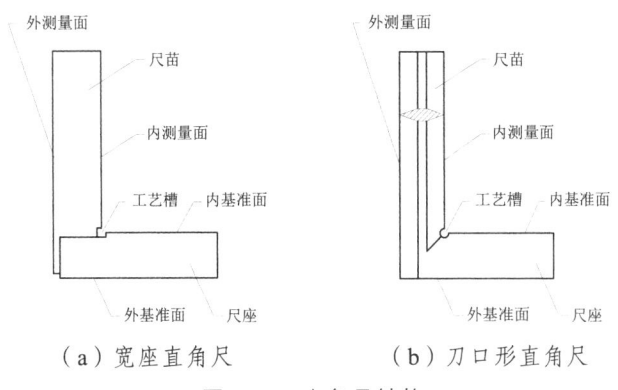

图 2-70　直角尺结构

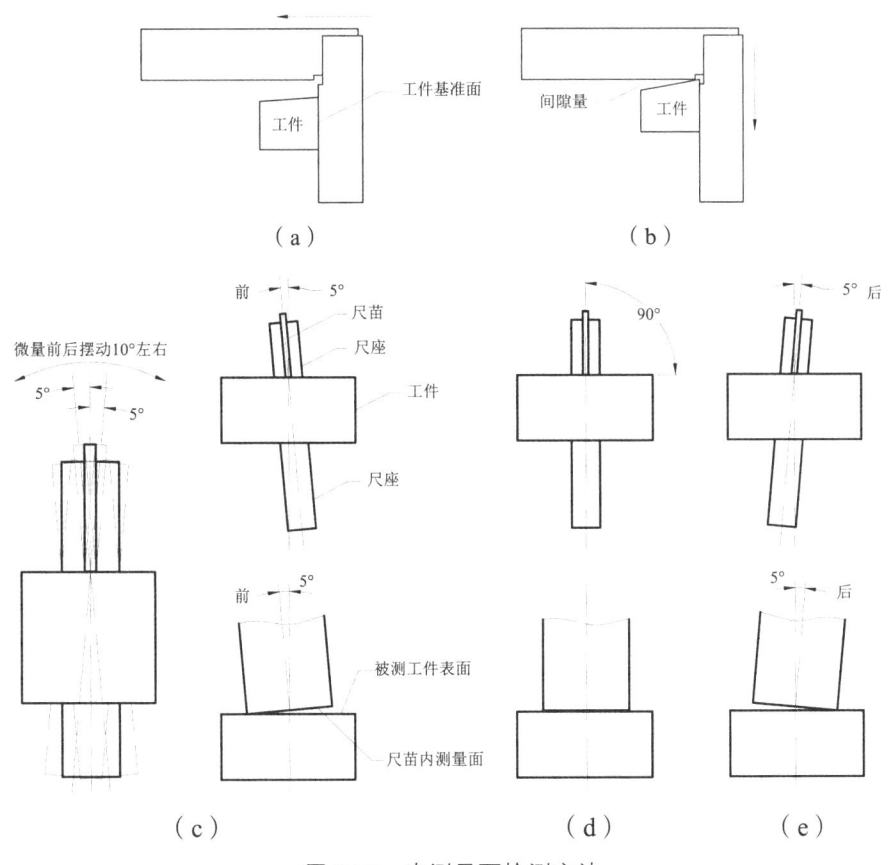

（1）内测量面检测方法。内测量面检测方法是通过"透光法"目测估计角度和间隙量。其方法是右手握尺座，左手持工件，首先用尺座的内基准面紧贴工件的基准面，如图 2-71（a）所示，然后轻轻地下移尺座，使尺苗的内测量面接触工件被测表面，如图 2-71（b）所示。使用宽座直角尺进行测量时，为保证测量的准确性，尺苗的内测量面应与工件表面处于平行状态。以尺苗的内测量面为基点，将尺座做一个前后微量的摆动，摆动的幅度约为 10°，如图 2-71（c）与（e）所示，当摆动至透光量为最小、最弱时，如图 2-70（d）所示，即表面尺苗的内测量面与工件表面处于平行状态。

图 2-71　内测量面检测方法

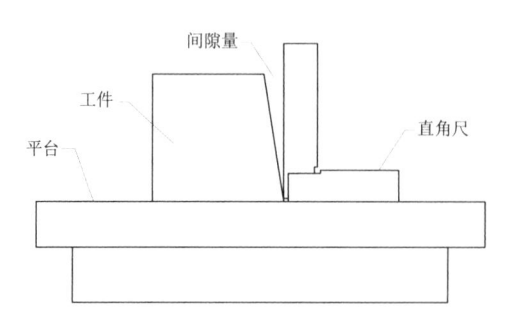

（2）外测量面检测方法。外测量面检测方法是通过"透光法"目测估计角度和间隙量。采用外测量面检测时，工件的基准面和尺座的外基准面都应该放置在平板（平板表面为公共基准平面）上，然后轻轻地移动尺座，使尺座的外测量面贴靠工件被测表面，如图 2-72 所示，此时，一般采用"透光法"目测估计角度和间隙量，也可采用塞尺"插入法"检测间隙量。

图 2-72 外测量面检测方法

锉削平面练习工件与要求详见第三章。

第三节 锉削曲面基本技能

一、凸圆弧面锉法

凸圆弧面的基本锉法是采用多切面加工使被加工面逼近圆弧，即将圆弧加工线外余量部分锉成多切面，并逐渐细分切面，以形成包络面，从而逼近圆弧，如图 2-73 所示。

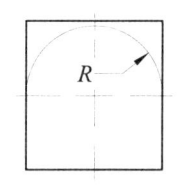

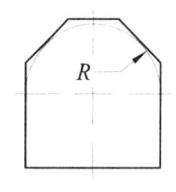

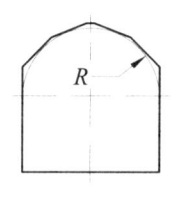

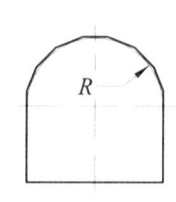

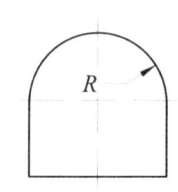

图 2-73 多切面加工逼近圆弧面

（1）轴向多切面锉法。轴向多切面锉法是指锉刀推进方向与凸圆弧面轴线相平行，将圆弧加工界线外余量部分锉出多切面，以形成包络面逼近圆弧的一种锉法，如图 2-74 所示，此锉法一般用于凸圆弧面的粗锉加工。

（2）周向多切面锉法。周向多切面锉法是指锉刀推进方向与凸圆弧面轴线相垂直，将圆弧加工界线外余量部分锉出多切面，以形成包络面逼近圆弧的一种锉法，如图 2-75 所示。此锉法一般用于凸圆弧面的粗锉加工。

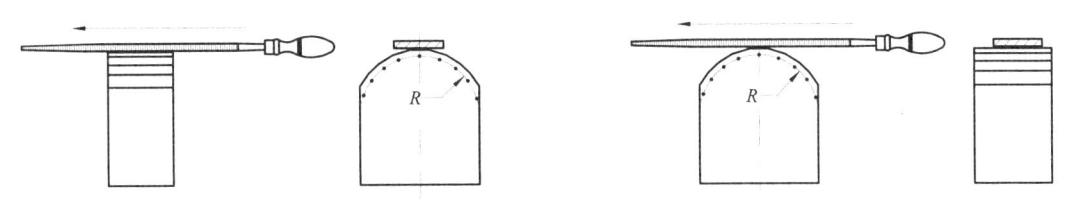

图 2-74　轴向多切面锉法　　　　　　　图 2-75　周向多切面锉法

（3）轴向滑动锉法。轴向滑动锉法是指锉刀在做与外圆弧面轴线相平行推进的主运动同时，还要做一个沿外圆弧面向右或向左的滑动的一种锉法，如图 2-76 所示。此锉法一般用于凸圆弧面的精锉加工。

（4）周向摆动锉法。周向摆动锉法是指锉刀在做与凸圆弧面轴线相垂直推进的主运动同时，右手还要做一个沿圆弧面垂直摆动下压锉柄的一种锉法，其下压的幅度一般在 45°左右，如图 2-77 所示。此锉法一般用于凸圆弧面的精锉。精锉凸圆弧面时，可用半径样板进行透光法检测，以指导加工，如图 2-78 所示。

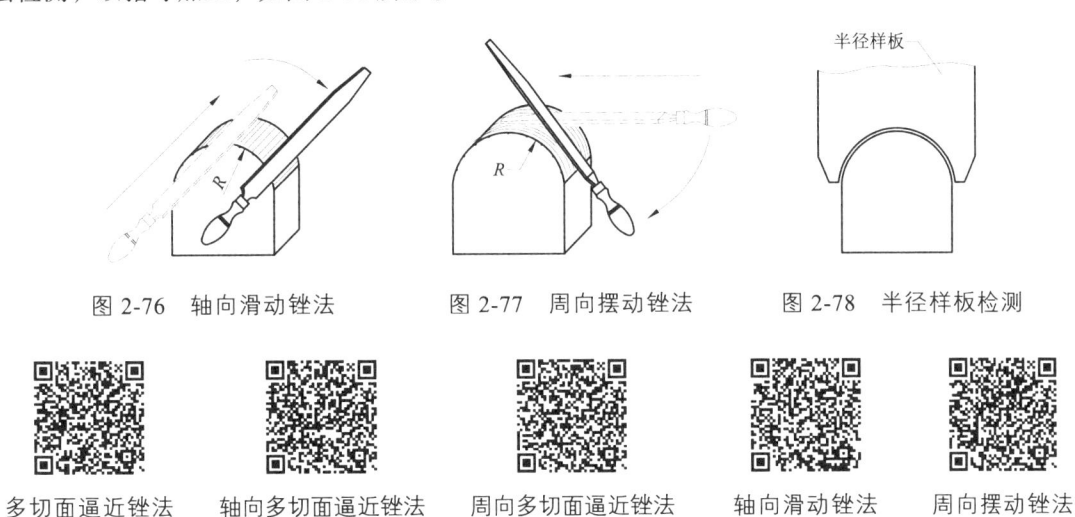

图 2-76　轴向滑动锉法　　　　图 2-77　周向摆动锉法　　　　图 2-78　半径样板检测

多切面逼近锉法　　轴向多切面逼近锉法　　周向多切面逼近锉法　　轴向滑动锉法　　周向摆动锉法

二、凹圆弧面锉法

（1）合成锉法。合成锉法是指用圆锉或半圆锉锉削内圆弧面时，锉刀要同时合成三个运动，即锉刀与内圆弧面轴线相平行推进的主运动和锉刀刀体的自身（顺时针或逆时针方向）旋转运动，以及锉刀沿内圆弧面向右或向左的横向滑动的一种锉法，如图 2-79 所示，刀体旋转的角度范围一般为 30°左右。此锉法一般用于凹圆弧面的粗锉加工。

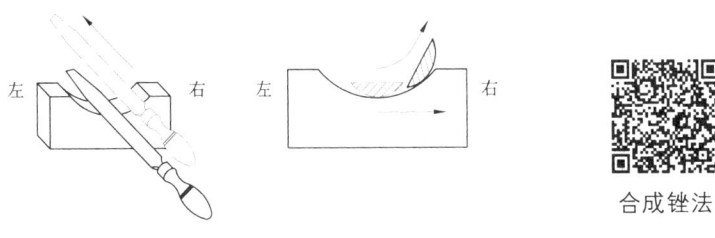

图 2-79　合成锉法　　　　　　　　合成锉法

（2）横推滑动锉法。横推滑动锉法是指用圆锉或半圆锉锉削内圆弧面时，采用双手横握法握持刀体，锉刀要同时合成两个运动，即锉刀与内圆弧面轴线相垂直推进的主运动和锉刀刀体的自身旋转运动共同进行滑动锉削的一种锉法，如图 2-80 所示，此锉法一般用于凹圆弧面的精锉加工。

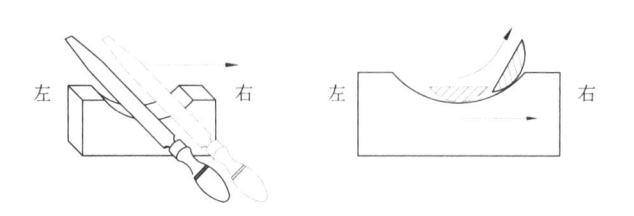

图 2-80 横推滑动锉法

（3）定位旋转锉法。定位旋转锉法是指用圆锉加工凹圆弧面时，采用双手横握法握持刀体，锉刀刀体轴线固定并做 90°旋转刀体进行锉削的一种锉法，如图 2-81 所示，此锉法一般用于凹圆弧面的精锉。精锉凹圆弧面时，可用半径样板进行透光法检测，以指导加工，如图 2-82 所示。

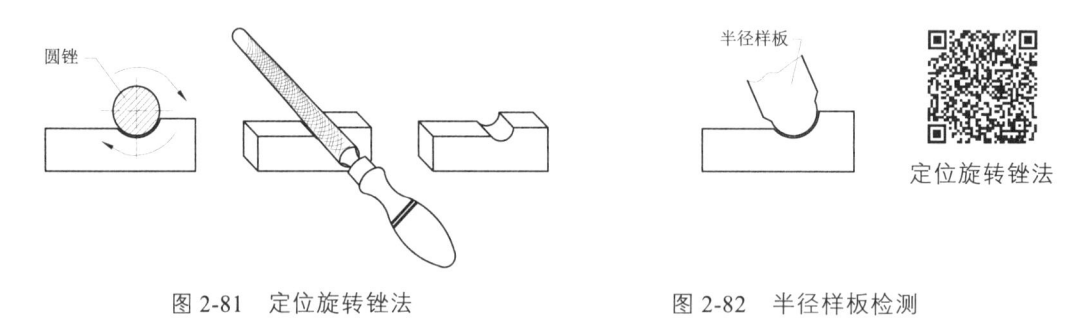

图 2-81 定位旋转锉法　　图 2-82 半径样板检测

三、近似球冠面锉法

有些零件的端部需要加工为近似球冠面（图 2-83），如锤子这类工具的锤头端部也需要加工成球冠面（图 2-84）。球冠面的基本锉法是采用多弧形切面接近球冠面，即将圆弧加工界线外余量部分锉成多弧形切面，并逐渐细分切面，以形成包络面接近球冠面，采用多弧形切面接近球冠面锉削的方法可获得近似球冠面。具体的锉法有纵倾横向滑动锉法、侧倾垂直摆动锉法和纵向环绕滑动锉法三种。

图 2-83 轴端球冠面　　图 2-84 锤头球冠面

（1）纵倾横向滑动锉法。纵倾横向滑动锉法是指锉刀根据球半径 R 摆好纵向倾斜角度，如图 2-85（a）所示，并在运动中保持稳定；锉刀在做推进主运动的同时，刀体还要做自左向右的弧形滑动的一种锉法，如图 2-85（b）所示；注意要把球冠面大致分成四个区域进行对称锉削，依次循环地锉至球冠面顶部，如图 2-85（c）所示。本锉法可用于粗、精锉加工。

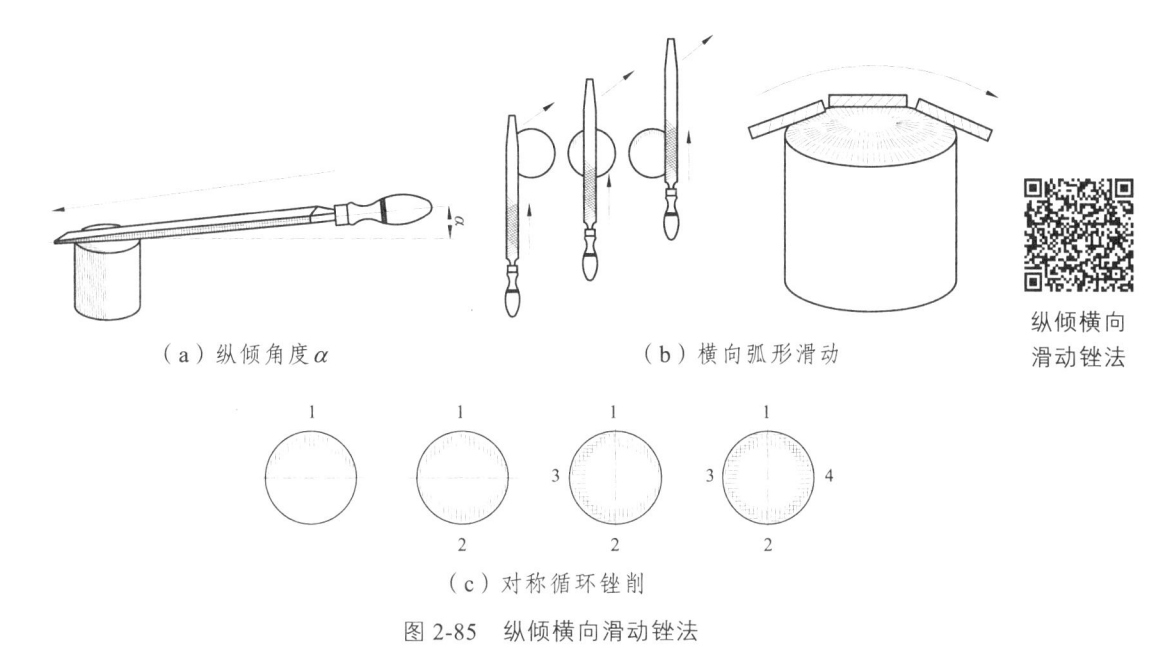

（a）纵倾角度 α　　（b）横向弧形滑动

纵倾横向滑动锉法

（c）对称循环锉削

图 2-85　纵倾横向滑动锉法

（2）侧倾垂直摆动锉法。侧倾垂直摆动锉法是指锉刀根据球半径 R 摆好侧倾角度 α，如图 2-86（a）所示，并在运动中保持稳定；锉刀在做推进主运动的同时，右手还要做一个垂直下压锉柄的摆动的一种锉法，如图 2-86（b）所示；注意要把球冠面大致分成四个区域进行对称锉削，依次循环地锉至球冠面顶部，如图 2-86（c）所示。本锉法可用于粗、精锉加工。

（a）侧倾角度 α　　（b）垂直下压摆动

侧倾垂直摆动锉法

（c）对称循环锉削

图 2-86　侧倾垂直摆动锉法

纵向环绕滑动锉法

（3）纵向环绕滑动锉法。纵向环绕滑动锉法是指锉刀根据球半径 R，在做纵向推进主运动的同时，还要环绕圆周进行连续滑动的一种锉法，如图 2-87 所示。本锉法可用于精锉加工。

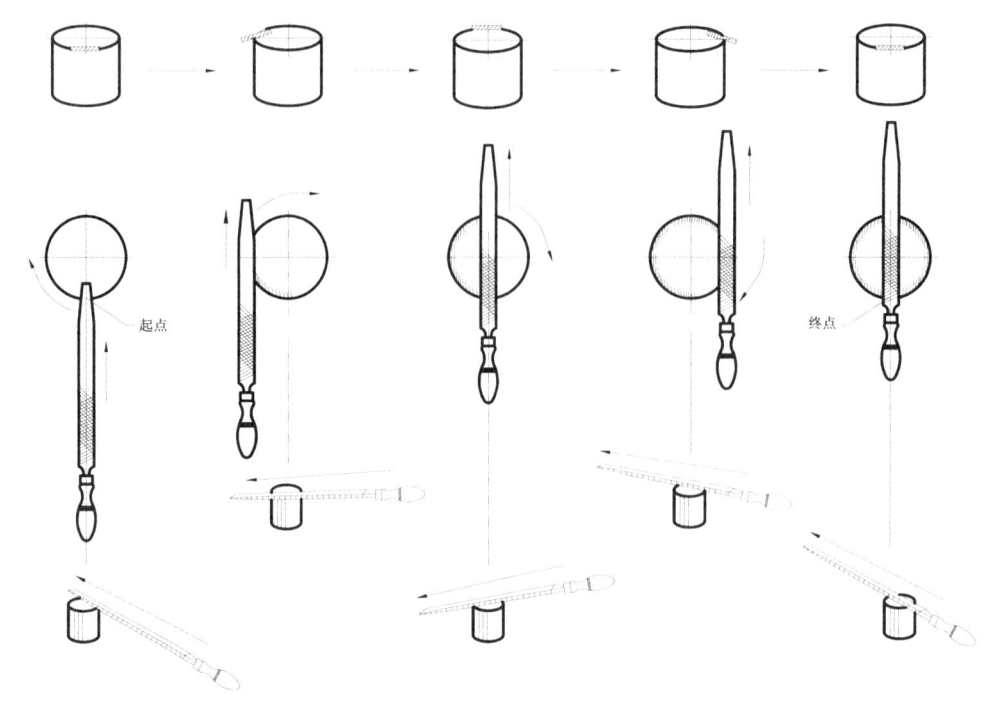

图 2-87　纵向环绕滑动锉法

锉削曲面练习工件与要求详见第三章。

第四节　锉削一般形面基本技能

一、内外棱角处加工方法

（1）倒角（倒棱）。为便于装配和使用，将工件端面外角处锉削成一定角度和边长的过渡平面的操作称为倒角（或称为倒棱）。如 $C0.5$、$C1$、$1×2$、$1×30°$、$1×60°$ 等。$C0.5$ 是倒角 $45°$、直角边是 0.5 时的简化标注，$30°$、$60°$ 度的倒角就不能简化标注，如图 2-88 所示。

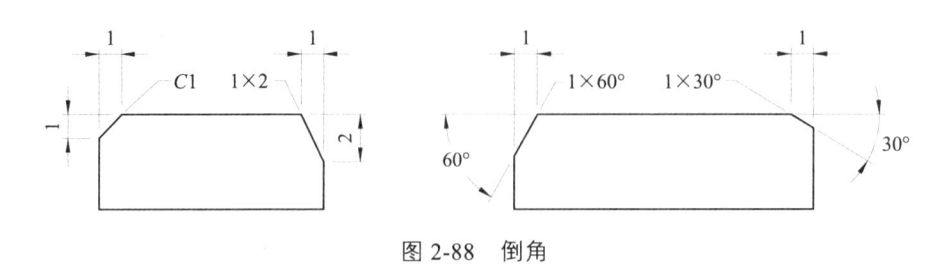

图 2-88　倒角

（2）倒圆。为便于装配和和使用，将工件外角处锉削成一定半径的过渡圆弧面的操作称为倒圆。例如 $R1$、$R2$ 等，如图 2-89 所示。

（3）清圆。为便于使用和美观，将工件内角处锉削成一定半径的过渡圆弧面的操作称为清圆。例如 R1、R2 等，如图 2-90 所示。

（4）清孔。为防止出现加工干涉的情况和便于加工和装配，用钻头在工件内角处钻出一定直径的工艺孔（如 $\phi2$、$\phi3$ 等）以形成过渡空间的操作称为清孔，如图 2-91 所示。

（5）清槽。为防止出现加工干涉的情况和便于加工和装配，采用锯削或锉削的方式在工件内角处加工出一定边长的工艺槽（如 2×2、3×3 等）以形成过渡空间的操作称为清槽，如图 2-92 所示。

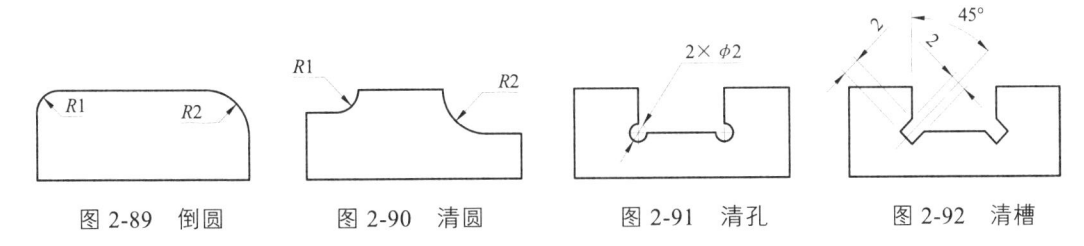

图 2-89　倒圆　　图 2-90　清圆　　图 2-91　清孔　　图 2-92　清槽

（6）清根（清角）。为满足设计或装配要求，对工件内角根部经粗加工残留下来的余料部分采用锉刀（或其他刃具）进行清理性加工的操作，称为清根或清角，如图 2-93 所示。

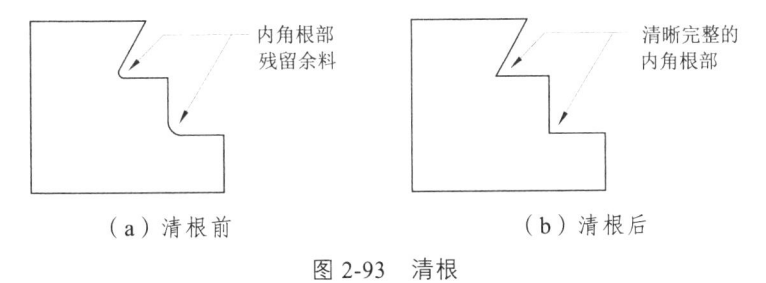

（a）清根前　　（b）清根后

图 2-93　清根

二、方改圆锉削方法

首先粗、精锉正等四棱柱纵向四面至尺寸要求，如图 2-94（a）所示。然后将正等四棱柱改锉成正等八棱柱，其纵向八面符合尺寸要求，如图 2-94（b）所示。根据工件直径，还可将正等八棱柱改锉成正等十六棱柱，其纵向十六面符合尺寸要求，如图 2-94（c）所示。总而言之，等分面越多就越接近圆柱体。精锉可采用周向摆动锉削方式（若圆柱体较长，可采用横推锉法进行精锉），效果如图 2-94（d）所示。

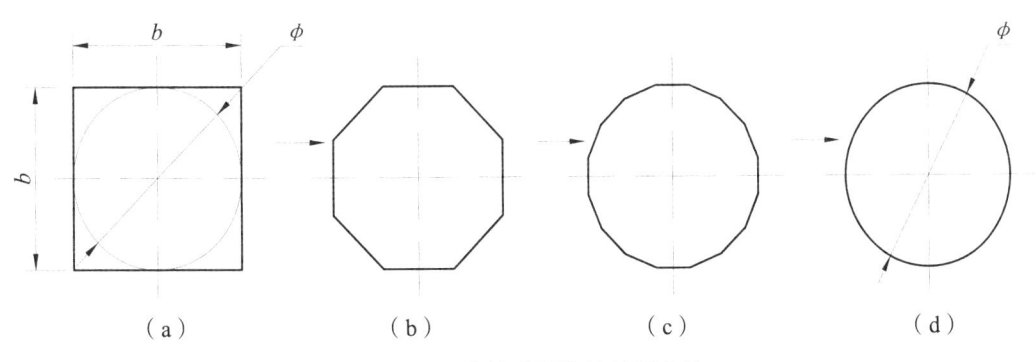

图 2-94　四方体改圆柱体锉削方法

三、两平面接凸圆弧面锉削方法

首先粗、精锉相邻两平面（1、2面）并达到要求，如图 2-95（a）所示；然后除去一角，如图 2-95（b）所示；再粗、精锉圆弧面并达到技术要求，如图 2-95（c）所示。

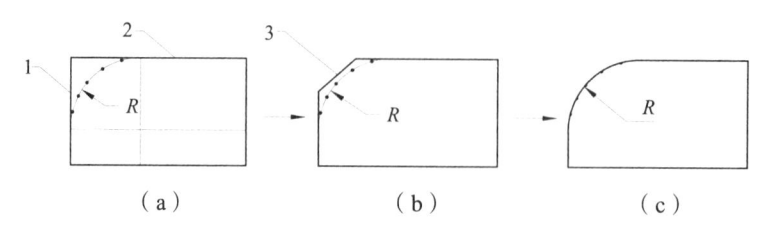

图 2-95 两平面接凸圆弧面锉削方法

四、平面接凹圆弧面锉削方法

图 2-96（a）所示为加工图样。先粗锉凹圆弧面 1，如图 2-96（b）所示，后粗锉平面 2，如图 2-96（c）所示；再细锉凹圆弧面 1，如图 2-96（d）所示；然后细锉平面 2，如图 2-96（e）所示；最后精锉凹圆弧面 1 和平面 2 并达到技术要求，如图 2-96（f）所示。

从以上可以看出，平面接凹圆弧面的锉削工艺是将凹圆弧面和平面作为两个独立的面来进行锉削加工，即先锉凹圆弧面，后锉平面，通过粗锉、细锉和精锉三个基本工序来进行先后分层加工并且达到加工要求。先锉凹圆弧面，这样可以形成安全空间，可以保障平面锉削的加工质量，可一定程度上防止在锉削平面时出现对凹圆弧面的加工干涉，如图 2-96（g）所示，同时可防止在测量平面的直线度时出现测量干涉，如图 2-96（h）所示。

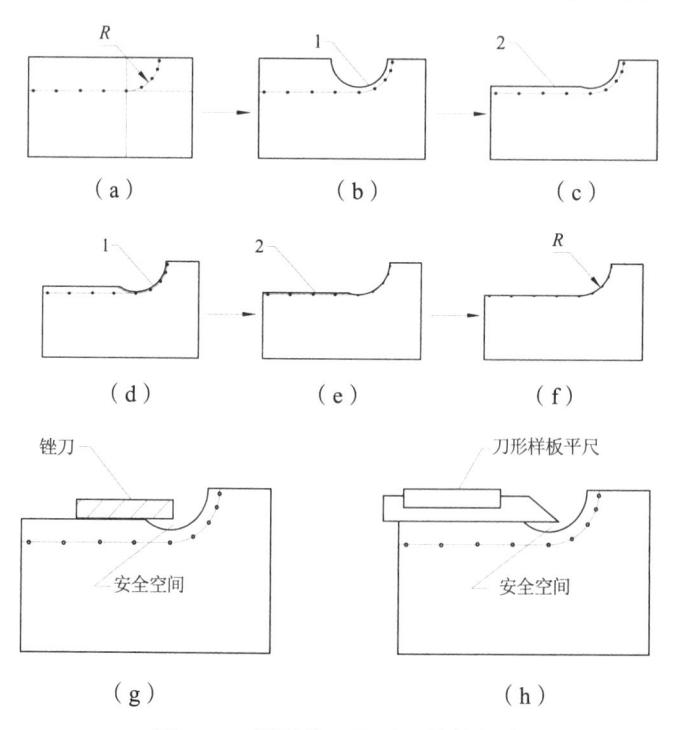

平面接圆弧面锉削方法

图 2-96 平面接凹圆弧面锉削方法

五、凸圆弧面接凹圆弧面锉削方法

图 2-97（a）所示为加工图。首先除去加工线外多余部分，如图 2-97（b）所示；然后粗锉凹圆弧面 1，如图 2-97（c）所示；粗锉凸圆弧面 2，如图 2-97（d）所示；细锉凹圆弧面 1，如图 2-97（e）所示；细锉凸圆弧面 2，如图 2-97（f）所示；最后精锉凹圆弧面 1 和凸圆弧面 2 并达到技术要求，如图 2-97（g）所示。

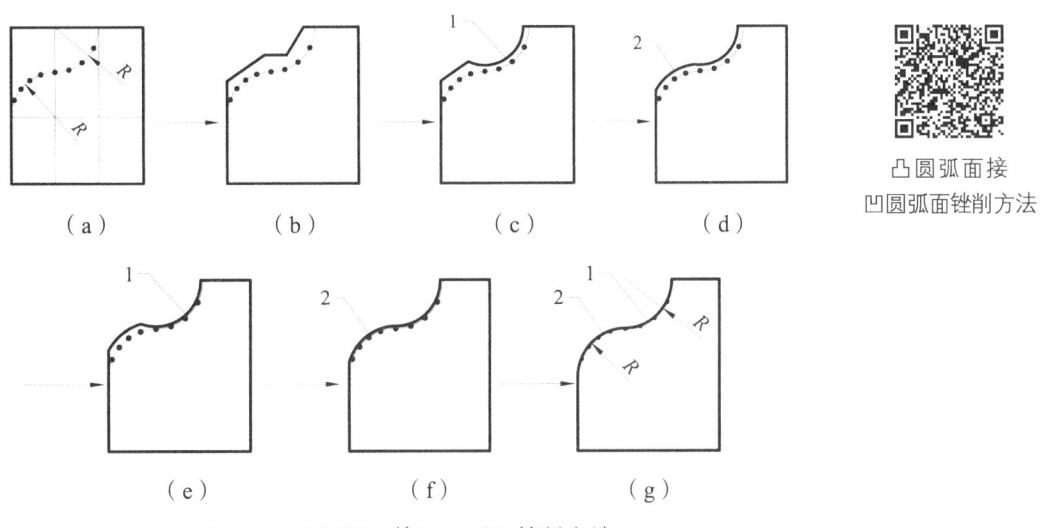

图 2-97　凸圆弧面接凹圆弧面锉削方法

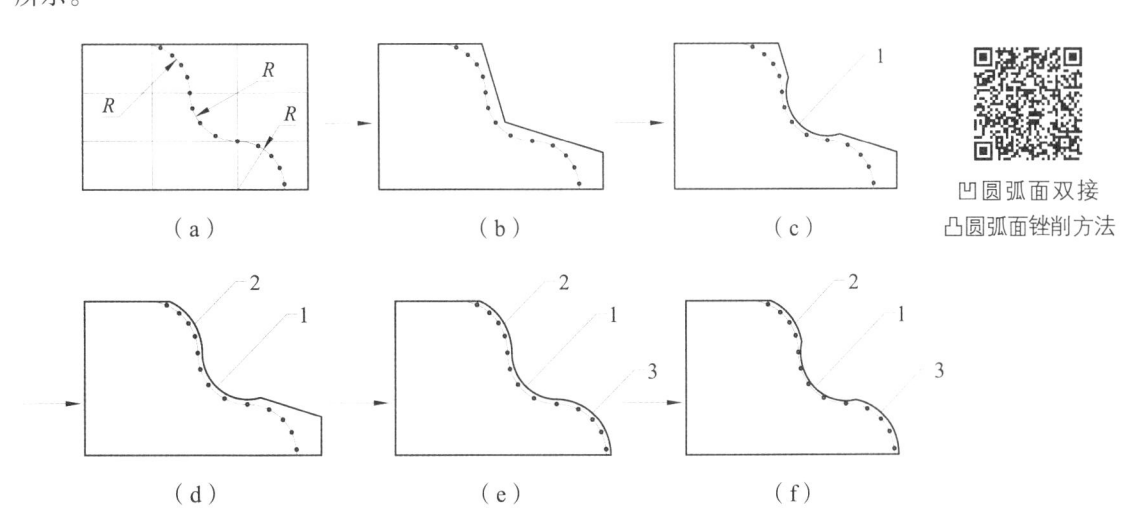

六、凹圆弧面双接凸圆弧面锉削方法

图 2-98（a）所示为加工图。首先除去凹圆弧面处加工线外多余部分，如图 2-98（b）所示；然后粗锉凹圆弧面 1，如图 2-98（c）所示；粗锉凸圆弧面 2 和凸圆弧面 3，如图 2-98（d）与（e）所示；再按上述工序分别细锉凹圆弧面 1 和凸圆弧面 2、3，如 2-98（f）、（g）、（h）所示；最后再按上述工序分别精锉凹圆弧面 1 和凸圆弧面 2、3 并达到技术要求，如图 2-98（i）所示。

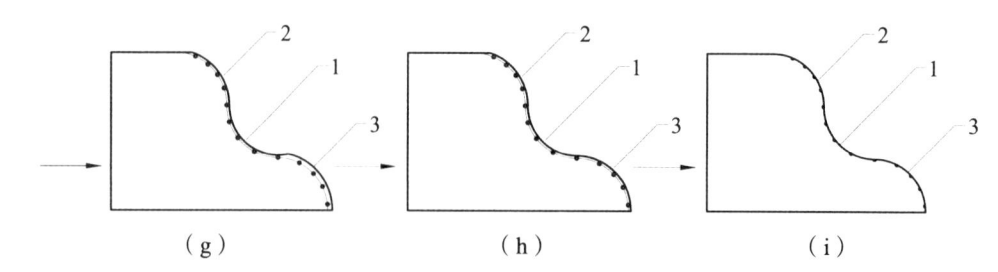

图 2-98 凹圆弧面双接凸圆弧面锉削方法

锉削一般形面练习工件与要求详见第三章。

第三章 锉削技能练习

通过锉削技能练习，使学习者掌握基本的锉削操作技能和初步的锉配技能，为今后的钳工工作以及参加钳工技能等级考核做好基础准备。

第一节 锉削基本技能练习

一、全程大力锉削姿势练习

1. 练习工件图样

练习工件图样如图 3-1 所示。

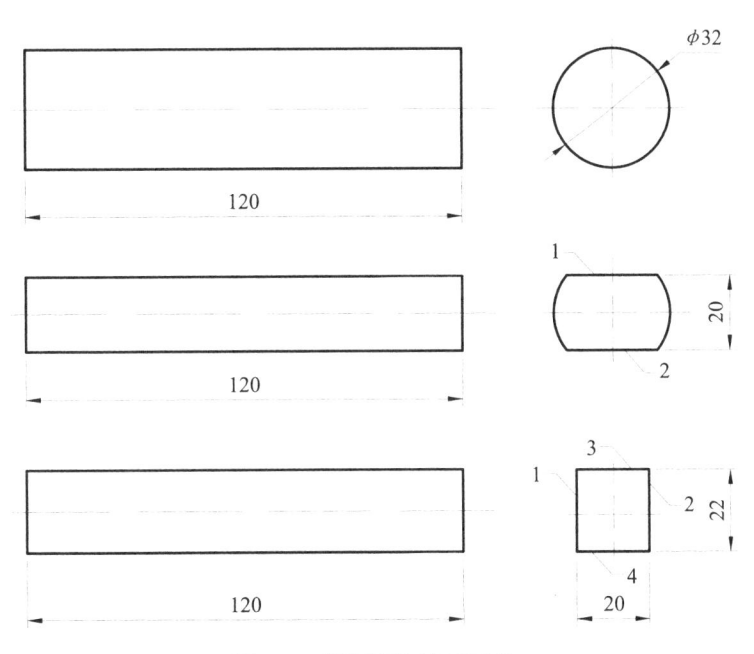

图 3-1 锉削姿势练习工件

2. 材料准备与学时要求

工件名称	材料	毛坯尺寸/mm	件数	学时
长方体	45 钢	$\phi32 \times 120$	1	18

3. 工、量、辅具准备

（1）工具：16″、14″粗齿或中齿扁锉等。

（2）量具：钢直尺。

（3）辅具：毛刷、铜丝刷、记号笔、粉笔等。

4. 练习要求

（1）工件夹持。夹持工件圆柱面、露出钳口上平面 10～15 mm、并目测工件是否大致轴向平行于钳口上平面。

（2）锉刀选用。建议选用16″或14″的粗齿或中齿扁锉进行练习。

（3）锉刀握法。建议采用拇指压柄法握持锉柄，采用前掌压锉法或拇指压锉法握持锉身。

（4）基本锉法。建议采用全程直进横向锉法、全程直进纵向锉法和全程直进交叉锉法进行锉削练习。在进行锉削时，要有意识地控制锉刀不要有向右或向左的横向飘移，努力做到"直进直回"、"平进平回"，以形成对锉刀运动的控制能力。

（5）锉削速度。锉削速度控制在 25～30 次/min。

（6）第一次锉削第 1、2 个面时，采用全程直进横向锉法，练习重点是身体的前倾幅度与推锉行程，兼顾双脚的站位。注意平均分配加工余量，厚度尺寸锉至 21 mm 即可。

（7）第二次锉削第 1、2 个面时，采用全程直进纵向锉法，练习重点是推锉时的平衡控制能力，兼顾前臂、上臂大致与锉刀纵向中心线在一个垂直平面。注意平均分配加工余量，厚度尺寸锉至 20 mm 即可。

（8）锉削第 3、4 个面时，可交替采用全程直进横向锉法与全程直进纵向锉法，重点是纠正动作姿势偏差，达到全程大力锉削动作姿势的基本要求，即前倾幅度明显、推锉力量较大、动作协调自然且具有韵律感、锉刀大致端平。注意平均分配加工余量，厚度尺寸锉至 22 mm 即可。在锉削第 4 个面时，可进行"基准面平衡感觉法"练习。

（9）平面度检测。由于工件表面较为粗糙，建议采用钢直尺以"透光法"对工件表面进行平面度检测。

5. 成绩评定

成绩评定见表 3-1，供参考。

表 3-1 全程大力锉削姿势练习成绩评定表

序号	项目及技术要求	配分	评定标准	实测记录	得分
1	工件夹持合理	5	符合要求得分		
2	锉刀握法规范	5	符合要求得分		
3	站位规范	10	符合要求得分		
4	动作幅度明显	15	符合要求得分		
5	动作协调、自然（无同步、同反等动作偏差）	20	符合要求得分		
6	速度合理（30～35 次/min）	10	符合要求得分		

续表

序号	项目及技术要求	配分	评定标准	实测记录	得分
7	锉削时基本端平锉刀	20	符合要求得分		
8	锉削时锉刀无明显左右横向飘移	10	符合要求得分		
9	工量辅具摆放符合要求	5	符合要求得分		
10	安全操作（不得伤手、工件不得坠落）		违反一次由总分扣5分		
姓名		工位号		日期		指导教师		总分	

二、锉削长方体练习

1. 练习工件图样

练习工件图样如图 3-2 所示。

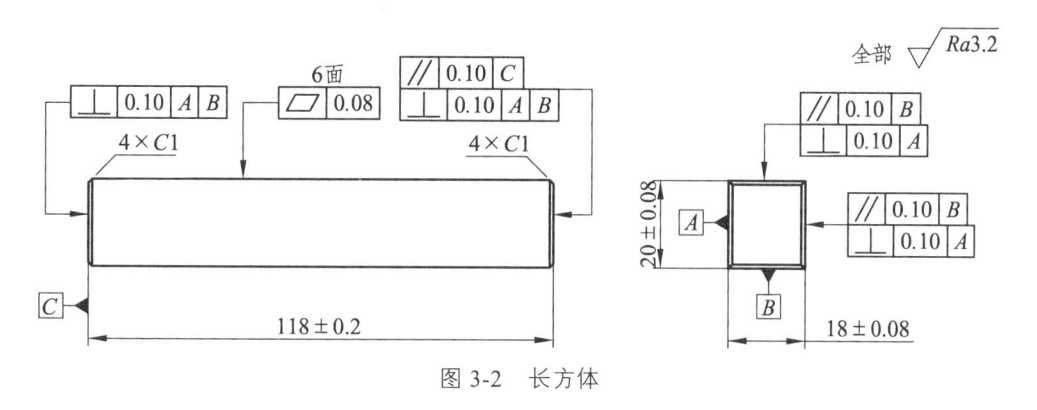

图 3-2 长方体

2. 材料准备与学时要求

工件名称	材料	毛坯尺寸/mm	件数	学时
长方体	45钢	由图 3-1 工件下转：120×20×22	1	6

3. 工、量、辅具准备

（1）工具：16″、14″粗齿或中齿扁锉、12″或10″的细齿扁锉、8″和6″的双细齿扁锉。

（2）量具：150 mm 钢直尺、125 mm 三用游标卡尺、125 mm 刀形样板平尺、100 mm×63 mm 与 160 mm×100 mm 直角尺等。

（3）辅具：毛刷、铜丝刷、记号笔、粉笔等。

4. 练习步骤

（1）熟悉图样。

（2）建议选用16″或14″的粗齿或中齿扁锉用于粗锉、12″或10″的细齿扁锉用于细锉、8″和6″的双细齿扁锉用于精锉。

（3）将工件夹紧在台虎钳适当位置。
（4）粗、细、精锉 A 基准面，达到平面度要求。
（5）粗、细、精锉 A 面的对面，达到尺寸、平行度、平面度要求。
（6）粗、细、精锉 B 基准面，达到垂直度、平面度要求。
（7）粗、细、精锉 B 面的对面，达到尺寸、平行度、垂直度、平面度要求。
（8）粗、细、精锉 C 基准面，达到垂直度、平面度要求。
（9）粗、细、精锉 C 面的对面，达到尺寸、平行度、垂直度、平面度要求。
（10）两端面倒角达到要求。
（11）理顺锉纹，光整加工，达到表面粗糙度要求。
（12）交件待验。

5. 成绩评定

成绩评定见表 3-2，供参考。

表 3-2 锉削平面成绩评定表

序号	项目及技术要求	配分	评定标准	实测记录	得分
1	尺寸：20±0.08 mm	8	超差不得分		
2	尺寸：18±0.08 mm	8	超差不得分		
3	尺寸：118±0.20 mm	8	超差不得分		
4	平面度 0.08 mm（4 处）	24	一处超差扣 6 分		
5	垂直度 0.10 mm（3 处）	15	一处超差扣 5 分		
6	平行度 0.10 mm（3 处）	15	一处超差扣 5 分		
7	表面粗糙度 Ra3.2 μm（6 处）	12	一处降级扣 2 分		
8	锉纹纵向（6 处）	6	一处不符合要求扣 1 分		
9	工量辅具摆放整齐合理	4	符合要求得分		
10	安全操作	倒扣	违反一次由总分扣 5 分		
姓名		工位号		日期		指导教师		总分	

6. 注意事项

工件在夹持状态下，禁止进行任何测量操作，必须卸下工件进行测量操作。每次在台虎钳上卸下工件前，必须先除去工件棱角上的毛刺，然后用毛刷初步清除工件上的切屑，然后卸下工件；卸下工件后，再用毛刷全面、彻底清除工件上的切屑，方可进行测量操作。

7. 除去毛刺的方法

经过锉削，特别是经过粗锉、细锉加工的工件表面，会在锉削面的四周棱角处形成积屑，即毛刺，如图 3-3 所示。毛刺有两大害处，一是容易伤手，二是容易造成测量干涉，导致粗大误差，如图 3-4 所示为工件基准面上部棱角处凸出的毛刺顶在尺座基准面上，使被测表面发生倾斜。

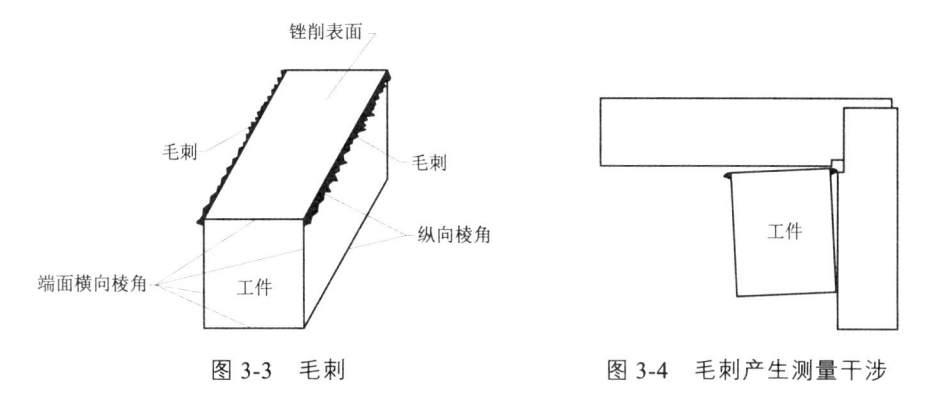

图 3-3 毛刺

图 3-4 毛刺产生测量干涉

以锉削平面为例介绍除去毛刺的方法。除去毛刺时，可根据工件的大小与表面粗糙度状况选用 4″、6″、8″的细齿、双细齿扁锉，采用双指压锉法或三指压锉法进行修锉，修锉时要将锉刀的凸面对着毛刺部位，锉削速度要尽量慢。修锉毛刺的方法分为三步：第一步是垂直修锉工件棱角处毛刺（图 3-5），这是因为工件棱角处垂直面上的毛刺最多，所以需要首先垂直修锉此处；第二步是水平修锉工件棱角处毛刺（图 3-6），这是因为在垂直修锉工件棱角处毛刺时，会将一部分毛刺推至被锉削表面，所以需要水平修锉此处；第三步是锉刀摆 45°修锉工件棱角处存在的少量毛刺（图 3-7）。经过三步修锉后，可用手指触摸一下棱角（图 3-8），检查是否还有毛刺，若感觉还有毛刺，应再进行适量修锉，直至没有毛刺。45°修锉工件棱角处的少量毛刺时，需要谨慎用力，注意不要修锉过量，不要使工件纵向棱角受到破坏，要保持清晰的纵向棱角。

图 3-5 垂直修锉工件直线棱角处毛刺

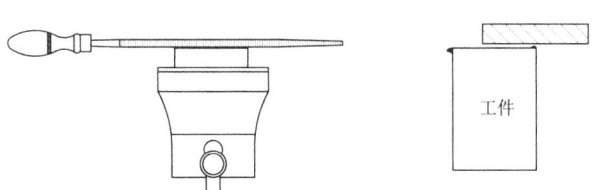

图 3-6 水平修锉工件棱角处毛刺

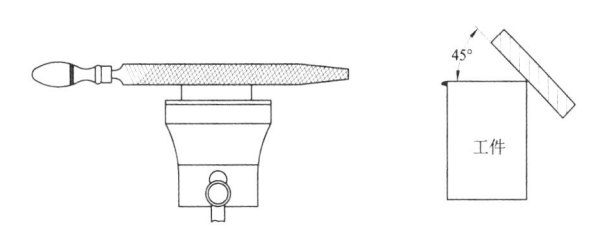

图 3-7 45°修锉工件棱角处毛刺

图 3-8　用手指触摸工件棱角

8. 工件端面倒角方法

由于设计及工艺要求，有时需要对工件端面棱角进行倒角处理。工件端面倒角处理的方法一般有两种：工件摆 45°倒角方法和锉刀摆 45°倒角方法。工件摆 45°倒角方法如图 3-9 所示，工件端面与钳口上平面成 45°夹持，锉刀水平锉削即可；锉刀摆 45°倒角方法如图 3-10 所示，工件端面与钳口上平面成 90°夹持，锉刀摆 45°锉削即可。当工件的端面较长时，可采用斜进锉法倒角，以获得宽度均匀的倒角面，如图 3-11 所示。倒角时应选用细齿或双细齿锉刀，需谨慎用力，锉削速度要适当慢一些，以保证倒角的质量。

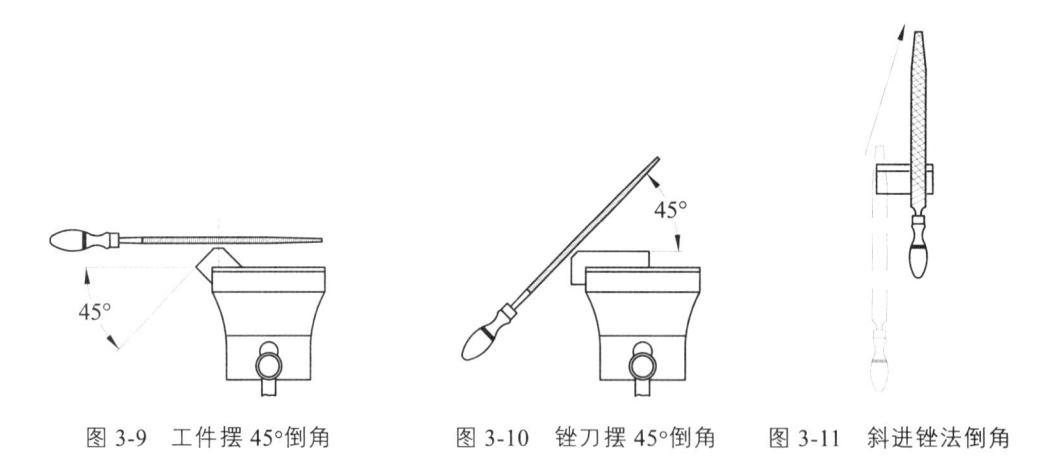

图 3-9　工件摆 45°倒角　　图 3-10　锉刀摆 45°倒角　　图 3-11　斜进锉法倒角

9. 有关长方体各项检测方法

1）长方体尺寸的测量方法

测量工件的尺寸时，对于较小的工件，卡尺的测量面应完全包容工件的被测表面（图 3-12），若卡尺的测量面没有完全包容工件的被测表面（图 3-13），则容易产生粗大误差。对于较大的工件，当卡尺的测量面不能包容工件的被测表面时，可将工件分为上下两部分进行测量，两次测量时，卡尺的测量面均要超过被测表面的中间（图 3-14），以防止中间漏测，产生粗大误差。

如图 3-15 所示，在测量长方体宽度尺寸（18±0.08）和高度尺寸（20±0.08）时，考虑本工件长度情况，需在纵长方向至少要测量 3 处，即 1、2、3 处，中间 1 处，两端各 1 处，3 处尺寸之差应满足尺寸公差要求。测量两端尺寸 1、3 处时，注意不要太靠近端面，卡尺的测量面可置于离端面 2～3 mm 处进行测量。

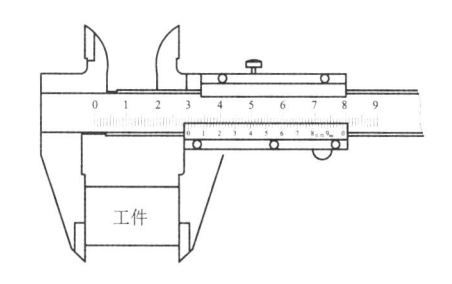

图 3-12 卡尺测量面完全包容工件被测面 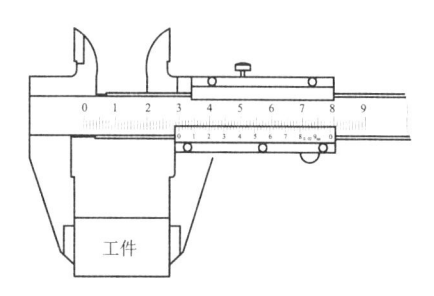   图 3-13 卡尺测量面未完全包容工件被测面

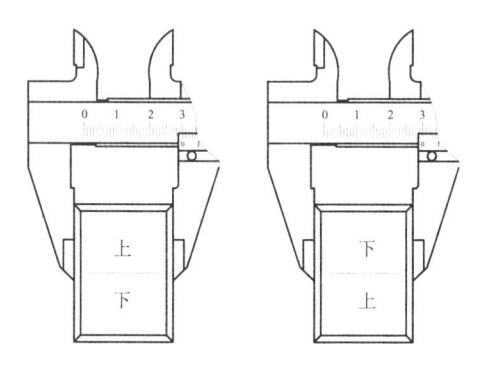

图 3-14 分上下两部分测量

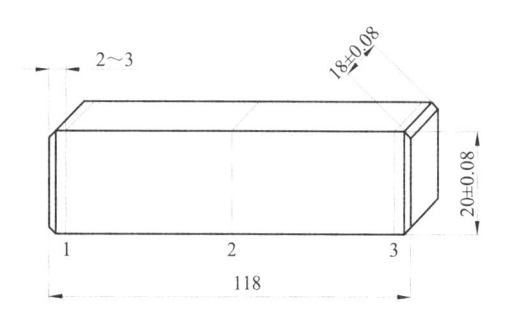

图 3-15 三处测量尺寸方法

2）长方体平面度的检测方法

在对工件进行细、精锉加工时，一般采用刀口尺或与塞尺配合对其平面度进行检测，测量的方法可采取"透光法"和"塞入法"；测量的部位可分为纵向测量、横向测量和交叉测量。由于本工件为长方体，较为狭长，因此，可在纵长方向（平行于工件纵向中心线）居中测量 1 处即可，如图 3-16 所示。横向（垂直于工件纵向中心线）测量 3 处即可，即分中间 1 处，两端各 1 处，如图 3-17 所示。测量两端时，注意不要太靠近端面，可在离端面 5～10 mm 处进行测量。对于较宽的面也可采用交叉测量（相交于工件纵向中心线）方法，图 3-18 所示为交叉测量方法。

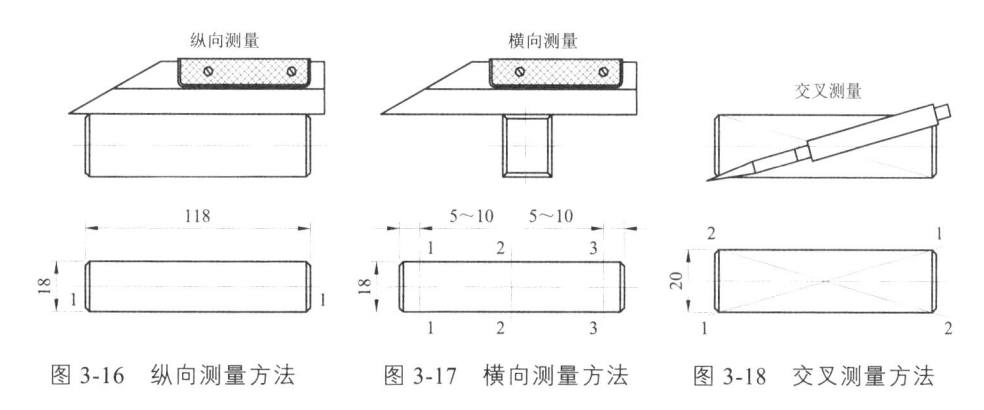

图 3-16 纵向测量方法   图 3-17 横向测量方法   图 3-18 交叉测量方法

估测时，可采用"透光法"凭经验估计量值。若需获得较精确的量值时，可采用刀口尺与塞尺配合的"塞入法"进行测量，如图 3-19 所示。当 0.07 mm 的尺能塞入，而 0.08 mm 的尺片不能塞入时，则说明其间隙量在 0.07～0.08 mm，可满足平面度公差值 0.08 mm 的要求。

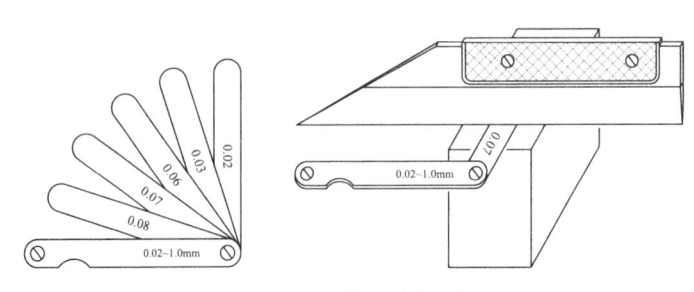

图 3-19 "塞入法"测量

3）长方体平行度的检测方法

粗锉 A、B、C 基准面之对面的工步完成后，一般会出现一定程度的横向梯形和纵向梯形的平行度误差，图 3-20 所示为 A 基准面之对面的梯形状况。通常，横向（横截面）梯形要比纵向（纵截面）梯形处理的难度要大一些，故属于精锉的重点。这些平行度误差需要通过细、精锉加工逐步消除，并达到平行度公差要求。在细、精锉加工时，需要经常地进行测量并做好标记以及时了解平行度误差状况，从而有效地指导细、精锉加工并达到平行度公差 0.10 mm 的要求。

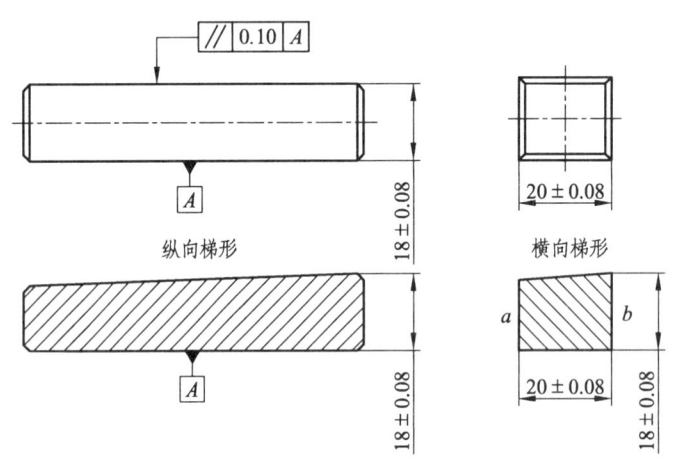

图 3-20 长方体纵向梯形与横向梯形状况

平行度误差的主要表现型式为梯形，通过测量其上边长 a 和下边长 b，就可以知道梯形状况。一般应根据被测面的长度与面积的大小适当多处多点测量，以获得较为真实的误差数值。

如图 3-21 所示，以测量宽度尺寸 18±0.08 mm 的平行度为例，介绍长方体平行度的测量方法。为了较全面掌握被测面与 A 基准面的平行度误差，考虑本工件的长度情况，可采取 3 处 6 点测量方法，以获得该尺寸平行度的纵向误差和横向误差数值。3 处 6 点测量是指以 A 面为基准，分别在长方体的两端（2 处）之两侧（2 个测点）、中间（1 处）之两侧（2 个测点）进行测量。在这里，"处"可以理解为一个横截面，即上边长 a_1 测点与下边长 b_1 测点应大致在一个横截面上获得。6 个测点应尽量靠近边缘，以离边缘 2~3 mm 为宜。测量时，应注意做好 6 个测点的测量记录，当上边长 a_1、a_2、a_3 与下边长 b_1、b_2、b_3 等 3 处 6 个测点全部测量后，对所记录的数值进行比较与分析，对误差较大的部位进行标记，然后进行有针对性的精锉加工，如此反复，直到 3 处 6 点中的最大值与最小值之差达到平行度公差要求。

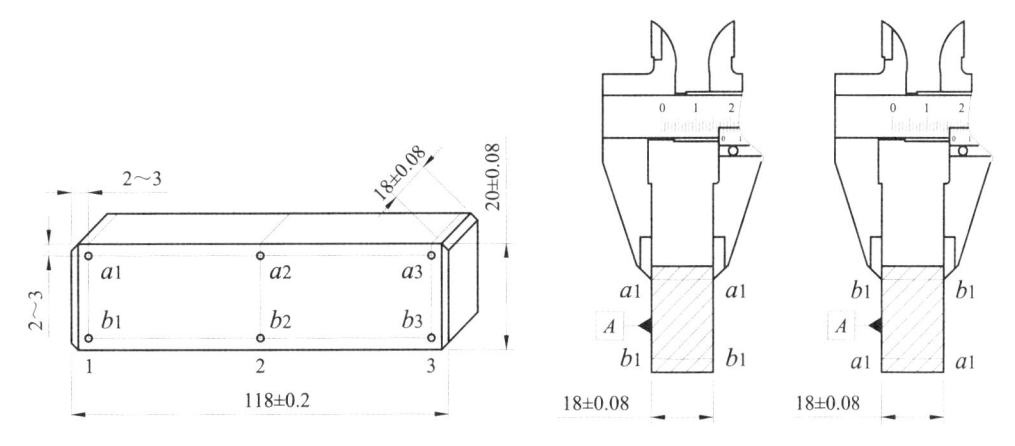

图 3-21 长方体纵向与横向梯形的检测方法

4）平行度公差与尺寸公差的关系

图 3-22 所示为平行度的浮动位置公差带，所谓浮动是指几何公差带在尺寸公差带内，随着组成要素的不同而变动。以尺寸 18±0.08 mm 为例说明长方体平行度公差带与尺寸公差带的关系，如图 3-23 所示，平行度公差 $t = 0.10$ mm，尺寸公差 $T = 0.16$ mm，这说明尺寸公差是大于平行度公差的，而平行度公差带的位置具有浮动的特点，故平行度公差带（$t = 0.10$ mm）的位置可在尺寸公差带（$T = 0.16$ mm）内上下浮动。

本工件的尺寸公差（18±0.08 mm、20±0.08 mm）$T = 0.16$ mm，位置公差（平行度与与垂直度公差）$t = 0.10$ mm，形状公差（平面度公差）$t = 0.08$ mm，它们三者之间的关系是形状公差（$t = 0.08$ mm）<位置公差（$t = 0.10$ mm）<尺寸公差（$T = 0.16$ mm）。

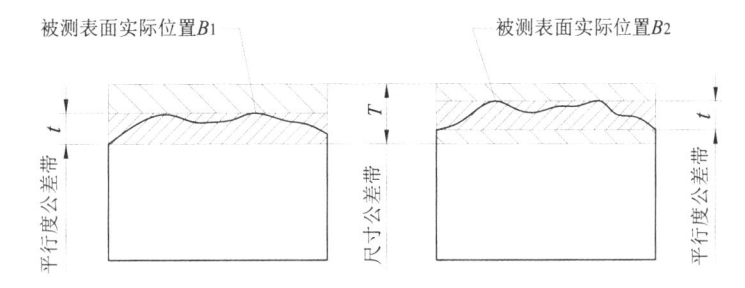

图 3-22 平行度浮动位置公差带示意图

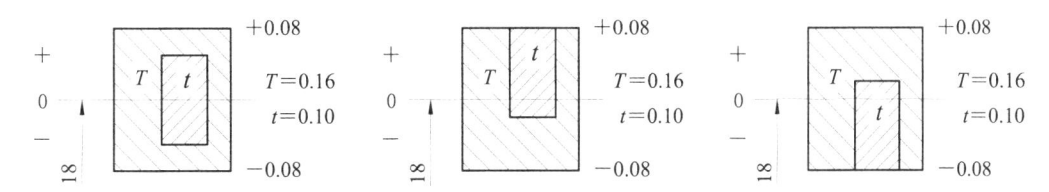

图 3-23 平行度公差带在尺寸公差带内浮动示意图

5）长方体垂直度的检测方法

通常用 90°直角尺（或刀口直角尺）对长方体的垂直度以"透光法"进行估测，如图 3-24 所示。测量时，首先要使尺座的内基准面紧贴工件的基准面，然后使尺苗的内测量面触及工件的被测表面,通过"透光法"进行测量。解决垂直度误差的实质就是要解决横向(横截面)梯形问题,为了较全面掌握被测面与 A 基准面的垂直度误差状况,视本工件的长度情况,可采取 3 处测量方法,如图 3-25 所示。测量两端时,注意不要太靠近端面,可在离端面 5~10 mm 处进行测量。垂直度公差带的位置也是浮动的。

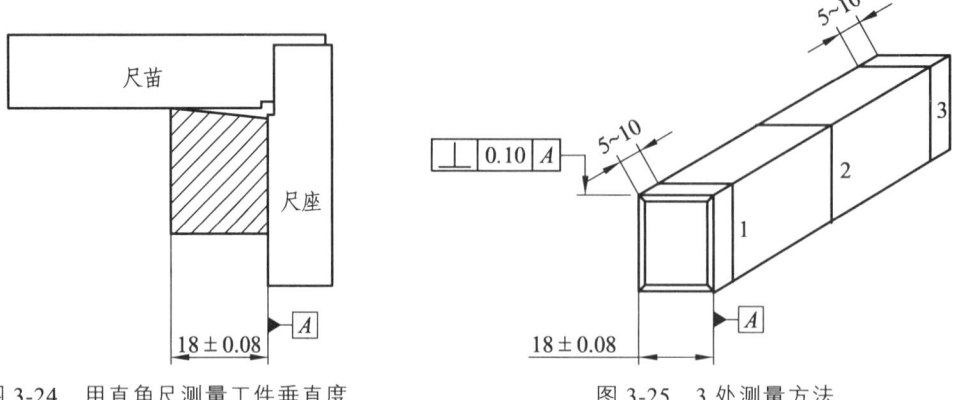

图 3-24 用直角尺测量工件垂直度

图 3-25 3 处测量方法

在细、精锉加工时,需要经常地进行测量并做好标记,以及时了解垂直度误差状况,从而有效地指导细、精锉加工并达到垂直度公差 0.10 mm 的要求。

6)长方体表面粗糙度的检测方法

表面粗糙度的检测方法有比较法、针描法、光切法和显微镜干涉法等。这里介绍在车间条件下常用的"比较法"与"针描法"。

(1)比较法。比较法是指通过将被测表面与已知 Ra 值的表面粗糙度比较样块进行触觉和视觉比较,估计出表面粗糙度轮廓 Ra 参数值的方法。比较法简单实用,但检测精度不高,适合在车间条件下判定较粗糙轮廓的表面,单组合式表面粗糙度比较样块如图 3-26 所示。

图 3-26 单组合式表面粗糙度比较样块

① 触觉比较法。触觉比较法是指用手摸或用指甲感触来估计表面粗糙度数值的方法。触觉比较法适用于估测 Ra 值为 1.6~10 μm 的外表面。

② 视觉比较法。视觉比较法是指通过目测或用放大镜、比较显微镜观察来估计表面粗糙度数值的方法。视觉比较法适用于估测 Ra 值为 0.1~100 μm 的外表面。

(2)针描法。针描法又称为触针法。采用针描法检测零件表面粗糙度的仪器为轮廓仪,该仪器是由传感器、驱动器、指零表、记录器、电感传感器和金刚石触针构成。当金刚石触针直接在被测工件表面上轻轻地划过时,由于被测表面轮廓峰谷的起伏,使触针在垂直于被测轮廓表面方向产生上下移动,将移动路径通过电子装置把路径信号进行放大,然后通过指零表或其他输出装置将相关数据或图形进行显示和输出。针描法适用于检测 Ra 值为 0.025 ~ 6.3 μm 的外表面。

在车间条件下采用针描法检测零件表面粗糙度的仪器主要有便携式粗糙度仪。该仪器根据选定的检测条件与相关参数,通过触针与零件表面的接触,可在显示器上清晰地显示检测结果与图形。便携式粗糙度仪具有方便和快捷的特点,便携式粗糙度仪如图 3-27 所示。

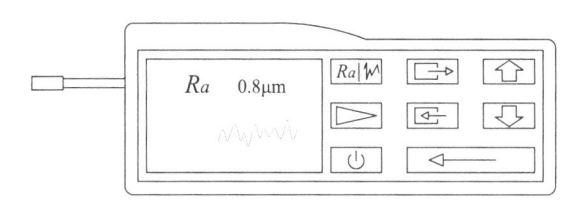

图 3-27　便携式粗糙度仪

三、锉削曲面练习

1. 练习工件图样

练习工件图样如图 3-28 所示。

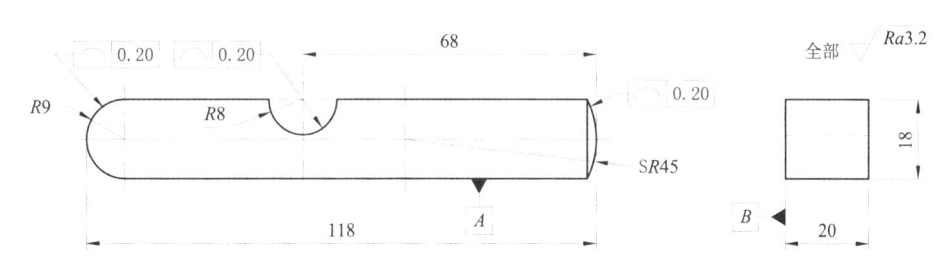

图 3-28　锉削内、外圆弧面与球面练习工件

2. 材料准备与课时要求

工件名称	材料	毛坯尺寸/mm	件数	学时
长方体	45 钢	由图 3-2 转下：118×20×18	1	6

3. 工、量、辅具准备

（1）工具：划针、划规、样冲、小手锤；14″中齿扁锉、12″细齿扁锉、14″粗齿圆锉、14″中齿圆锉、14″细齿圆锉、8″中齿半圆锉、8″细齿半圆锉、6″细齿半圆锉。

（2）量具：钢直尺、直角尺、塞尺、游标卡尺、$R7 \sim 14.5$ mm 半径样板、$R45$ mm 半径样板（自制）。

（3）辅具：毛刷、铜丝刷、记号笔、粉笔等。

4. 练习步骤

（1）熟悉图样。

（2）选用 14″中齿扁锉、12″细齿扁锉，采用轴向展成锉法和周向展成锉法锉削 R9 mm 凸圆弧面至要求。

（3）选用 14″粗齿圆锉、14″中齿圆锉、14″细齿圆锉、8″中齿半圆锉、8″细齿半圆锉、6″细齿半圆锉，采用定位锉法和横推滑动锉法锉削 R8 mm 凹圆弧面至要求。

（4）选用 14″中齿扁锉、12″细齿扁锉，采用纵倾横向滑动锉法和侧倾垂直摆动锉法锉削 $SR45$ mm 球冠面至要求。

（5）交件待验。

5. 成绩评定

成绩评定见表 3-3，供参考。

表 3-3　锉削曲面成绩评定表

序号	项目及技术要求	配分	评定标准	实测记录	得分
1	R9 外圆弧面线轮廓度公差≤0.20 mm	30	超差不得分		
2	R8 内圆弧面线轮廓度公差≤0.20 mm	30	超差不得分		
3	SR45 球面线轮廓度公差≤020 mm	25	超差不得分		
4	表面粗糙度 Ra≤3.2 μm（3 处）	12	一处降级扣 4 分		
5	工量具摆放整齐合理	3	符合要求得分		
6	安全操作	扣分	违反一次由总分扣 5 分		
姓名		工位号		日期		教师		总分	

四、锉削一般形面练习

1. 练习工件图样

练习图样与技术要求如图 3-29 所示。

2. 材料准备与课时要求

工件名称	材料	毛坯尺寸/mm	件数	学时
钢板	Q235 钢	65×20×45	1	6

3. 工、量、辅具准备

（1）工具：划针、划规、样冲、小手锤；14″中齿扁锉、12″细齿扁锉、10″双细齿扁锉、12″中齿半圆锉、10″细齿半圆锉、8″双细齿半圆锉、12″中齿圆锉、12″细齿圆锉、10″中齿圆锉、10″细齿圆锉。

（2）量具：钢直尺、游标卡尺、（R1~6.5 mm、R7~14.5 mm、R15~25 mm）半径样板各一个、直角尺。

（3）辅具：毛刷、铜丝刷、铜钳口、记号笔、粉笔等。

4. 练习步骤

（1）熟悉图样。

（2）粗、细、精锉工件外形轮廓至要求（60±0.06 mm、40±0.06 mm、Ra3.2 mm）。

（3）按图样画出加工线并打上冲眼。

（4）粗、细、精锉 R5 mm 凹圆弧面和相邻平面至要求。

（5）粗、细、精锉 R10 mm 凹圆弧面和相邻平面至要求。

（6）粗、细、精锉 R10 mm 凸圆弧面至要求。

（7）粗、细、精锉 R20 mm 凹圆弧面至要求。

（8）交件待验。

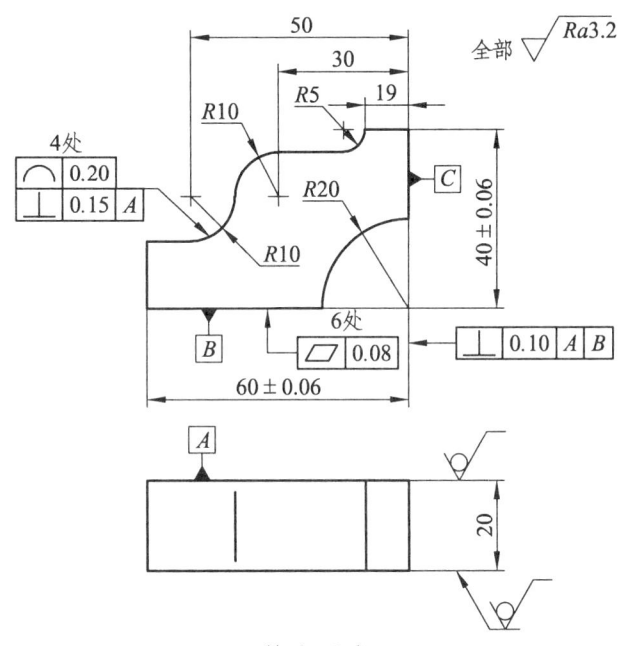

技术要求

1. 凸圆弧面锉纹轴向。
2. 凹圆弧面锉纹径向。

图 3-29 锉削一般形面练习工件

5. 成绩评定

成绩评定见表 3-4，供参考。

表 3-4 锉削一般形面成绩评定表

序号	项目及技术要求	配分	评定标准	实测记录	得分
	60±0.06 mm	4	超差不得分		
	40±0.06 mm	4	超差不得分		
1	R5 mm 凹圆弧面线轮廓度公差≤0.2 mm	8	超差不得分		
2	R10 mm 凹圆弧面线轮廓度公差≤0.2 mm	12	超差不得分		

续表

序号	项目及技术要求	配分	评定标准	实测记录	得分
3	R10 mm 凸圆弧面线轮廓度公差≤0.2 mm	12	超差不得分		
4	R20 mm 凹圆弧面线轮廓度公差≤0.2 mm	18	超差不得分		
5	平面度公差≤0.08 mm（6 处）	18	一处超差扣 3 分		
6	垂直度公差≤0.10 mm	3	超差不得分		
	垂直度公差≤0.15 mm（4 处）	12	一处超差扣 3 分		
7	表面粗糙度 Ra≤3.2 μm（10 处）	5	一处降级扣 0.5 分		
8	工量辅具摆放整齐合理	4	符合要求得分		
9	安全操作	倒扣	违反一次由总分扣 5 分		
姓名		工位号		日期	教师	总分	

第二节　量具制作练习

一、宽座直角尺制作练习

宽座直角尺制作

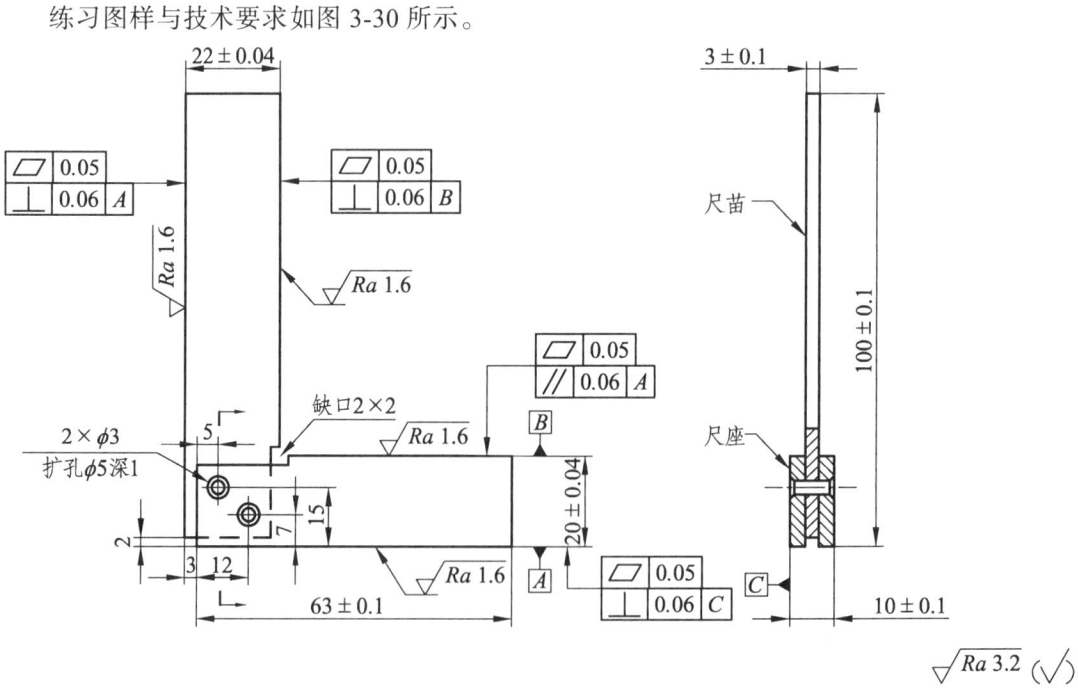

1. 练习图样

练习图样与技术要求如图 3-30 所示。

技术要求
研磨尺座与尺苗的工作面。

图 3-30　宽座直角尺制作

2. 材料准备与课时要求

工件名称	材料	毛坯尺寸/mm	件数	学时
宽座直角尺	45钢	尺苗 100×4×24	1	36
		尺座 65×12×22	1	

3. 工、量、辅具准备

（1）工具：14″粗齿平锉1把、12″中齿平锉1把、10″细齿平锉1把、8″双细齿平锉1把、整形锉1套、划针、样冲、小手锤、手用锯弓1把、$\phi 3$ 钻头1支、$\phi 5$ 钻头1支、电烙铁1把。

（2）量具：钢直尺、游标卡尺、0～25 mm外径千分尺、高度游标卡尺、直角尺、刀形样板平尺、塞尺。

（3）辅具：毛刷、紫色水、铜丝刷、铜钳口、粉笔、砂布、焊锡、焊锡膏、刚玉研磨膏（F1000）等。

4. 练习步骤

（1）根据图样检查工件坯料（锻件）尺寸和加工余量。
（2）粗、细、精锉尺座达到要求。
（3）粗、细锉尺苗接近要求（留0.1～0.2 mm的精锉余量）。
（4）按图画出尺座铆钉孔加工线。
（5）按要求进行尺座、尺苗与铆钉孔配钻后扩孔。
（6）埋头铆钉铆接操作，并锉平铆钉露出部分。
（7）对尺座与尺苗连接处进行锡焊固定。
（8）以尺座为基准，精锉尺苗外直角面达到形位公差要求。
（9）以尺座为基准，精锉尺苗内直角面达到形位公差要求。
（10）用砂布做光整加工，研磨尺座与尺苗工作面，达到表面粗糙度要求。
（11）交件待验。

5. 成绩评定

成绩评定见表3-5，供参考。

表3-5 宽座直角尺制作成绩评定表

序号	项目及技术要求	配分	评定标准	实测记录	得分
1	尺座：20±0.04 mm	5	符合要求得分		
2	（63、10）±0.10 mm（2处）	4	一处超差扣2分		
3	平面度≤0.05 mm（2处）	10	一处超差扣5分		
4	平行度≤0.06 mm	5	符合要求得分		
5	尺苗：22±0.04 mm	5	符合要求得分		

续表

序号	项目及技术要求	配分	评定标准	实测记录	得分
6	3±0.10 mm	2	符合要求得分		
7	平面度≤0.05 mm（2处）	10	一处超差扣5分		
8	装配：垂直度≤0.06 mm（2处）	30	一处超差扣15分		
9	表面粗糙度 Ra≤1.6 μm（4处）	12	一处降级扣3分		
10	表面粗糙度 Ra≤3.2 μm（4处）	8	一处降级扣2分		
11	铆接平整（2处）	5	一处不符合要求扣2.5分		
121	100±0.1 mm	2	符合要求得分		
13	工量辅具摆放合理	2	符合要求得分		
14	安全操作	倒扣	违反一次由总分扣5分		
姓名		工位号		日期		教师		总分	

二、刀口直角尺制作练习

1. 练习图样

练习图样与技术要求如图3-31所示。

刀口直角尺制作

2. 材料准备与课时要求

工件名称	材料	毛坯尺寸/mm	件数	学时
刀口直角尺	45钢	105×65×8	1	24

3. 工、量、辅具准备

（1）工具：14″粗齿平锉1把、12″中齿平锉1把、10″细齿平锉1把、8″双细齿平锉1把、整形锉1套、划针、样冲、小手锤、手用锯弓1把、ϕ3 mm钻头1支、ϕ6 mm钻头1支。

（2）量具：钢直尺、游标卡尺、0~25 mm外径千分尺、高度游标卡尺、直角尺、刀形样板平尺、塞尺。

（3）辅具：毛刷、紫色水、铜丝刷、铜钳口、记号笔、粉笔、砂布、刚玉研磨膏（F1000）。

4. 练习步骤

（1）根据图样检查工件坯料尺寸。

（2）粗、细、精锉尺身"C"面及对面至厚度尺寸。

（3）粗、细锉外直角面接近要求。

（4）根据图样画出尺座、尺苗和工艺孔加工线。

（5）钻出ϕ3 mm工艺孔并用ϕ6 mm钻头扩孔。

（6）锯去多余部分。

（7）粗、细锉内直角面接近要求（留 0.1～0.2 mm 的精锉余量）。

（8）粗、细、精锉尺苗刀口斜面达到要求。

（9）精锉尺座测量面达到要求。

（10）以尺座"A"面为基准，精锉尺苗外直角面达到形位公差要求。

（11）以尺座"B"面为基准，精锉尺苗内直角面达到形位公差要求。

（12）全面光整加工，研磨尺座与尺苗工作面，达到表面粗糙度要求。

（13）交件待验。

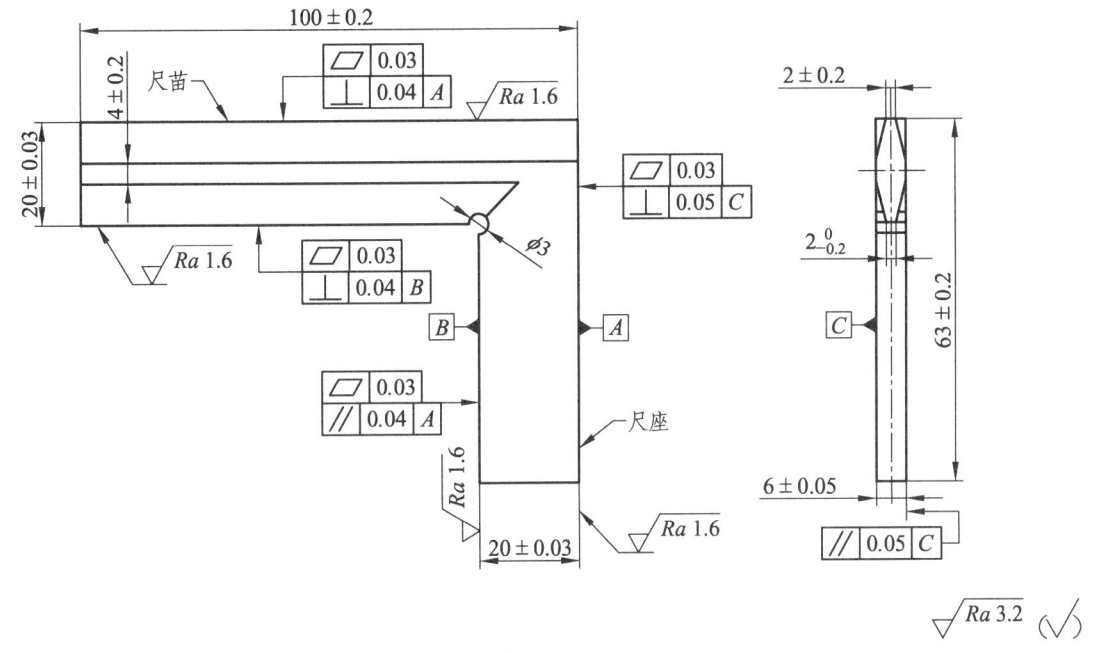

技术要求

研磨尺座与尺苗的工作面。

图 3-31 刀口直角尺制作

5. 成绩评定

成绩评定见表 3-6，供参考。

表 3-6 刀口直角尺制作成绩评定表

序号	项目及技术要求	配分	评定标准	实测记录	得分
1	20±0.03 mm（2 处）	8	一处超差扣 4 分		
2	6±0.05 mm	3	符合要求得分		
3	（63、100）±0.20 mm（2 处）	4	一处超差扣 2 分		
4	平面度≤0.03 mm（4 处）	16	一处超差扣 4 分		
5	平行度≤0.04 mm	5	符合要求得分		
6	平行度≤0.05 mm	2	符合要求得分		

续表

序号	项目及技术要求	配分	评定标准	实测记录	得分
7	22±0.04 mm	5	符合要求得分		
8	3±0.10 mm	2	符合要求得分		
9	98±0.5 mm	2	符合要求得分		
10	垂直度≤0.04 mm（2处）	30	一处超差扣15分		
11	表面粗糙度 Ra≤1.6 μm（4处）	12	一处降级扣3分		
12	表面粗糙度 Ra≤3.2 μm（4处）	8	一处降级扣2分		
13	工量辅具摆放合理	3	符合要求得分		
14	安全操作	倒扣	违反一次由总分扣5分		
姓名		工位号		日期	教师		总分	

三、角度样板制作练习

1. 练习图样

练习图样与技术要求如图 3-32 所示。

角度样板制作

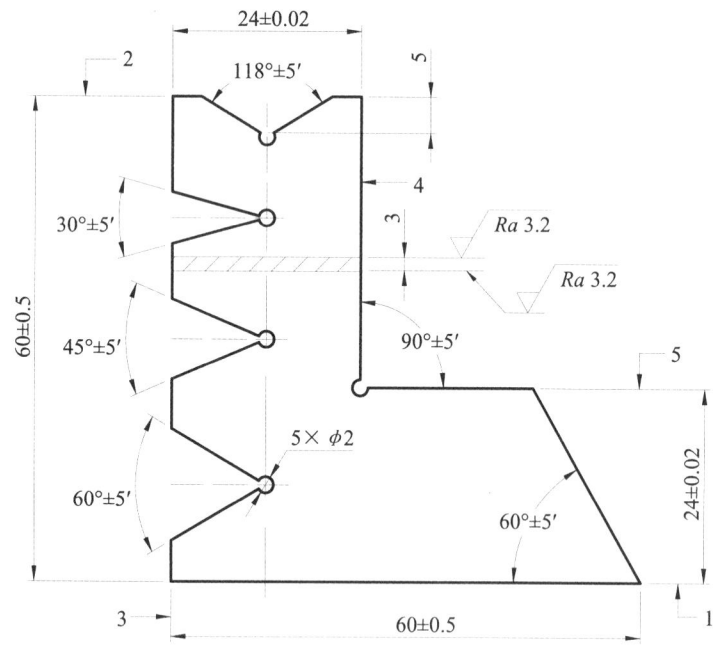

技术要求

角度面直线度不大于 0.04 mm（12 处）。

图 3-32 角度样板制作

2. 材料准备与课时要求

工件名称	材料	毛坯尺寸/mm	件数	学时
角度样板	45钢	63×63×3	1	18

3. 工、量、辅具准备

（1）工具：12″中齿平锉1把、10″细齿平锉1把、8″双细齿平锉1把、整形锉1套、划针、样冲、小手锤、手用锯弓1把、ϕ3 mm钻头1支、ϕ6 mm钻头1支。

（2）量具：钢直尺、游标卡尺、0～25 mm外径千分尺、高度游标卡尺、直角尺、刀形样板平尺、万能角度尺、塞尺。

（3）辅具：毛刷、紫色水、铜丝刷、铜钳口、记号笔、粉笔、砂布等。

4. 练习步骤

（1）根据图样检查工件坯料尺寸。
（2）按要求进行粗、细、精锉工件外形尺寸。
（3）根据图样画出各加工线。
（4）钻出ϕ3 mm工艺孔并用ϕ6 mm钻头扩孔。
（5）锯去多余部分。
（6）粗、细、精锉1、2、3、4、5面。
（7）粗、细锉各角度面接近要求（留0.1～0.2 mm的精锉余量）。
（8）倒棱0.10 mm。
（9）精修各角度面达到公差要求。
（10）用砂布做光整加工，达到表面粗糙度要求。
（11）交件待验。

5. 成绩评定

成绩评定见表3-7，供参考。

表3-7 角度样板制作成绩评定表

序号	项目及技术要求	配分	评定标准	实测记录	得分
1	24±0.02 mm（2处）	8	一处超差扣4分		
2	60±0.2 mm（2处）	4	一处超差扣2分		
3	60°±5′（2处）	16	一处超差扣8分		
4	45°±5′	8	符合要求得分		
5	30°±5′	8	符合要求得分		
6	118°±5′	8	符合要求得分		
7	90°±5′	8	符合要求得分		
8	直线度≤0.04 mm（12处）	24	一处超差扣2分		

续表

序号	项目及技术要求	配分	评定标准	实测记录	得分
9	表面粗糙度 $Ra \leq 1.6\ \mu m$（12处）	12	一处降级扣1分		
10	表面粗糙度 $Ra \leq 3.2\ \mu m$（2处）	2	一处降级扣1分		
11	工量辅具摆放合理	2	符合要求得分		
12	安全操作	倒扣	违反一次由总分扣5分		
姓名		工位号		日期		教师		总分	

四、内外角度样板制作练习

1. 练习图样

练习图样与技术要求如图3-33所示。

2. 材料准备与课时要求

工件名称	材料	毛坯尺寸/mm	件数	学时
内角度样板	45钢	36×22×4（钢板）	1	12
外角度样板	45钢	46×36×4（钢板）	1	

3. 工、量、辅具准备

(1) 工具：12″中齿平锉1把、10″细齿平锉1把、8″双细齿平锉1把、整形锉一套、划针、样冲、小手锤、手用锯弓1把、$\phi 3$ mm钻头、$\phi 6$ mm钻头等。

(2) 量具：钢直尺、游标卡尺、高度游标卡尺、直角尺、刀形样板平尺、塞尺、万能角度尺、60°角度样板等。

(3) 辅具：毛刷、紫色水、红丹油、100~280研磨粉、铜丝刷、铜钳口、记号笔、粉笔等。

4. 练习步骤

1) 内角度样板加工

(1) 外形轮廓加工。

(2) 粗、细、精锉B基准面，达到直线度和与A基准面的垂直度要求。

(3) 按照图样画出角度面加工线、锯除多余部分。

(4) 粗、细、精锉角度面，达到直线度、与B基准面的角度以及与A基准面的垂直度要求。

(5) 角度面倒角C1 mm，非角度面倒角C0.5 mm。

2) 外角度样板加工

(1) 外形轮廓加工。

(2) 按照图样画出角度及工艺孔加工线，钻出$\phi 3$工艺孔，锯除多余部分。

(3) 粗锉B基准面和角度面，留0.5 mm的细锉加工余量。

(4) 细锉B基准面，留0.1 mm的精锉余量。

（5）精锉 B 基准面，达到直线度和与 A 基准面的垂直度要求。

（6）以 B 面为基准，精锉角度面，达到直线度、与 B 基准面的角度以及与 A 基准面的垂直度要求。

（7）角度面倒角 C1 mm，非角度面倒角 C0.4 mm。

3）研磨加工

选用 100～280 的研磨粉对内外角度样板工作面作研磨，达到表面粗糙度 Ra 0.8 μm。

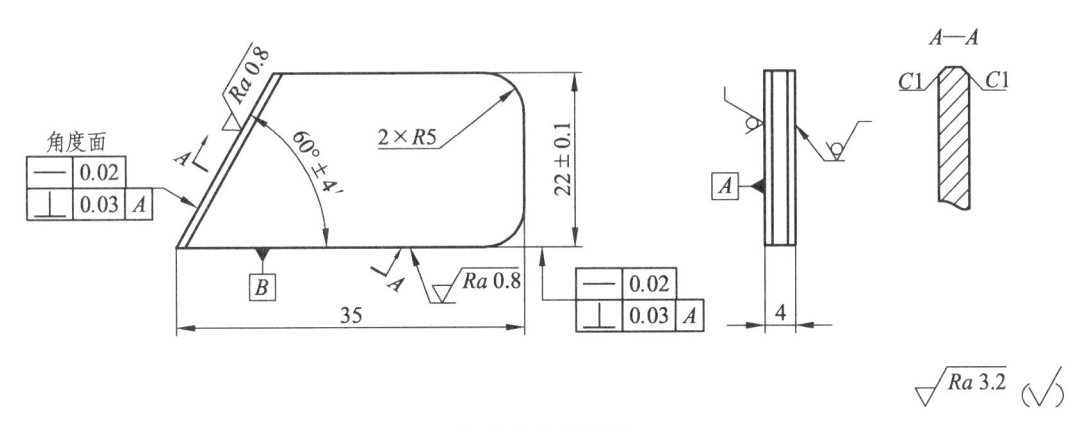

（a）内角度样板

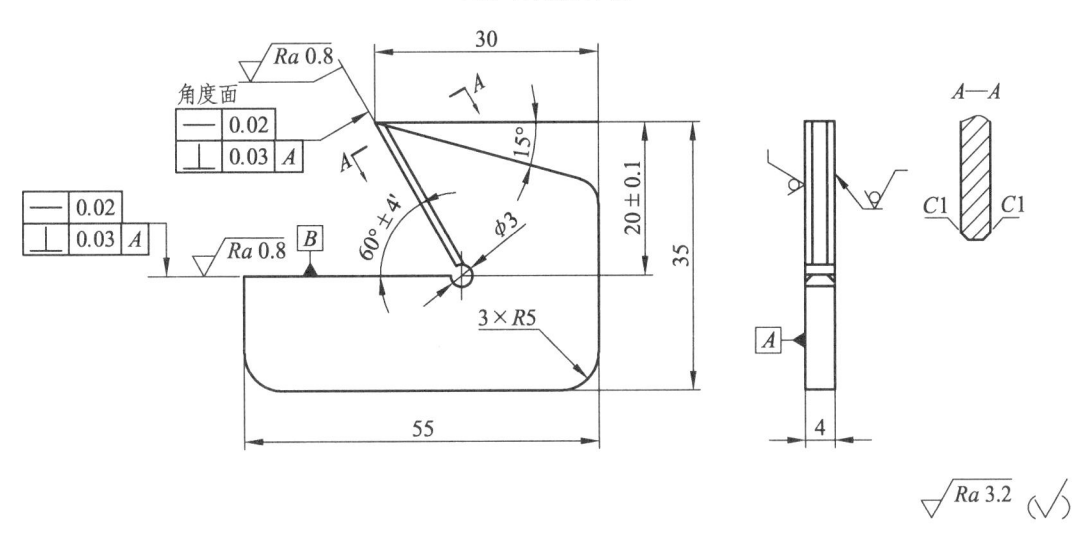

（b）外角度样板

技术要求

1. 以内角度样板为基准件，外角度样板配作。
2. 配合间隙 ≤ 0.03 mm。
3. 内外角度样板非角度面倒角 0.4 mm。
4. 用钻头钻出 φ3 工艺孔。
5. 研磨两工作面。
6. 未注尺寸公差按 GB/T 1804—2000 标准 IT14 规定要求加工。

图 3-33　内外角度样板锉配

5. 成绩评定

成绩评定见表3-8。

表3-8 内外角度样板锉配成绩评定表

序号	项目及技术要求	配分	评定标准	实测记录	得分
	内角度样板				
1	尺寸：22±0.1 mm	2	符合要求得分		
2	60°±4′	20	符合要求得分		
3	直线度≤0.02 mm（2处）	8	一处超差扣4分		
4	垂直度≤0.03 mm（2处）	6	一处超差扣3分		
5	倒角C1	2	符合要求得分		
6	表面粗糙度 Ra≤0.8 μm（2处）	6	一处降级扣3分		
	外角度样板				
7	尺寸：20±0.1 mm	2	符合要求得分		
8	60°±4′	20	符合要求得分		
9	直线度≤0.02 mm（2处）	8	一处超差扣4分		
10	垂直度≤0.03 mm（2处）	6	一处超差扣3分		
11	倒角C1	2	符合要求得分		
12	表面粗糙度 Ra≤0.8 μm（2处）	6	一处降级扣3分		
	配合				
13	配合间隙≤0.03 mm	10	符合要求得分		
14	工量辅具摆放合理	2	符合要求得分		
15	安全操作		违反一次由总分扣5分		
姓名		工位号		日期		指导教师		总分	

第三节 工具制作练习

一、鸭嘴锤制作练习

1. 练习图样

练习图样与技术要求如图3-34所示。

鸭嘴锤制作

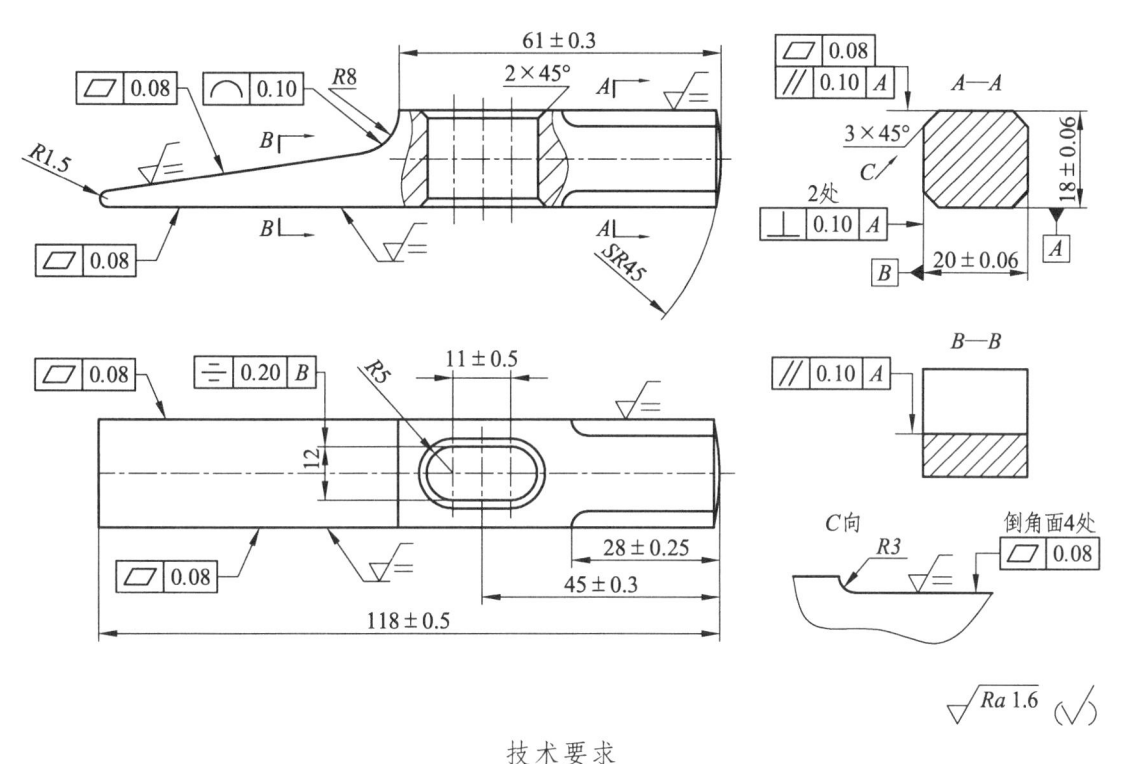

技术要求

未注尺寸公差按 GB/T1804—2000 标准 IT14 规定要求加工。

图 3-34 鸭嘴锤制作

2. 材料准备与课时要求

工件名称	材料	毛坯尺寸/mm	件数	学时
鸭嘴锤	45 钢	120×22×20	1	30

3. 工、量、辅具准备

（1）工具：14″粗齿平锉 1 把、12″中齿平锉 1 把、10″细齿平锉 1 把、8″双细齿平锉 1 把、12″中齿圆锉 1 把、12″细齿半圆锉 1 把、8″粗齿半圆锉 1 把、8″细齿半圆锉 1 把、整形锉 1 套、划针、样冲、小手锤、手用锯弓 1 把、ϕ10 mm 标准麻花钻等。

（2）量具：钢直尺、游标卡尺、高度游标画线尺、直角尺、刀形样板平尺、塞尺、R1～6.5 mm 半径样板、R7～14.5 mm 半径样板、R45 mm 半径样板（自制）。

（3）辅具：毛刷、紫色水、铜丝刷、铜钳口、记号笔、粉笔、砂布等。

4. 练习步骤

（1）根据图样检查工件坯料。

（2）粗、细、精锉工件外形尺寸至要求。

（3）钻出两个 ϕ10 mm 通孔，并锉出腰圆锤孔达到尺寸和形位要求。

（4）锯去鸭嘴多余部分。

（5）粗、细锉 R8 mm 内圆弧面及相切鸭嘴斜面接近尺寸（留 0.1～0.2 mm 的精锉余量）。

（6）粗、细锉4个 R3 mm 内圆弧面及相切倒角面接近尺寸（留 0.1~0.2 mm 的精锉余量）。

（7）锉出锤头 SR45 mm 球冠面达到要求。

（8）全面精锉加工，达到尺寸和形位公差要求。

（9）用砂布做光整加工，达到表面粗糙度要求。

（10）交件待验。

5. 成绩评定

成绩评定见表3-9，供参考。

表 3-9 鸭嘴锤制作成绩评定表

序号	项目及技术要求	配分	评定标准	实测记录	得分
1	尺寸：18±0.06 mm	4	符合要求得分		
2	20±0.06 mm	4	符合要求得分		
3	61±0.3 mm	2	符合要求得分		
4	45±0.3 mm	2	符合要求得分		
5	32±0.25 mm（4处）	8	一处超差扣2分		
6	平面度 0.08 mm（4处）	12	一处超差扣3分		
	平面度 0.08 mm（鸭嘴斜面）	15	符合要求得分		
	平面度 0.08 mm（倒角面4处）	8	一处超差扣2分		
7	对称度 0.20 mm	6	符合要求得分		
8	垂直度 0.08 mm（3处）	12	一处超差扣4分		
9	线轮廓度 0.10 mm	14	符合要求得分		
10	表面粗糙度 $Ra \leq 1.6\ \mu m$（9处）	9	一处降级扣1分		
11	工量辅具摆放合理	4	符合要求得分		
12	安全操作	倒扣	违反一次由总分扣5分		
姓名		工位号	日期	教师	总分

二、点检锤制作练习

1. 练习图样

练习图样与技术要求如图3-35所示。

点检锤制作

技术要求

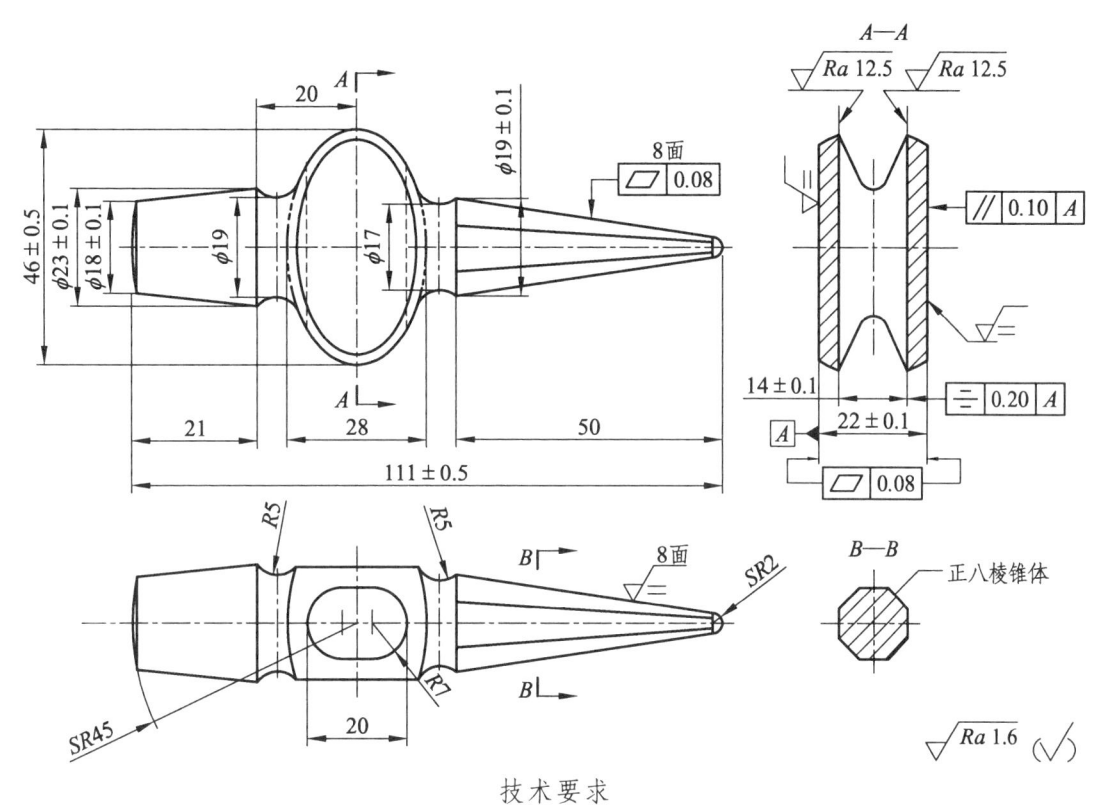

未注尺寸公差按 GB/T1804—2000 标准 IT14 规定要求加工。

图 3-35 点检锤制作

2. 材料准备与课时要求

工件名称	材料	毛坯尺寸	件数	学时
点检锤	45 钢	锻造毛坯	1	36

3. 工、量、辅具准备

（1）工具：14″粗齿平锉 1 把、12″中齿平锉 1 把、10″细齿平锉 1 把、8″双细齿平锉 1 把、8″中齿圆锉 1 把、8″细齿圆锉 1 把、整形锉 1 套、划针、样冲、小手锤。

（2）量具：钢直尺、游标卡尺、高度游标卡尺、划针盘、划规、刀形样板平尺、塞尺、$R1 \sim 6.5$ mm 半径样板、$R45$ mm 半径样板（自制）。

（3）辅具：毛刷、紫色水、铜丝刷、铜钳口、记号笔、粉笔、砂布等。

4. 练习步骤

（1）根据图样检查工件毛坯尺寸。

（2）稍锉平两端面，分别找出圆心，以确定工件纵向轴线。

（3）粗、细、精锉椭球体平行平面，达到尺寸和形位公差要求。

（4）粗、细、精锉正八棱锥体各面，达到尺寸和形位公差要求。

（5）粗、细、精锉圆台体表面，达到尺寸公差要求。

（6）锉出锤头 SR45 mm 球冠面和锤尖 SR2 mm 球冠面达到尺寸要求。

（7）锉出 R5 mm 工艺槽达到尺寸要求。

（8）全面精修加工，保证尺寸和形位公差要求。

（9）用砂布做光整加工，达到表面粗糙度要求。

（10）交件待验。

5. 成绩评定

成绩评定见表 3-10，供参考。

表 3-10　点检锤制作成绩评定表

序号	项目及技术要求	配分	评定标准	实测记录	得分
1	尺寸：(111、46)±0.50 mm（2 处）	4	一处超差扣 2 分		
2	(22、19、ϕ23、ϕ18)±0.10 mm（4 处）	12	一处超差扣 3 分		
3	(ϕ19、ϕ17)±0.3 mm（2 处）	4	一处超差扣 2 分		
4	R5 mm 圆弧清晰（2 处）	8	一处不符合要求扣 4 分		
5	平面度 0.08 mm（8 处）	40	一处超差扣 5 分		
6	对称度 0.20 mm	8	符合要求得分		
7	平行度 0.10 mm	8	符合要求得分		
9	锤头球面（SR45 mm）	2	符合要求得分		
10	表面粗糙度 $Ra \leq 1.6$ μm（12 处）	12	一处降级扣 1 分		
11	工量辅具摆放合理	2	符合要求得分		
12	安全操作	倒扣	违反一次由总分扣 5 分		
姓名		工位号		日期		教师		总分	

三、32 mm 桌虎钳制作练习

1. 练习图样

练习图样与技术要求如图 3-36 所示。

桌虎钳制作

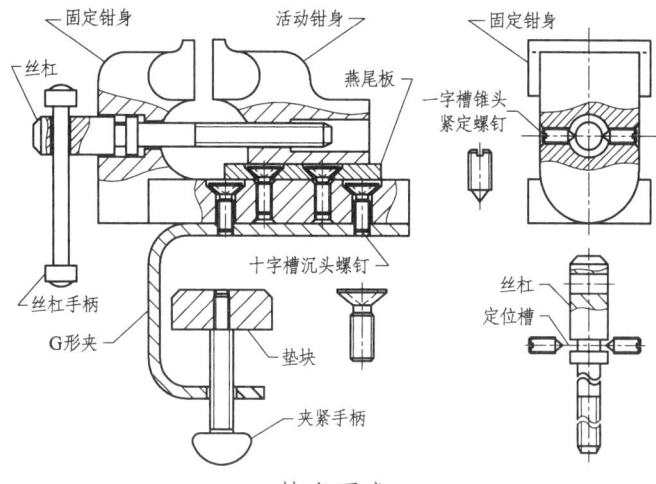

技术要求
1. 钳口配合间隙≤0.50 mm。
2. 燕尾移动副配合间隙≤0.30 mm。
3. 丝杠螺旋副转动灵活。

（0）装配图

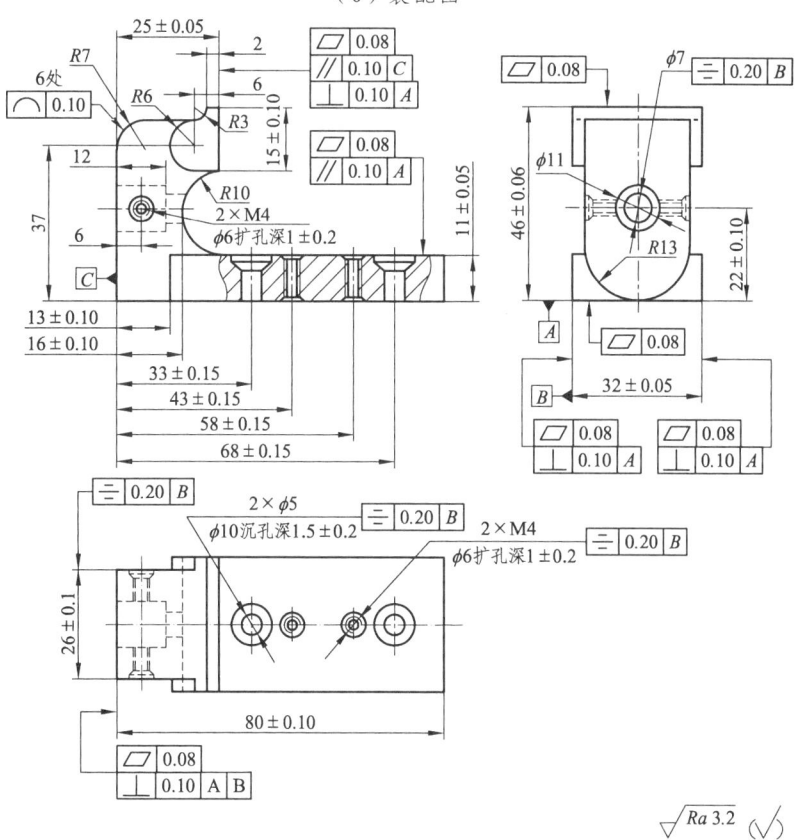

技术要求
1. R6 mm 圆弧凸台和 R13 mm 圆弧台肩作清根处理。
2. 未注尺寸公差按 GB/T 1804—2000 标准 IT14 规定要求加工。

（a）固定钳身加工图

技术要求

1. M6 螺纹底孔与固定钳身配钻。
2. 燕尾槽清角 1×1 mm。
3. R6 mm 圆弧凸台、11 mm 凸台作清根处理。
4. 未注尺寸公差按 GB/T 1804—2000 标准 IT14 规定要求加工。

（b）活动钳身加工图

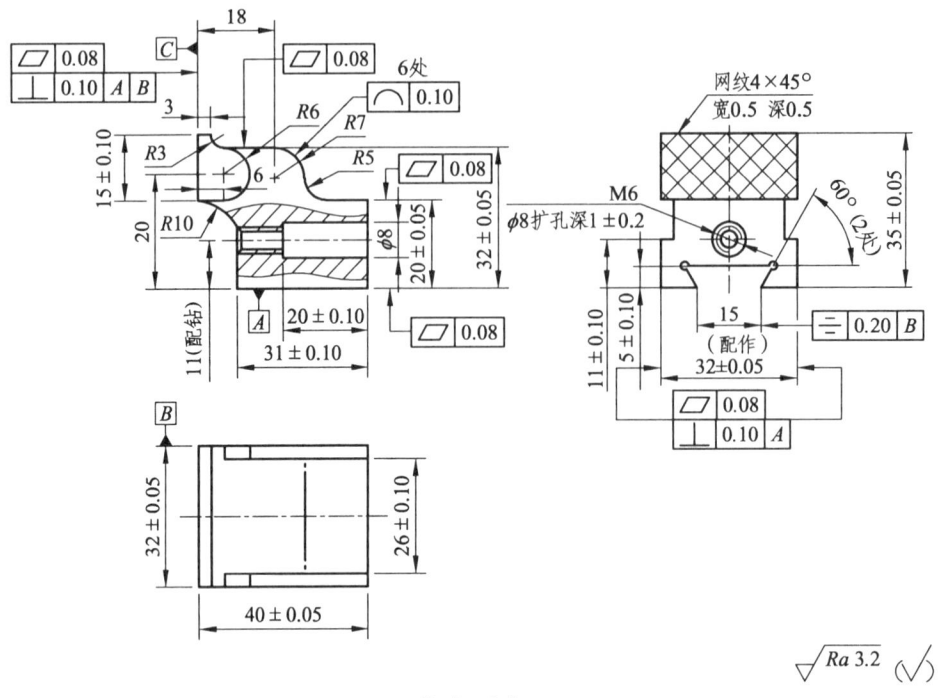

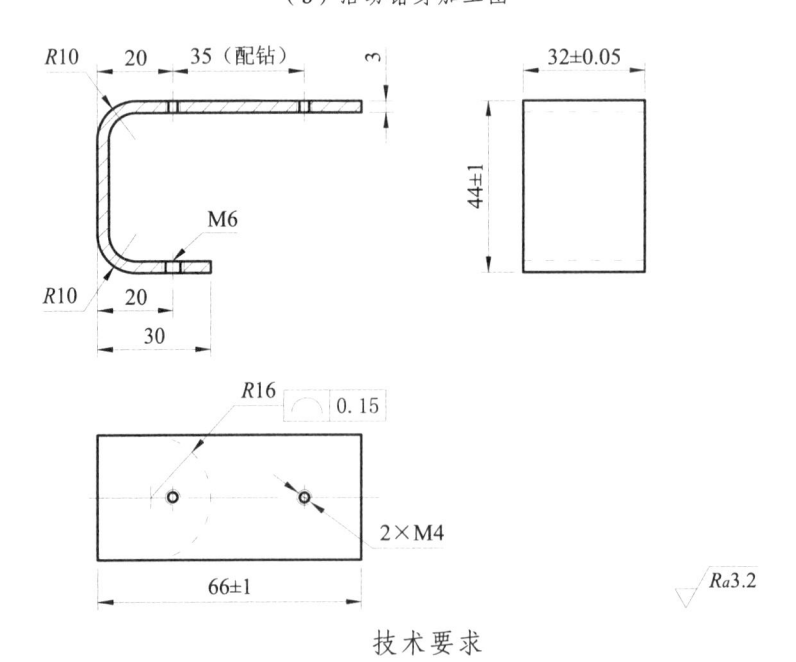

技术要求

未注尺寸公差按 GB/T 1804—2000 标准 IT14 规定要求加工。

（c）G 形夹

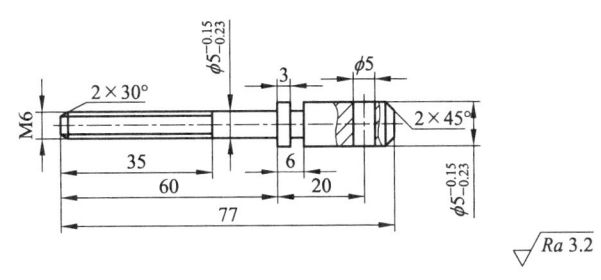

技术要求
1. 未注尺寸公差按 GB/T 1804—2000 标准 IT14 规定要求加工。
2. 本零件为车制毛坯件，钳工工作为套削 M6 螺纹和钻削 ϕ5 通孔。
（d）丝杠

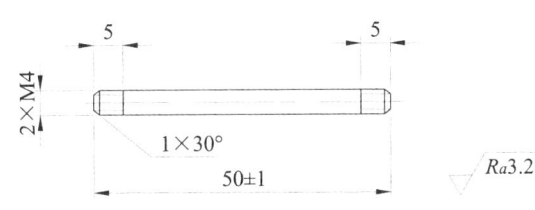

技术要求
未注尺寸公差按 GB/T 1804—2000 标准 IT14 规定要求加工。
（e）丝杠手柄

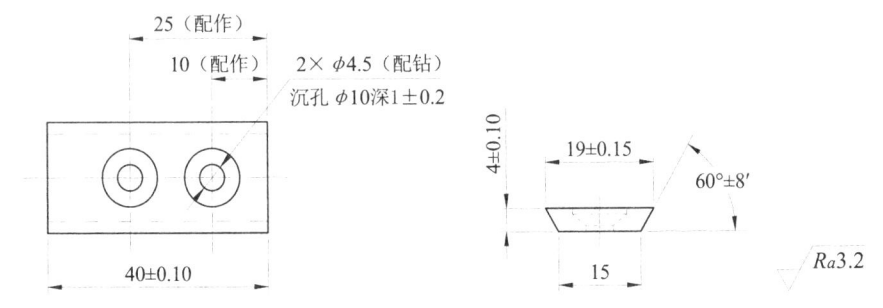

技术要求
未注尺寸公差按 GB/T 1804—2000 标准 IT14 规定要求加工。
（f）燕尾板

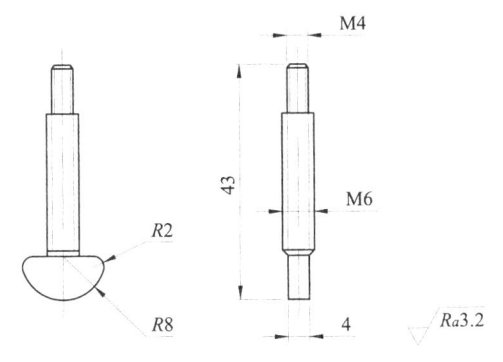

技术要求
未注尺寸公差按 GB/T 1804—2000 标准 IT14 规定要求加工。
（g）夹紧手柄

技术要求

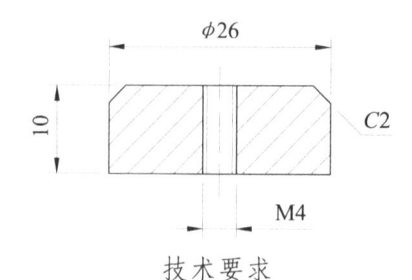

未注尺寸公差按 GB/T 1804—2000 标准 IT14 规定要求加工。

（h）垫块

图 3-36　32 mm 桌虎钳制作制作

2. 材料准备与课时要求

序号	工件名称	材料	毛坯尺寸/mm	件数	学时
1	固定钳身	Q235 钢	85×38×52	1	
2	活动钳身			1	
3	G 形夹	Q235 钢板	150×40×3	1	
4	丝杠	45 圆钢	车制毛坯 ϕ10 mm×80 mm	1	
5	丝杠手柄	Q235 钢丝	ϕ4 mm×50 mm	1	78
6	燕尾板	Q235 钢板	40 mm×20 mm×5 mm	1	
7	夹紧手柄	Q235 钢	用 M6×40 mm 螺栓改制	1	
8	垫块	Q235 圆钢	ϕ26 mm×10 mm	1	
9	丝杠手柄头	标准件	M4 六角螺母	2	
10	十字槽沉头螺钉	标准件	M4×12 mm	4	
11	一字槽锥头紧定螺钉	标准件	M4×6 mm	2	

3. 工、量、辅具准备

（1）工具：14″粗齿平锉 1 把、12″中齿平锉 1 把、10″中齿圆锉 1 把、10″细齿平锉 1 把、8″双细齿平锉 1 把、8″粗齿圆锉 1 把、8″细齿圆锉 1 把、6″粗齿圆锉 1 把、6″细齿圆锉 1 把、整形锉 1 套、划针、划规、样冲、小手锤、手用锯弓 1 把、扁錾 1 把、（2b）手锤 1 把。

（2）量具：钢直尺、游标卡尺、高度游标卡尺、刀形样板平尺、塞尺、R1～6.5 mm 半径样板、R7～14.5 mm 半径样板。

（3）辅具：毛刷、紫色水、红丹油、铜丝刷、铜钳口、记号笔、粉笔、砂布等。

4. 练习步骤

（1）根据图样检查工件坯料尺寸。

（2）将钳身毛坯锉削加工至 80 mm×32 mm×52 mm。

（3）按图样画出固定钳身、活动钳身分离加工线。
（4）钻 ϕ18 mm 孔后锯削分离钳身。
（5）固定钳身型面加工。
（6）活动钳身型面加工。
（7）燕尾板加工。
（8）燕尾槽锉配加工。
（9）G 形夹弯形加工。
（10）固定钳身钻孔加工。
（11）活动钳身钻孔加工。
（12）活动钳身与 G 形夹配钻孔加工。
（13）固定钳身、活动钳身、G 形夹、垫块内螺纹加工。
（14）丝杠、丝杠手柄、G 形夹手柄外螺纹加工。
（15）丝杠手柄铆接加工。
（16）两钳口面网纹加工。
（17）装配并做适当修整加工。
（18）对固、活钳身型面和其他零件作光整加工。
（19）交件待验。

5. 成绩评定

成绩评定见表 3-11，供参考。

表 3-11 桌虎钳制作成绩评定表

序号	项目及技术要求	配分	评定标准	实测记录	得分
	固定钳身				
1	（68、58、43、33）±0.15 mm（4 处）	3.2	一处超差扣 0.8 分		
2	（80、22、16、15、13）±0.10 mm（5 处）	4	一处超差扣 0.8 分		
3	26±0.10 mm	2.2	符合要求得分		
4	（46、32、25、11）±0.05 mm（4 处）	6	一处超差扣 1.5 分		
5	（R3、R6、R7、R9）线轮廓度≤0.1 mm（4 处）	6	一处超差扣 1.5 分		
6	R14 线轮廓度≤0.1 mm	2	符合要求得分		
7	平面度 0.08 mm（7 处）	4.2	一处超差扣 0.6 分		
8	平行度≤0.10 mm（2 处）	0.8	一处超差扣 0.4 分		
9	垂直度≤0.10 mm（4 处）	1.6	一处超差扣 0.4 分		
10	对称度≤0.20 mm（6 处）	2.4	一处超差扣 0.4 分		
11	Ra≤3.2 μm（17 处）	3.4	一处超差扣 0.2 分		
12	钳口面网纹清晰、整齐	2	符合要求得分		

续表

序号	项目及技术要求	配分	评定标准	实测记录	得分
	活动钳身				
13	（31、20、15、11、5）±0.10 mm（5处）	4	一处超差扣0.8分		
14	26±0.10 mm	2.2	符合要求得分		
15	（40、35、32、32、20）±0.05 mm（5处）	7.5	一处超差扣1.5分		
16	(R3、R5、R6、R7、R9)线轮廓度≤0.1 mm（5处）	7.5	一处超差扣1.5分		
17	平面度0.08 mm（6处）	3.6	一处超差扣0.6分		
18	垂直度≤0.10 mm（3处）	1.2	一处超差扣0.4分		
19	对称度≤0.20 mm	0.4	符合要求得分		
20	Ra≤3.2 μm（15处）	3	一处超差扣0.2分		
21	钳口面网纹清晰、整齐	2	符合要求得分		
	燕尾板				
22	60°±8′（2处）	3	一处超差扣1.5分		
23	40±0.10 mm	0.8	符合要求得分		
24	4±0.10 mm	0.8	符合要求得分		
25	19±0.15 mm	0.8	符合要求得分		
26	2.5±0.20 mm（2处）	1	一处超差扣0.5分		
	G形夹				
27	32±0.05 mm	1.5	符合要求得分		
28	66±1 mm	0.8	符合要求得分		
29	44±1 mm	2	符合要求得分		
30	(R16 mm)线轮廓度≤0.15 mm	2	符合要求得分		
	丝杠				
31	M6外螺纹牙型完整、无明显歪斜	1	符合要求得分		
32	ϕ5通孔无明显偏离轴线	1.6	符合要求得分		
	丝杠手柄				
33	M4外螺纹牙型完整、无明显歪斜	1	符合要求得分		
	夹紧手柄、垫块				
34	M4外螺纹牙型完整、无明显歪斜	1	符合要求得分		
35	M4内螺纹牙型完整、无明显歪斜	1	符合要求得分		
	配合				
36	燕尾移动副配合间隙≤0.30 mm	2.5	符合要求得分		
37	钳口配合间隙≤0.50 mm	2.5	符合要求得分		

续表

序号	项目及技术要求	配分	评定标准	实测记录	得分
38	螺纹连接正常（7处）	3.5	一处超差扣0.5分		
39	丝杠螺旋副转动灵活	2	符合要求得分		
40	工量刃具摆放合理	2	符合要求得分		
41	安全操作	倒扣	违反一次由总分扣5分		
姓名		工位号		日期		教师		总分	

第四节　铁艺制作练习

一、五角星制作

图样与技术要求如图 3-37 所示。

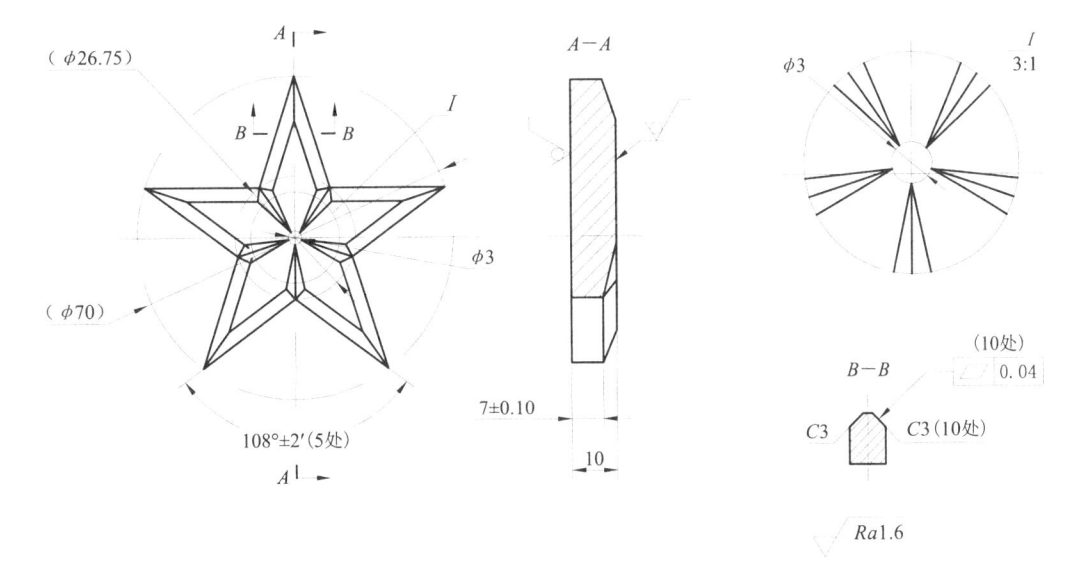

技术要求
1. 砂布打磨工件表面。
2. 图中未注公差按 GB/T 1804—m 加工。

图 3-37　五角星制作

二、六角星制作

图样与技术要求如图 3-38 所示。

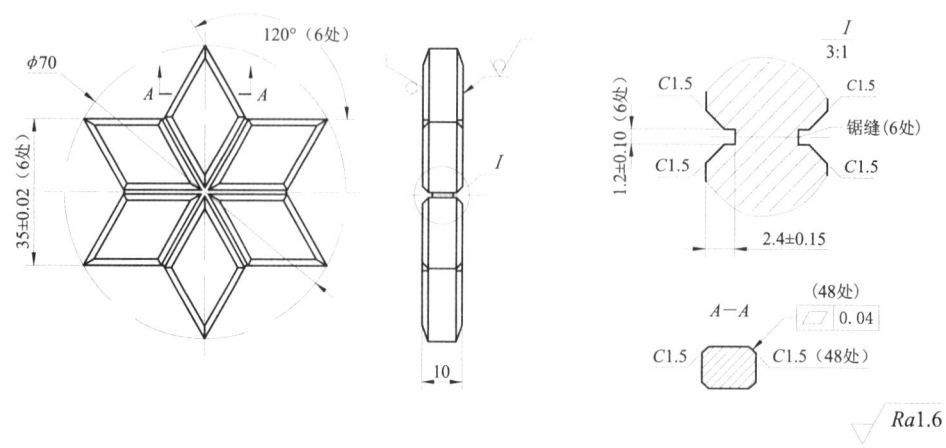

技术要求
1. 砂布打磨工件表面。
2. 图中未注公差按 GB/T 1804—m 加工。

图 3-38 六角星制作

三、六柱鲁班锁制作

图样与技术要求如图 3-39 所示。

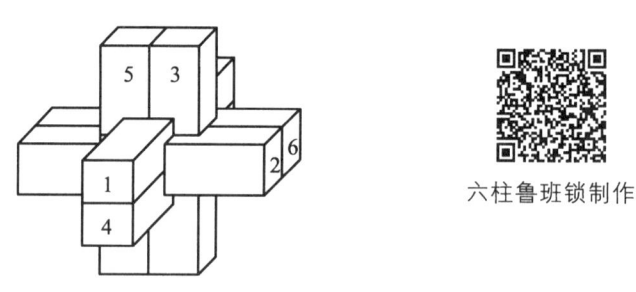

装配顺序：件 6→件 5→件 4→件 3→件 2→件 1

（0）装配图

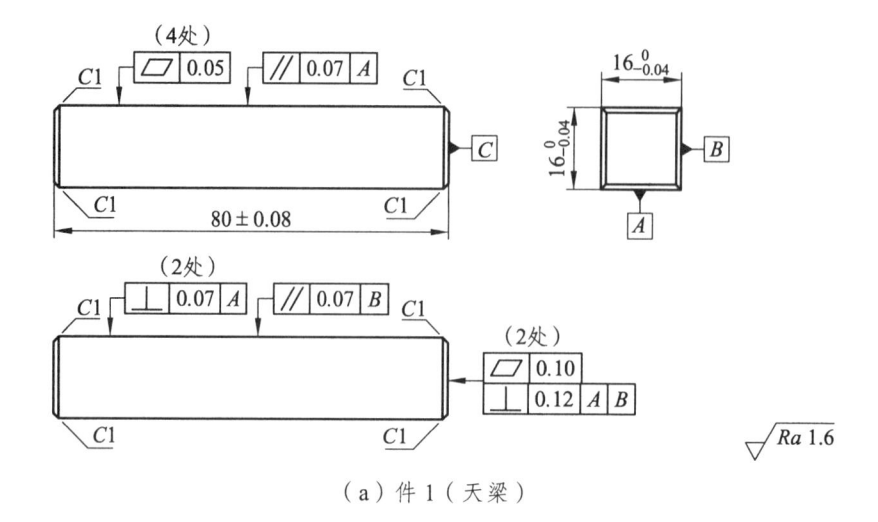

六柱鲁班锁制作

（a）件 1（天梁）

(b)件2（前檐）

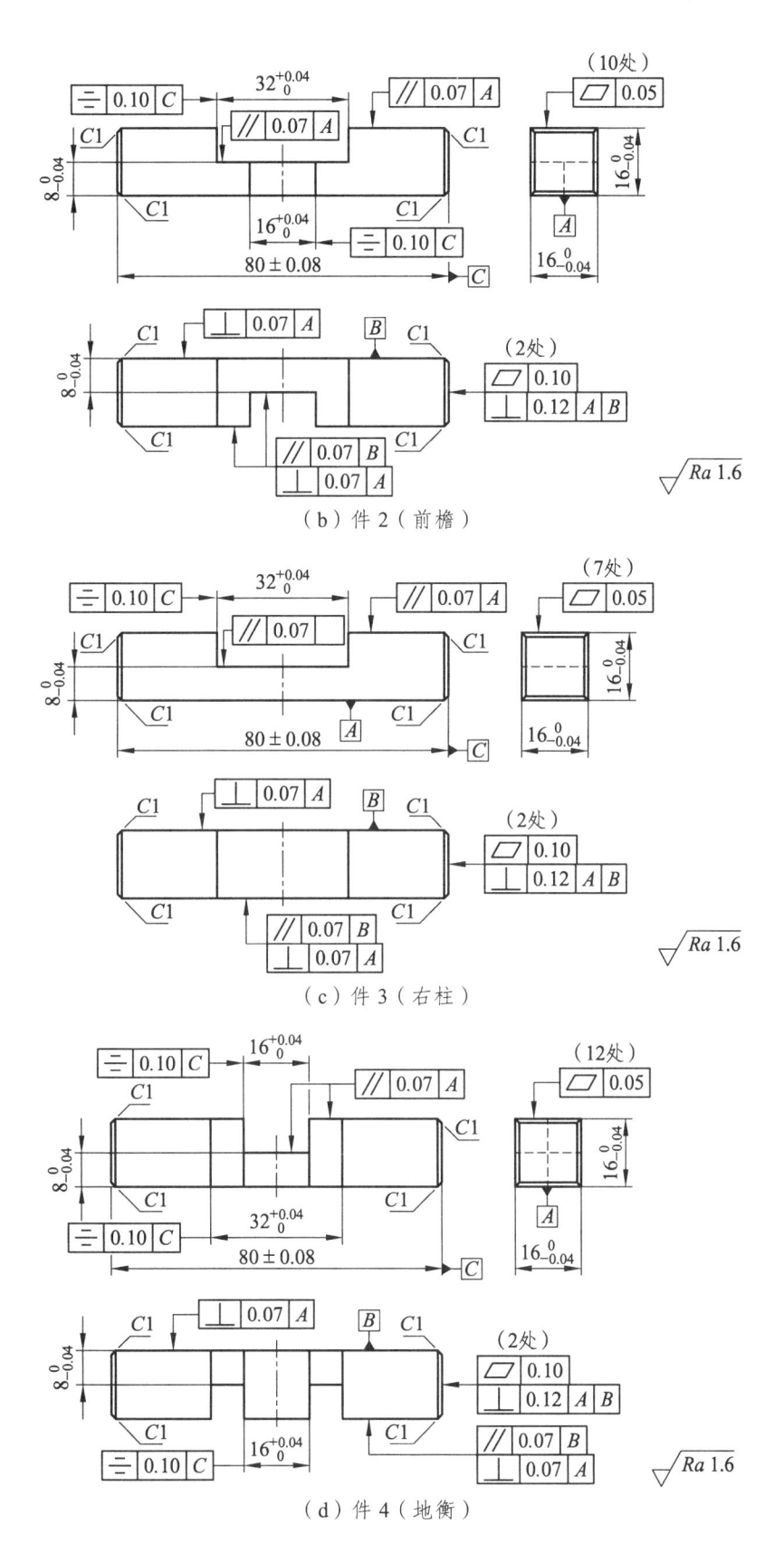

(c)件3（右柱）

(d)件4（地衡）

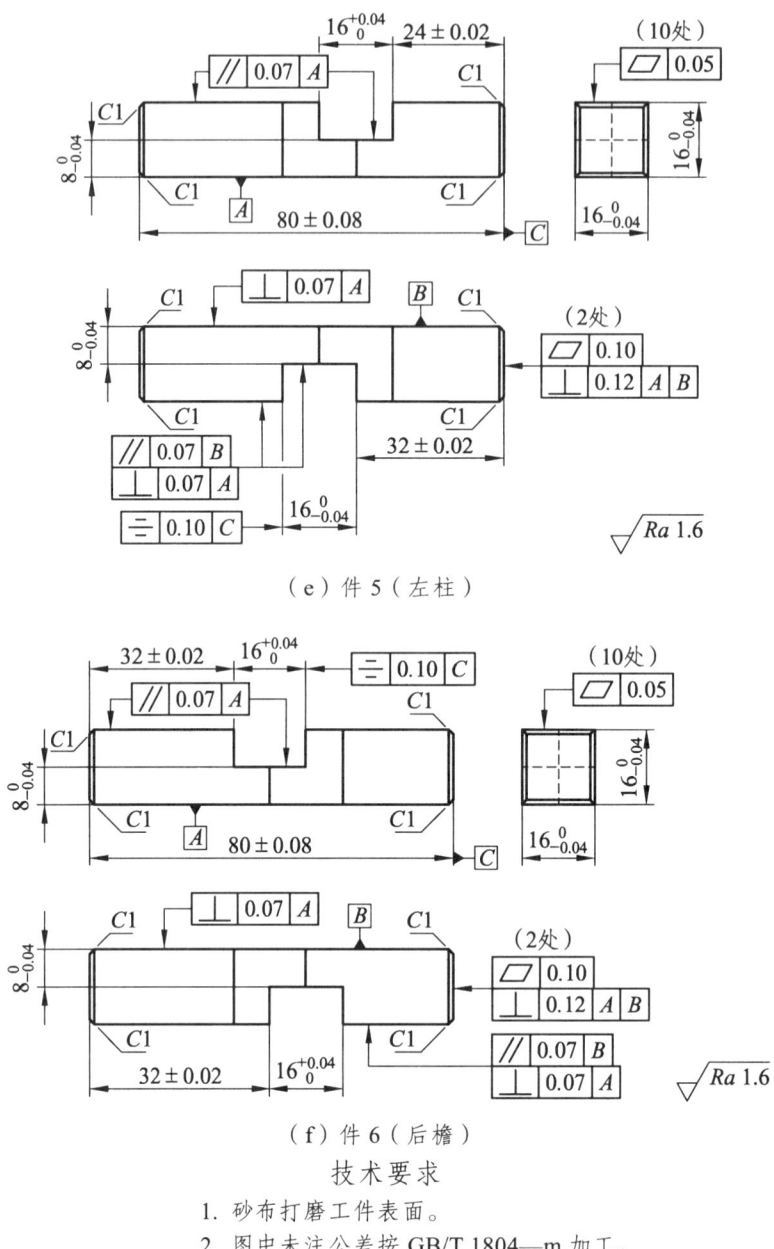

(e)件5(左柱)

(f)件6(后檐)

技术要求
1. 砂布打磨工件表面。
2. 图中未注公差按 GB/T 1804—m 加工。

图 3-39 六柱鲁班锁制作

第四章 锉配加工技术

综合运用钳工技术和测量技术，以锉削加工为主、机加工为辅，使两个或两个以上的互配件达到规定的尺寸精度、形状精度、表面粗糙度和配合精度等要求的加工操作称为锉配（又称为镶配或镶嵌）。锉配加工是钳工所特有的一项综合性操作技能。锉配加工广泛应用于模具、工具、量具以及零件、配件等的制造和修理场合。

第一节　锉配概述

一、锉配的基本型式

1. 基本形面类型

锉配加工根据互配件的基本几何形面特点分为垂直形面锉配、角度形面锉配、圆弧形面锉配和综合形面锉配等四大基本形面类型。

（1）垂直形面锉配。垂直形面锉配是指互配件的主要形面特征为垂直平面，如图 4-1 所示。

（2）角度形面锉配。角度形面锉配是指互配件的主要形面特征为角度平面，如图 4-2 所示。

（3）圆弧形面锉配。圆弧形面锉配是指互配件的主要形面特征为圆弧平面，如 4-3 所示。

（4）综合形面锉配。综合形面锉配是指互配件的形面特征为各基本形面的组合，如图 4-4 所示。

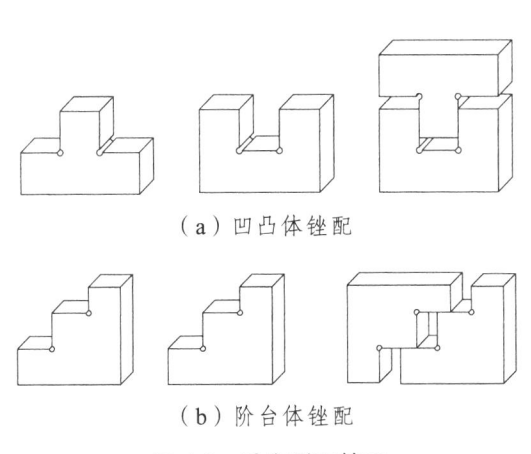

（a）凹凸体锉配

（b）阶台体锉配

图 4-1　垂直形面锉配

(a）V形体锉配

(b）燕尾体锉配

图 4-2　角度形面锉配

(a）凸凹圆弧体锉配

(b）键形体锉配

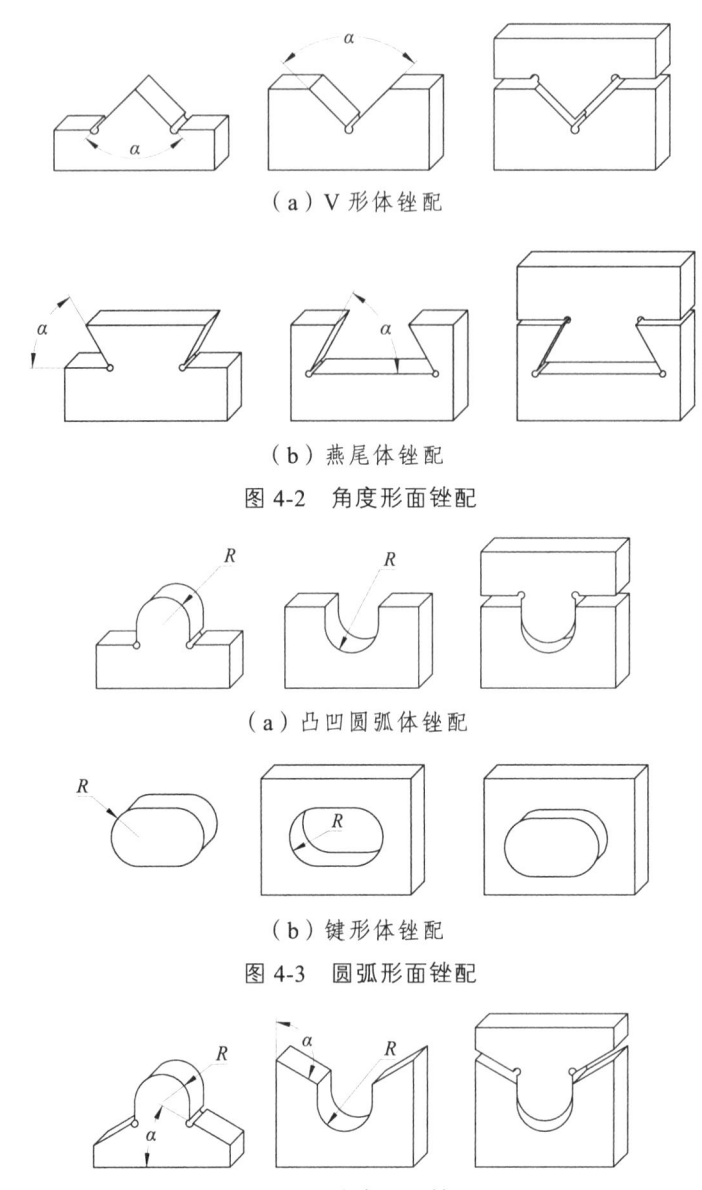

图 4-3　圆弧形面锉配

图 4-4　综合形面锉配

2. 基本配合形式

锉配加工根据互配件相互配入的形式特点分为开口锉配、半封闭锉配、封闭锉配、多件锉配、盲配、对称形体锉配、非对称形体锉配等七种基本配合形式。

（1）开口锉配。将互配件在开放面内作面对面配入的一种锉配形式称为开口锉配。如图4-5 所示的单燕尾体锉配、凸凹体锉配等。

（2）半封闭锉配。将锉配件在半封闭面内作轴向配入的一种锉配形式称为半封闭锉配。其特点是腔大口小。如图 4-6 所示的单燕尾体锉配、T 形体锉配等。

（3）封闭锉配。将锉配件在封闭面内作轴向配入的一种锉配形式称为封闭锉配。如图4-7所示的四方体锉配、键形体锉配等。

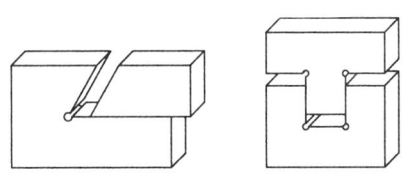

（a）单燕尾体锉配　（b）凸凹体锉配

图 4-5　开口锉配

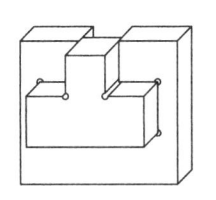

（a）燕尾体锉配　（b）T形体锉配

图 4-6　半封闭锉配

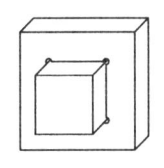

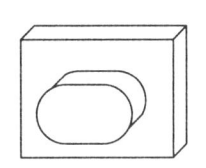

（a）四方体锉配　（b）键形体锉配

图 4-7　封闭锉

（4）多件锉配。将多个锉配件（3件及以上）互相组合在一起的锉配形式称为多件锉配。图 4-8（a）所示为开口三角体锉配，图 4-8（b）所示为封闭三角体锉配。

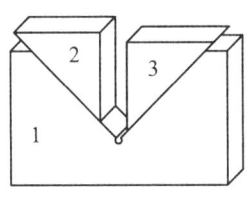

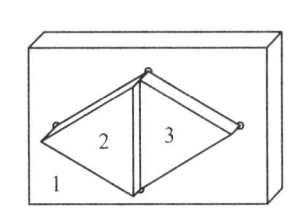

（a）开口三角体锉配　　（b）封闭三角体锉配

图 4-8　多件锉配

（5）盲配。在一个工件的两端分别加工出开口对配的凸件和凹件，然后在工件的中间锯出一定长度的锯缝，只在检测时才将其锯断分离，这种不能试配加工的锉配形式称为盲配（盲配主要用于锉配练习和竞赛）。图 4-9（a）所示为凸凹体盲配，图 4-9（b）所示为工形体盲配。

（6）对称形体锉配。锉配件的几何形体为对称配置，可作换向转位配入。

（7）非对称形体锉配。锉配件的几何形体为非对称配置，不能作换向转位配入，如图 4-5（a）所示的单燕尾体锉配。

（a）凸凹体盲配　　　　（b）工形体盲配

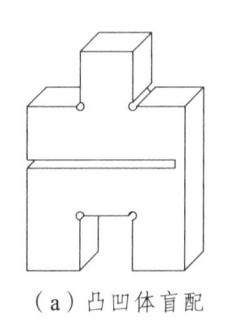

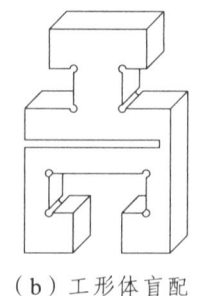

图 4-9　盲配

3. 锉配精度分类

锉配加工根据互配件加工精度的高低可大致分为低精度锉配、中精度锉配、较高精度锉配和高精度锉配四类。

（1）低精度锉配。一般要求锉削的平面度公差≤0.08 mm、主要尺寸精度为 IT9，平面配合间隙≤0.10 mm、曲面配合间隙≤0.12 mm，主要角度公差≤10′，主要表面粗糙度为 Ra 3.2 μm。钻孔的位置度公差为 ϕ0.30 mm。铰孔的尺寸精度为 H8、表面粗糙度为 Ra 1.6 μm。

（2）中精度锉配。一般要求锉削的平面度公差≤0.05 mm、主要尺寸精度为 IT8，平面配合间隙≤0.08 mm、曲面配合间隙≤0.10 mm，主要角度公差≤8′，主要表面粗糙度为 Ra 3.2 μm。钻孔的位置度公差为≤ϕ0.20 mm。铰孔的尺寸精度为 H7、表面粗糙度为 Ra 1.6 μm。

（3）较高精度锉配。一般要求锉削加工的平面度公差≤0.03 mm、主要尺寸精度为 IT7，平面配合间隙≤0.05 mm、曲面配合间隙≤0.06 mm，主要角度公差≤6′，主要表面粗糙度为 Ra 3.2~1.6 μm。钻孔的位置度公差为 ϕ0.16 mm。铰孔的尺寸精度为 H7、表面粗糙度为 Ra 1.6 μm。

（4）高精度锉配。一般要求锉削的平面度公差≤0.03 mm、主要尺寸精度为 IT7，平面配合间隙≤0.04 mm、曲面配合间隙≤0.05 mm，主要角度公差≤4′、主要表面粗糙度为 Ra 3.2~1.6 μm。钻孔的位置度公差为 ϕ0.16 mm。铰孔的尺寸精度为 H7、表面粗糙度为 Ra 0.8 μm。

4. 锉配难度分类

锉配加工根据互配件加工的复杂程度可大致分为低难度锉配、中难度锉配、较高难度锉配和高难度锉配四类。

（1）低难度锉配。一般将由 2 个锉配件所组成的低精度的、配合面为 5 个及以下的基本型面锉配称为低难度锉配。

（2）中难度锉配。一般将由 2~3 个锉配件所组成的中精度的、配合面为 6~8 个的综合型面锉配称为中难度锉配。

（3）较高难度锉配。一般将由 3~4 个锉配件所组成的较高精度且配合面为 8~10 个的综合型面锉配称为较高难度锉配。

（4）高难度锉配。一般将由 4 个及以上锉配件所组成的高精度且配合面为 10 个及以上的综合型面锉配称为高难度锉配。

二、锉配加工的一般原则

（1）锉配时一般采用基轴制，即先加工凸件（或轴件），再以凸件（或轴件）为基准件配锉凹件（或孔件）。

（2）尽量选择面积较大且精度较高的面作为第一基准面，以第一基准面控制第二基准面，以第一基准面和第二基准面共同控制第三基准面。

（3）先加工外轮廓面，后加工内轮廓面，以外轮廓面控制内轮廓面。

（4）先加工面积较大的面，后加工面积较小的面，以大面控制小面。

（5）先加工平行面后加工垂直面。

（6）先加工基准平面，后加工角度面，再加工圆弧面。

（7）对称性零件应先加工一侧，以利于间接测量。

（8）按中间公差加工。

（9）最小误差原则——为保证获得较高的锉配精度，应选择有关的外表面作画线和测量的基准面，因此，基准面应达到最小形位误差要求。

（10）在不便使用标准量具的情况下，应制作辅助量具进行检测。

（11）在不便直接测量情况下，应采用间接测量方法。

（12）突出重点、全面兼顾。

（13）勤测慎修、精益求精。

三、试　配

在锉配时，将基准件用手的力量配入并退出配合件，在配合件的配合面上留下接触痕迹，以确定修锉部位的操作称为试配（相当于刮削中的对研显点）。为了清楚显示接触痕迹，可以在配合件的配合面上涂抹红丹合模油、刮研蓝油等显示剂，也可用记号笔或粉笔涂抹。试配操作分为同位试配和换位试配。

（1）同位试配。锉配时，将基准件的某个基准面与配合件的某一基准面固定在同一个方向位置上所进行的锉配操作称为同位试配。如图4-10所示，轴件的"A"基准面与孔件的"A"基准面固定在同一个方位上进行试配。

（2）换位试配。相对于同位试配而言，锉配时，将基准件的某个基准面进行一个径向或轴向的试配位置转换所进行的锉配操作称为换位试配。如图4-11所示，轴件的"A"基准面相对孔件的"A"基准面径向换位90°（或接续换位180°、270°等）所进行的试配。

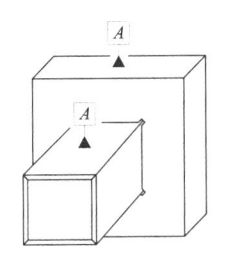

图4-10　同位试配　　　图4-11　换位试配

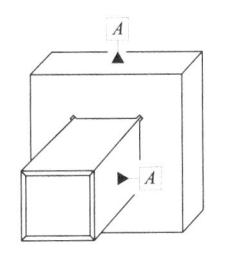

第二节　工艺尺寸的测量与计算

一、工艺尺寸

1. 工艺尺寸概念

在机械加工工艺规程和加工实践中，所需要的尺寸分为两大类，一类是直接取自工件图样上的标注尺寸，另一类是工件图样上没有标注，但又是工艺规程和加工中所需要的尺寸，这种因工艺需要，而工件图样上又没有标注的尺寸称为工艺尺寸，它包括工序尺寸、定位尺寸和基准尺寸。

2. 计算工艺尺寸的原因

（1）为达到工件图样所规定的尺寸精度、表面粗糙度、形状和位置公差以及热处理、表面处理的要求，必须对工件进行一系列的机械加工或进行其他处理，因而要引入加工余量、变形量和镀层厚度等尺寸因素，从而形成一系列的中间工序尺寸。

（2）当工件的设计基准不便于作为机械加工的定位基准或测量基准时，常需要一些便于定位或测量的工艺尺寸代替工件图样上的标注尺寸。

二、对称形体工件间接工艺尺寸的测量与计算

1. 对称度概念

（1）对称度误差。对称度误差是指被测表面的对称平面与基准表面的对称平面间的最大偏移距离 Δ。Δ 值为对称度公差值 t 的一半，如图 4-12 所示。

（2）对称度公差带。公差带是距离为公差值 t 且相对于基准中心平面对称配置的两平行平面之间的区域，如图 4-13 所示。一般对称度公差的被测要素和基准要素均为零件结构中的中心平面。

2. 对称度标注意义

如图 4-14 所示为一凸形工件，被测要素为凸台的左、右侧面的中心平面，基准要素为底部左、右侧面的中心平面。图中标注的意义是：被测中心平面必须位于距离为公差值 0.10 mm 且相对于基准中心平面 A 对称配置的两平行平面之间。

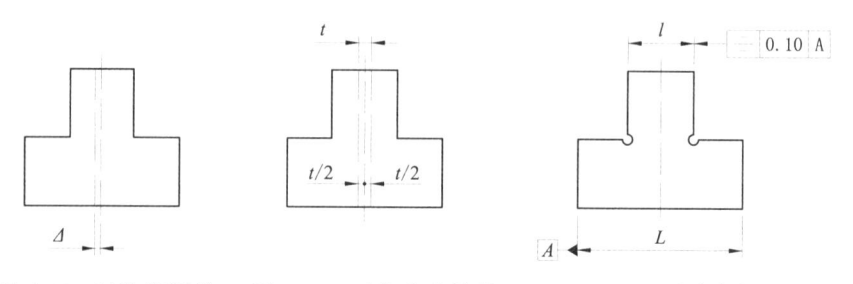

图 4-12　对称度误差　　图 4-13　对称度公差带　　图 4-14　对称度标注示例

3. 对称度误差对转位互换精度的影响

如图 4-15（a）所示，当凸件和凹件的对称度误差均为 0.05 mm，并在同向位置配合且达到间隙要求后，可以得到平齐的两个侧面；如图 4-15（b）所示，当换位 180°配合时，就会产生侧面错位量 0.1 mm。

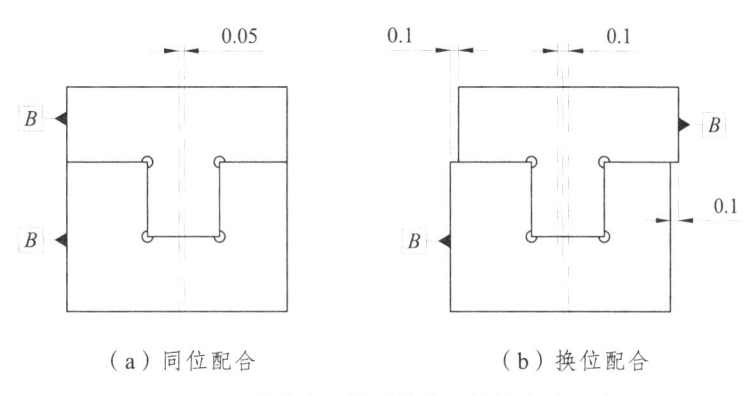

（a）同位配合　　（b）换位配合

图 4-15　对称度误差对转位互换精度的影响

4. 对称形体工件的画线与测量

（1）对称形体工件的画线。对于平面对称工件的画线，应在形成对称中心平面的两个基准平面精加工完成后进行，画线基准与该两个基准平面重合，画线尺寸则按两个对称基准平面间的实际尺寸及对称要素的要求计算得出。

（2）对称度工艺尺寸的测量。对称形体工件的测量要素如图 4-16 所示，在加工右侧垂直面 1 时，可采用工艺尺寸 X 来间接测量和控制其与基准中心平面的对称度要求，此时工艺尺寸 X 的公差值为对称公差值的二分之一（t/2），在加工左侧垂直面 2 时，直接采用凸台宽度尺寸 l 的尺寸公差（t）即可，这样就可以保证对称度公差值。对称度工艺尺寸 X 的计算公式如下：

$$X = \frac{L_a}{2} + \frac{l}{2} \pm \left(\frac{t}{2}\right)$$

$$X_{max} = \frac{L_a}{2} + \frac{l}{2} + \left(\frac{t}{2}\right) \tag{4-1}$$

$$X_{min} = \frac{L_a}{2} + \frac{l}{2} - \left(\frac{t}{2}\right) \tag{4-2}$$

式（4-1）和（4-2）中，X（工艺尺寸）——被测平面至左侧基准平面之间的距离，mm；

L_a——对称基准平面之间的实际距离，mm；

l——凸台两侧垂直面之间的距离，mm；

t——对称度公差数值，mm。

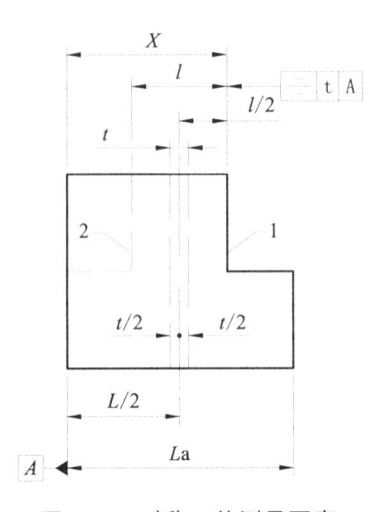

图 4-16 对称工件测量要素

【例 4-1】 图 4-17 所示为工件简图，图 4-18 所示为对称工件工艺尺寸计算分析。从工件简图中已知 $L_a = 59.98$ mm，$l = 20_{-0.05}^{0}$ mm，$t = 0.10$ mm，求工艺尺寸 X。

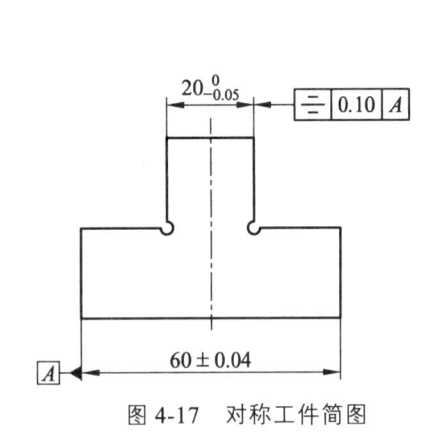

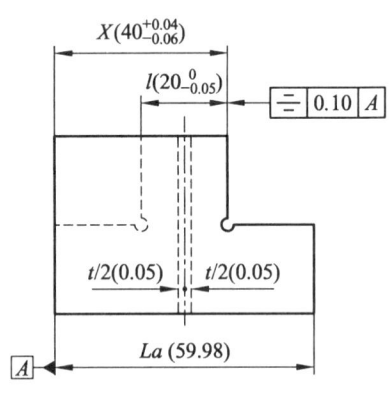

图 4-17 对称工件简图　　图 4-18 对称工件工艺尺寸计算分析

解：根据

$$X_{max} = \frac{L_a}{2} + \frac{l}{2} + \left(\frac{t}{2}\right)$$

得

$$X_{max} = \frac{59.98}{2} + \frac{20}{2} + \left(\frac{0.10}{2}\right) = 40.04 \text{ mm}$$

根据

$$X_{min} = \frac{L_a}{2} + \frac{l}{2} - \left(\frac{t}{2}\right)$$

得

$$X_{min} = \frac{59.98}{2} + \frac{20}{2} - \left(\frac{0.10}{2}\right) = 39.94 \text{ mm}$$

即

$$X = 40_{-0.06}^{+0.04} \text{ mm}$$

三、燕尾槽相关尺寸要素的测量与计算

对燕尾槽相关尺寸的测量与计算主要涉及两个尺寸要素：一个是燕尾槽角度 α，一个是工艺尺寸 X。对这两个尺寸要素的测量通常采用量棒间接测量法。

1. 燕尾槽角度的测量与计算

燕尾槽角度的测量要素如图 4-19 所示，测量时须配置一对等高垫块，垫块高度 h 要按照燕尾槽槽深 C 和量棒直径 d 估算后确定。

1）凸、凹燕尾槽角度的测量与计算

凸、凹燕尾槽角度的尺寸要素如图 4-19 所示，计算公式如下：

$$\tan\alpha = \frac{2h}{X_2 - X_1}, \quad \alpha = \arctan\left(\frac{2h}{X_2 - X_1}\right) \tag{4-3}$$

2）单燕尾槽角度的测量与计算

单燕尾槽角度的尺寸要素如图 4-19 所示，计算公式如下：

$$\tan\alpha = \frac{h}{X_2 - X_1}, \quad \alpha = \arctan\left(\frac{h}{X_2 - X_1}\right) \tag{4-4}$$

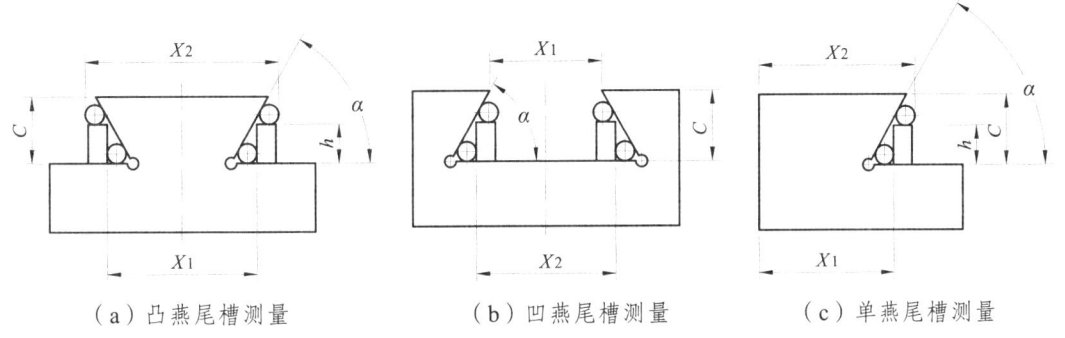

（a）凸燕尾槽测量　　（b）凹燕尾槽测量　　（c）单燕尾槽测量

图 4-19　燕尾槽角度的间接测量

2. 燕尾槽尺寸要素的测量与计算

通过游标卡尺、外径千分尺与量棒的配合对燕尾槽尺寸要素进行测量与计算。

1）单燕尾槽尺寸要素的计算

单燕尾槽尺寸要素如图 4-20 所示，计算公式如下：

$$X = B + \frac{d}{2}\cot\frac{\alpha}{2} + \frac{d}{2} \tag{4-5}$$

$$A = B + C\cot\alpha \tag{4-6}$$

$$B = A - \frac{C}{\tan\alpha} \tag{4-7}$$

式（4-5）~（4-7）中，X（工艺尺寸）——量棒外侧至左侧基准面的距离，mm；

　　　　　　　　　A（槽顶宽）——槽口斜面与槽口上平面的交点至左侧面的距离，mm；

　　　　　　　　　B（槽底宽）——槽口斜面与槽口底平面的交点至左侧面的距离，mm；

　　　　　　　　　d——量棒的直径，mm；

　　　　　　　　　α（燕尾槽角度）——槽口斜面与槽口底平面之间的夹角，（°）；

　　　　　　　　　C（槽深）——槽口上平面与槽口底平面之间的垂直距离，mm。

【例 4-2】 如图 4-21 所示为单燕尾工件简图,已知 $B = 30$ mm,$C = 18$ mm,$d = 10$ mm,$\alpha = 60°$。试求尺寸 A 和工艺尺寸 X。

解:根据 $A = B + C\cot\alpha$

得 $A = 30 + 18 \times 0.5773 = 40.39$ mm

又根据 $X = B + \dfrac{d}{2} + \dfrac{d}{2}$

得 $X = 30 + 5 \times 1.7321 + 5 = 43.66$ mm

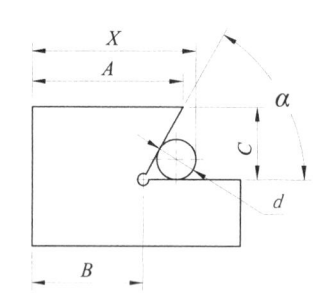

图 4-20 单燕尾槽尺寸的计算 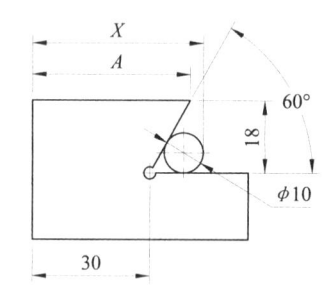　　图 4-21 单燕尾工件尺寸计算

2)凸燕尾槽尺寸要素的计算

凸燕尾槽尺寸要素如图 4-22 所示,计算公式如下:

$$X = B + 2\left(\dfrac{d}{2}\cot\dfrac{\alpha}{2} + \dfrac{d}{2}\right) \tag{4-8}$$

$$A = B + 2C\cot\alpha \tag{4-9}$$

$$B = X - d\left(1 + \cot\dfrac{\alpha}{2}\right) \tag{4-10}$$

式(4-8)~(4-10)中,X——两量棒外侧之间的距离,mm;

　　　　　　　　　　　A——两槽口斜面与槽口上平面交点之间的距离,mm;

　　　　　　　　　　　B——两槽口斜面与槽口底平面交点之间的距离,mm;

　　　　　　　　　　　d——量棒的直径,mm;

　　　　　　　　　　　α——槽口斜面与槽口底平面之间的夹角,(°);

　　　　　　　　　　　C——槽口上平面与槽口底平面之间的垂直距离,mm。

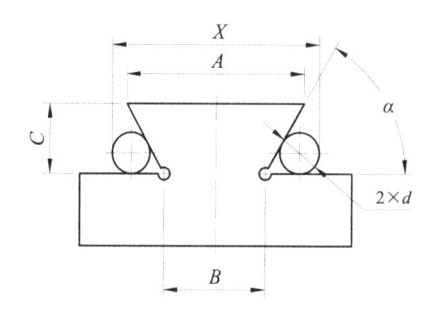

图 4-22 凸燕尾槽尺寸的计算 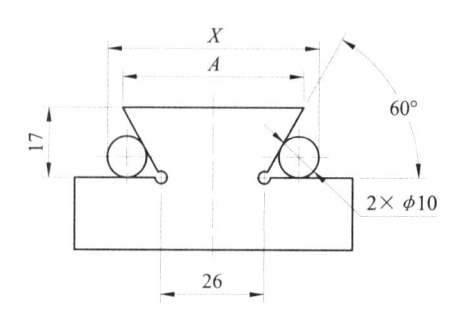　　图 4-23 凸燕尾槽工件尺寸计算

【例 4-3】 如图 4-23 所示为凸燕尾槽工件简图,已知 $B = 26$ mm,$C = 17$ mm,$d = 10$ mm,$\alpha = 60°$。试求尺寸 A 和工艺尺寸 X。

解:根据 $\quad A = B + 2C\cot\alpha$

得 $\quad A = 26 + 2 \times 17 \times 0.5773 = 45.63$ mm

又根据 $\quad X = B + 2\left(\dfrac{d}{2}\cot\dfrac{\alpha}{2} + \dfrac{d}{2}\right)$

得 $\quad X = 26 + 2(5 \times 1.7321 + 5) = 53.32$ mm

3)凹燕尾槽尺寸要素的计算

凹燕尾槽尺寸要素如图 4-24 所示,计算公式如下:

$$X = B - 2\left(\dfrac{d}{2}\cot\dfrac{\alpha}{2} + \dfrac{d}{2}\right) \qquad (4-11)$$

$$A = B - 2C\cot\alpha \qquad (4-12)$$

$$B = X + d\left(1 + \cot\dfrac{\alpha}{2}\right) \qquad (4-13)$$

式(4-11)~(4-13)中,X——两量棒内侧之间的距离,mm;

　　　　　　　　　A——两槽口斜面与槽口上平面交点之间的距离,mm;

　　　　　　　　　B——两槽口斜面与槽口底平面交点之间的距离,mm;

　　　　　　　　　d——量棒的直径,mm;

　　　　　　　　　α——槽口斜面与槽口底平面之间的夹角,(°);

　　　　　　　　　C——槽口上平面与槽口底平面之间的垂直距离 mm。

【例 4-4】 图 4-25 所示为凹燕尾槽工件简图,已知 $B = 50$ mm,$C = 18$ mm,$d = 10$ mm,$\alpha = 60°$。试求尺寸 A 和工艺尺寸 X。

解:根据 $\quad A = B - 2\cot\alpha$

得 $\quad A = 50 - 2 \times 18 \times 0.5773 = 29.22$ mm

又根据 $\quad X = B - 2\left(\dfrac{d}{2}\cot\dfrac{\alpha}{2} + \dfrac{d}{2}\right)$

得 $\quad X = 50 - 2\left(\dfrac{10}{2} \times 0.5773 + \dfrac{10}{2}\right) = 22.68$ mm

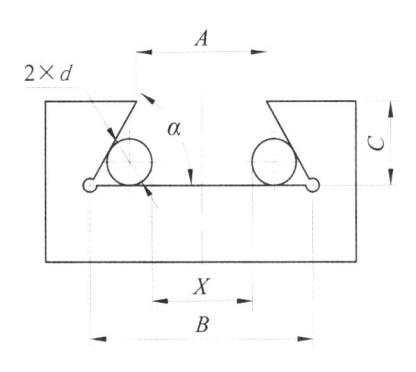

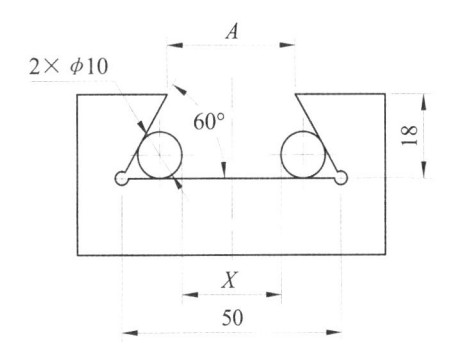

图 4-24 凹燕尾槽尺寸计算　　图 4-25 凹燕尾槽工件尺寸计算

四、V 形槽相关参数的间接测量

V 形槽的测量也主要涉及两个参数：一个是 V 形槽角度 α，一个是 V 形槽交点高度 H，对这两个参数的测量通常采用量棒间接测量法。

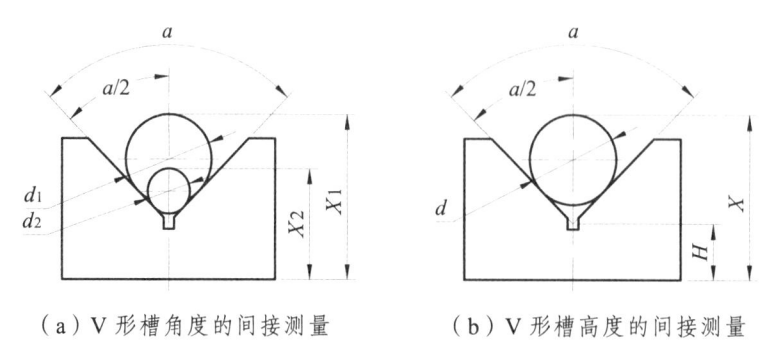

（a）V 形槽角度的间接测量　　　　（b）V 形槽高度的间接测量

图 4-26　V 形槽相关参数的间接测量

1) V 形槽角度 α 的间接测量

V 形槽角度的尺寸要素如图 4-26（a）所示，计算公式如下：

$$\sin\frac{\alpha}{2} = \frac{\dfrac{d_1}{2} - \dfrac{d_2}{2}}{X_1 - \dfrac{d_1}{2}\left(X_2 + \dfrac{d_2}{2}\right)} \tag{4-14}$$

式（4-14）中，X_1——大量棒外侧至工件底面之间的距离，mm；
　　　　　　X_2——小量棒外侧至工件底面之间的距离，mm；
　　　　　　α（V 形槽角度）——槽口两斜面之间的夹角，（°）；
　　　　　　d_1、d_2——量棒的直径，mm；

2) V 形槽交点高度 H 的间接测量

V 形槽高度的尺寸要素如图 4-26（b）所示，计算公式如下：

$$H = X - \frac{d}{2} - \frac{\dfrac{d}{2}}{\sin\dfrac{\alpha}{2}} \tag{4-15}$$

$$X = H + \frac{d}{2} + \frac{\dfrac{d}{2}}{\sin\dfrac{\alpha}{2}} \tag{4-16}$$

式（4-15）和（4-16）中，X——量棒外侧至工件底面之间的距离，mm；
　　　　　　　　　　　H——槽口两斜面之交点至工件底面之间的距离，mm；
　　　　　　　　　　　α——槽口两斜面之间的夹角，（°）；
　　　　　　　　　　　d——量棒的直径，mm。

【例 4-5】 图 3-27 所示为 V 形槽工件简图，已知 $H = 20$ mm，$d = 32$ mm，$\alpha = 90°$。试求工艺尺寸 X。

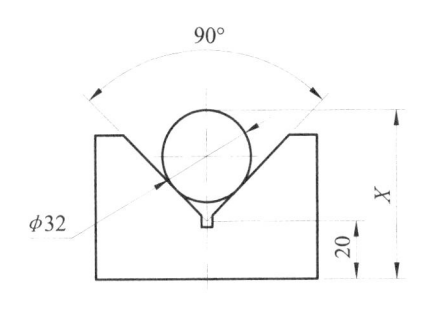

图 4-27　V 形槽尺寸计算

解： 根据
$$X = H + \frac{d}{2} + \frac{\dfrac{d}{2}}{\sin\dfrac{\alpha}{2}}$$

得　　　　$X = 20 + 16 + 22.63 = 58.63$ mm

五、正弦规测量

1. 正弦规的结构、精度、规格

正弦规是根据正弦函数原理，利用量块的组合尺寸，以间接方法测量零件角度、锥度的一种精密量具。因其测量结果是通过正弦函数关系来计算的，故称为正弦规。

如图 4-28 所示，正弦规的结构是由标准圆柱、本体、后挡板、侧挡板等组成。正弦规的精度分为 0 级和 1 级。正弦规分为窄型和宽型两种，其规格分为 100×25、100×80、200×40、200×80、300×150 等。

2. 正弦规的测量方法

正弦规与平板、量块配合使用，通过指示表在水平方向按微差比较方式对零件角度、锥度进行测量取值，并通过直角三角形的正弦函数关系来计算被测零件的角度值和锥度值。

正弦规一般用于测量小于 45° 的角度，在测量小于 30° 的角度时，其精度可达到 3″~5″。

3. 测量方法

以图 4-29 中测量圆锥塞规圆锥角为例，将正弦规放在平板上，其中一标准圆柱与平板接触，另外一标准圆柱下面垫以量块组，使正弦规的工作平面与平板形成一定的圆锥角 α，即

$$\sin\alpha = h/L \tag{4-17}$$

式中，α——正弦规放置的角度；
　　　h——量块组高度尺寸；
　　　L——正弦规两圆柱的中心距。

测量前,首先要计算量块组的高度尺寸 h,即

$$h = L \cdot \sin\alpha \tag{4-18}$$

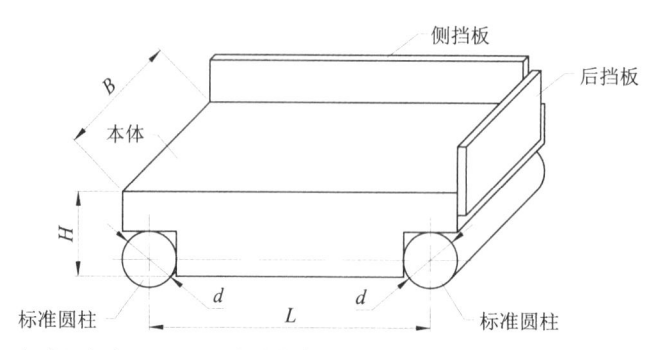

图 4-28 正弦规的结构

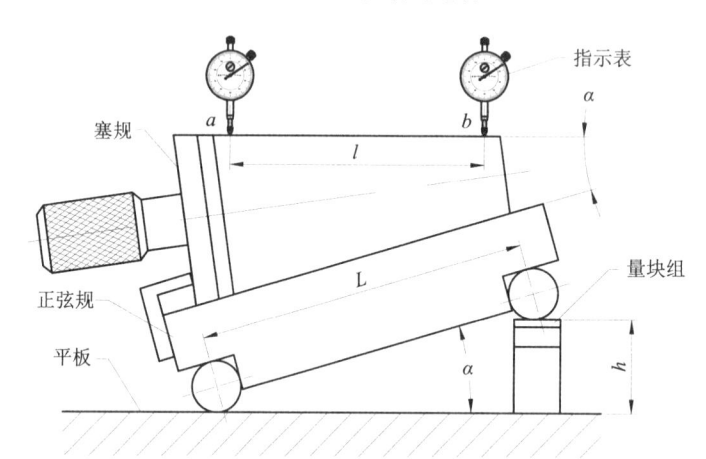

L—标准圆柱中心距;B—本体宽度;d—标准圆柱直径;H—本体厚度。

图 4-29 用正弦规测量圆锥塞规

α—圆锥角,h—量块组高度,a、b—两测量点,l—a、b 两测量点的距离。

然后将量块组放在平板上与正弦规一标准圆柱接触,此时正弦规的工作平面相对于平板倾斜 α 角。放上圆锥塞规后,用千分表分别测量被测圆锥上 a、b 两点。如果被测的圆锥角等于基本圆锥角(由设计给定),则表示在 a、b 两点的指示值相同,即锥角上母线平行于平板工作面;如果被测角度有误差,则表示 a、b 两点示值必有一差值 n,n 与 a、b 两点距离 l 之比为锥度误差 Δc(考虑正负号),即

$$\Delta_c = n/l \tag{4-19}$$

式中,n、l 的单位均取 mm。

锥度误差乘以弧度对秒的换算系数后,即可求得锥角误差 Δ_a,即

$$\Delta_a = 2\Delta_c \times 10^5 \tag{4-20}$$

式中,Δ_a 的单位为秒(″)。

附:度与弧度的换算关系:$1° = 0.017\ 453$ rad,$1′ = 0.000\ 291$ rad,$1″ = 0.000\ 005$ rad。

用上述方法也可以测量其他工件的角度面。

【例 4-6】 使用中心距为 100 mm 的正弦规测量 No2 莫氏锥度塞规，其基本圆锥角为 2°51′41″，试求标准圆柱下应垫量块组的尺寸是多少？若测量时千分表两测量点 a、b 相距为 $l = 60$ mm，两测量点的读数差 $n = 0.013$ mm，且 a 点比 b 点高（即 a 点的读数值比 b 点大）。试确定该锥度塞规的锥度误差是多少？并确定实际锥角的大小？

解：根据公式 $\sin\alpha = h/L$

$$h = L \times \sin\alpha$$

得　　　　　$h = 100 \times 0.049\ 95 = 4.995$ mm

根据公式　　$\Delta_c = n/l$

得　　　　　$\Delta_c = 0.013/60 = 0.000\ 216\ 6$ mm

根据公式　　$\Delta_a = 2\Delta_c \times 10^5$

得　　　　　$\Delta_a = 2 \times 0.000\ 216\ 6 \times 10^5 = 43.2″$

由于 a 点比 b 点高，因而实际圆锥角比基本圆锥角大，所以

根据公式　　$\alpha_{实} = \alpha + \Delta_a$

得　　　　　$\alpha_{实} = 2°51′41″ + 43.2″ = 2°52′24.2″$

答：该正弦规标准圆柱下应垫量块组的尺寸为 4.995 mm，该锥度塞规的锥度误差为 0.000 216 6 mm，由于锥角误差为 43.2″，所以实际圆锥角为 2°52′24.2″。

【例 4-7】 使用中心距为 100 mm 的正弦规测量 No5 莫氏锥度塞规，其基本圆锥角为 3°0′53″，试求量块组的尺寸是多少？若测量时千分表两测量点 a、b 相距为 $l = 80$ mm，两测量点的读数差 $n = 0.009$ mm，且 a 点比 b 点低（即 a 点的读数值比 b 点小），试求该锥度塞规的锥度误差是多少？并确定实际锥角的大小？

解：根据公式 $\sin\alpha = h/L$

$$h = L \times \sin\alpha$$

得　　　　　$h = 100 \times 0.052\ 62 = 5.262$ mm

根据公式　　$\Delta_c = n/l$

得　　　　　$\Delta_c = 0.009/80 = 0.000\ 112\ 5$ mm

根据公式　　$\Delta_a = 2\Delta_c \times 10^5$

得　　　　　$\Delta_a = 2 \times 0.000\ 112\ 5 \times 10^5 = 22.5″$

由于 a 点比 b 点底，因而实际圆锥角比基本圆锥角小，所以

根据公式　　$\alpha_{实} = \alpha - \Delta_a$

得　　　　　$\alpha_{实} = 3°0′53″ - 22.5″ = 3°0′30.5″$

答：该正弦规标准圆柱下应垫量块组的尺寸为 5.262 mm，该锥度塞规的锥度误差为 0.000 112 5 mm，由于锥角误差为 22.5″，所以实际圆锥角为 3°0′30.5″。

【例 4-8】 如图 4-30 所示，使用中心距为 100 mm 的正弦规测量角度为 30°的燕尾槽角度面，试求量块组的尺寸是多少？

解：根据公式 $\sin\alpha = h/L$

$$h = L \cdot \sin 30°$$

得 $h = 100 \times 1/2 = 50$ mm

答：量块组的尺寸是 50 mm，故选择尺寸为 50 mm 的一个量块垫在该正弦规标准圆柱下即可。

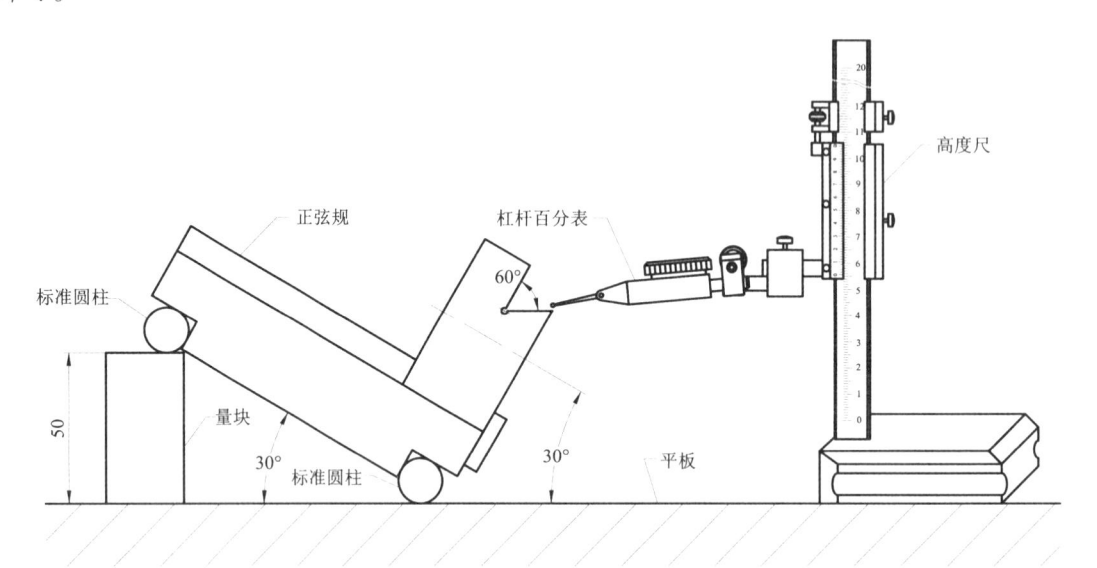

图 4-30 用正弦规测量燕尾槽角度面

第三节 典型形面锉配工艺

典型形面锉配工艺主要分为垂直型面锉配工艺、角度形面锉配工艺、圆弧形面锉配工艺和综合形面锉配工艺四类。

垂直型面锉配工艺分别介绍四方体锉配工艺和凸凹体锉配工艺；角度形面锉配工艺分别介绍内外角度样板锉配工艺和燕尾体锉配工艺；圆弧形面锉配工艺分别介绍凸凹圆弧体锉配工艺和键形体锉配工艺；综合形面锉配工艺介绍凸凹圆头燕尾体锉配工艺。

一、四方体锉配工艺

1. 练习图样

锉配图样与技术要求如图 4-31 所示。

2. 材料准备与课时要求

工件名称	材料	毛坯尺寸/mm	件数	学时
轴件	45 钢	25×25×50（方钢）	1	18
孔件	45 钢	52×52×20（钢板）	1	

3. 工、量、辅具准备

（1）工具：14″粗齿平锉 1 把、12″中齿平锉 1 把、10″细齿平锉 1 把、8″双细齿平锉 1 把、整形锉 1 套、划针、样冲、手锤、手用锯弓 1 把、ϕ18 mm 标准麻花钻 1 支等。

（2）量具：钢直尺、0~25 mm 外径千分尺、游标卡尺、高度游标卡尺、直角尺、刀形样板平尺、塞尺等。

（3）辅具：毛刷、紫色水、红丹油、铜丝刷、铜钳口、记号笔、粉笔等。

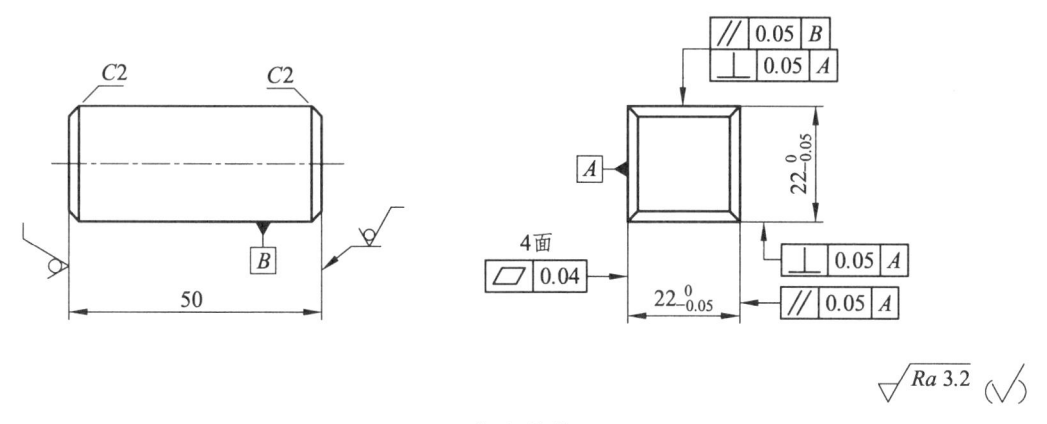

（a）轴件

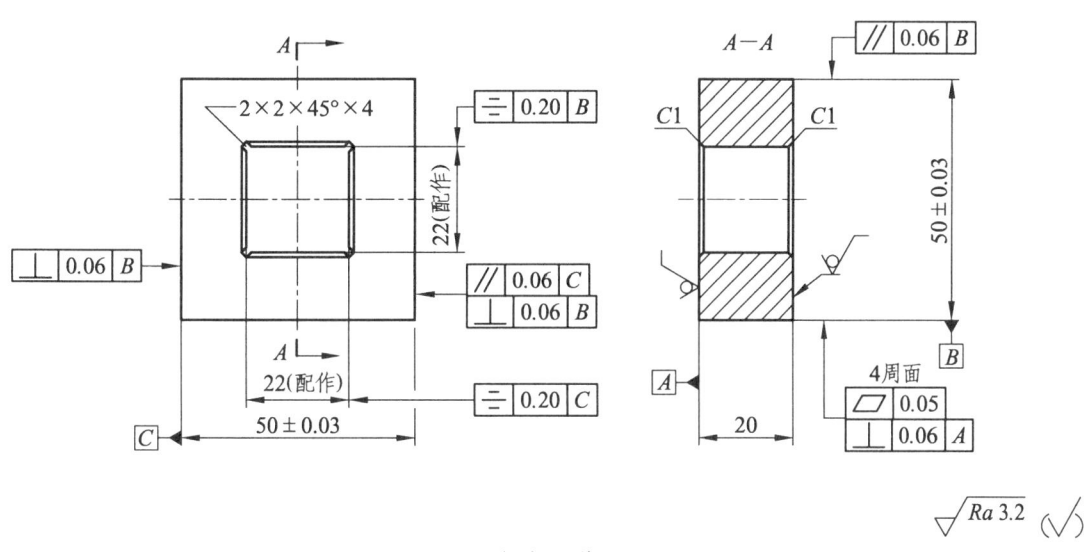

（b）孔件

技术要求

1. 以轴件为基准件，孔件为配作件。
2. 配合（含 1 次换位配合）间隙 ≤ 0.20 mm。
3. 试配时不允许敲击。
4. 用手锯对四方孔清槽（锯出 2×2×45°工艺槽）。
5. 未注尺寸公差按 GB/T1804—2000 标准 IT14 规定要求加工。

图 4-31　四方体锉配

4. 成绩评定

成绩评定见表4-1，供参考。

表4-1 四方体锉配成绩评定表

序号	项目及技术要求	配分	评定标准	实测记录	得分
	轴件				
1	尺寸：($22_{-0.05}^{0}$) mm（2处）	8	一处超差扣4分		
2	平面度≤0.04 mm（4处）	12	一处超差扣3分		
3	平行度≤0.05 mm（2处）	6	一处超差扣3分		
4	垂直度≤0.05 mm（2处）	4	一处超差扣2分		
5	表面粗糙度 Ra≤3.2 μm（4处）	8	一处降级扣2分		
	孔件				
6	尺寸：50±0.03 mm（2处）	6	一处超差扣3分		
7	平面度≤0.05 mm（4处）	12	一处超差扣3分		
8	平行度≤0.06 mm（2处）	4	一处超差扣2分		
9	垂直度≤0.06 mm（2处）	4	一处超差扣2分		
10	对称度≤0.20 mm（2处）	4	一处超差扣2分		
11	表面粗糙度 Ra≤3.2 μm（4处）	8	一处降级扣2分		
12	清槽（4处）	4	一处超差扣1分		
	配合				
13	配合（含1次换位配合）间隙≤0.20 mm（8处）	16	一处超差扣2分		
14	工量辅具摆放合理	4	符合要求得分		
15	安全操作	倒扣	违反一次由总分扣5分		
姓名		工位号		日期		指导教师		总分	

5. 轴件加工

（1）粗、细、精锉 A 基准面，达到平面度要求。

（2）粗、细、精锉 A 基准面的对面，达到尺寸、平行度和平面度要求。

（3）粗、细、精锉 B 基准面，达到垂直度和平面度要求。

（4）粗、细、精锉 B 基准面的对面，达到尺寸、平行度、垂直度和平面度要求。

（5）全面检查尺寸精度和形位精度，并作必要修整。

（6）理顺锉纹，四面锉纹纵向并达到表面粗糙度要求。

（7）四棱柱倒角0.1 mm、两端倒角 $C2$ mm。

6. 孔件加工

1）外形轮廓加工

（1）粗、细、精锉 B 基准面，达到垂直度和平面度要求。

（2）粗、细、精锉 B 基准面的对面，达到尺寸、平行度和平面度要求。

（3）粗、细、精锉 C 基准面达到垂直度和平面度要求。

（4）粗、细、精锉 C 基准面的对面，达到尺寸、平行度、垂直度和平面度要求。

（5）全面检查尺寸精度和形位精度，并作必要修整。

（6）光整锉削，理顺锉纹，四面锉纹纵向并达到表面粗糙度要求。

（7）四周面倒角 C0.4 mm。

2）画线操作

如图 4-32 所示，根据图样，对孔件进行画线操作，根据高度方向实际尺寸（50±0.03 mm）的对称中心和宽度方向实际尺寸（50±0.03 mm）的对称中心，以 B、C 两面为基准画出十字中心线，再以十字中心线为基准在 A 面和其对面画出 ϕ18 mm 工艺孔和 22 mm×22 mm 四方孔的加工线，检查无误后打上冲眼。

3）工艺孔加工

钻出 ϕ18 mm 工艺孔，如图 4-33 所示。

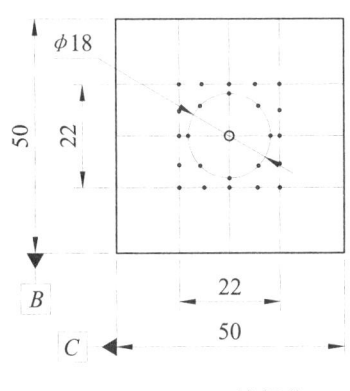

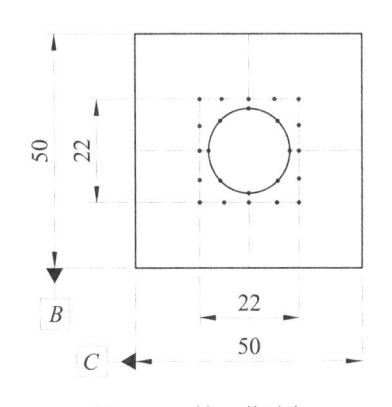

图 4-32　画线操作　　　　　图 4-33　钻工艺孔加工

4）锉削四方孔

（1）粗锉四方孔，按线粗锉四方孔各面，单边留 0.5 mm 半精加工余量，如图 4-34 所示。

（2）用手锯对四方孔清槽（2 mm×2 mm×45°），如图 4-35 所示。

（3）半精锉四方孔，如图 3-36 所示，以 C 面为基准精锉四方孔第 1 面和第 2 面、以 B 面为基准精锉四方孔第 3 面和第 4 面，单边留 0.1 mm 的试配余量，注意控制与 A 基准面的垂直度要求和与 B、C 基准面的对称度要求，孔口倒角 C1 mm。

（4）孔件锉削典型缺陷分析。锉削四方孔时，可能出现下列几种典型缺陷，即端口凹圆弧、端口凸圆弧、轴向中凸和轴向喇叭口，如图 4-37 所示。因此在粗锉、细锉四方孔时，就要尽量防止这些缺陷，在精锉四方孔时，要最大限度地减少这些缺陷，以保证锉配质量。

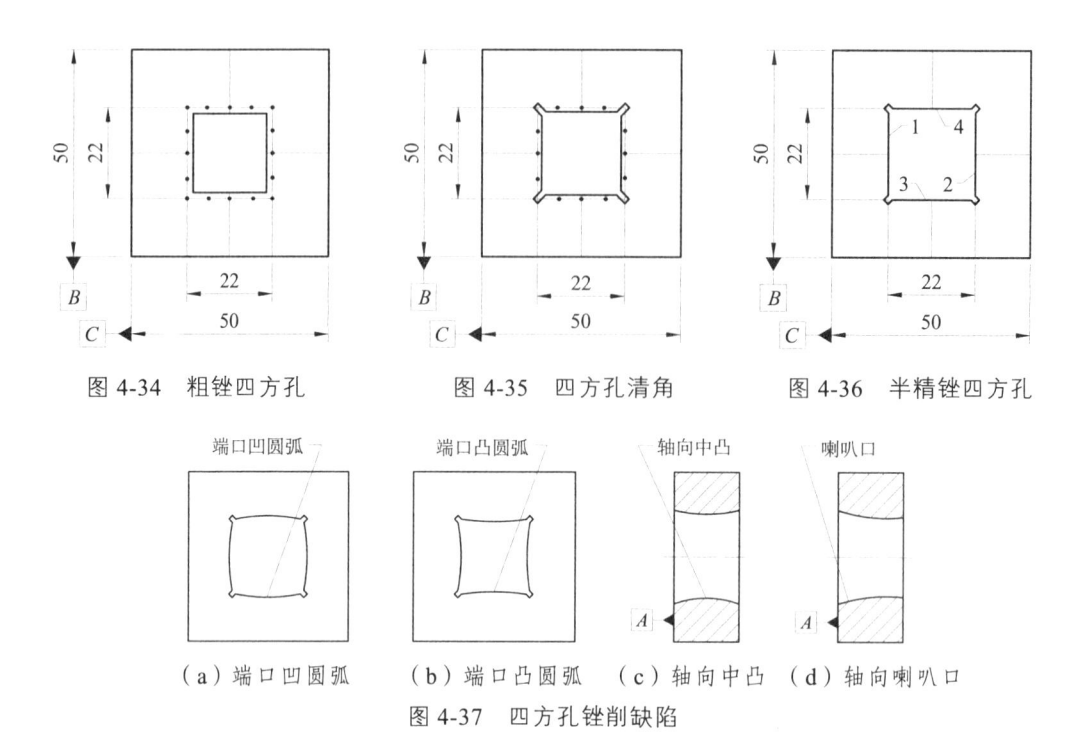

图 4-34 粗锉四方孔　　图 4-35 四方孔清角　　图 4-36 半精锉四方孔

(a) 端口凹圆弧　(b) 端口凸圆弧　(c) 轴向中凸　(d) 轴向喇叭口

图 4-37 四方孔锉削缺陷

7. 锉配加工

(1) 同位试配。开始试配时,要以轴件端部一角插入孔件喇叭口较大的一面(如孔件 A 基准面孔口)进行初步试配,如图 4-38 所示。

当轴件端部配入孔件近 1/5 深度时,可进行同位试配,如图 4-39 所示,可在四方孔的四面涂抹显示剂,这样接触痕迹就很清晰,便于观察和确定修锉部位。当轴件通过四方孔,且配合间隙≤0.20 mm 时,同位试配完成。

(2) 换位试配。同位试配完成后,将轴件径向旋转 90°进行换位试配,如图 4-40 所示,换位试配时,一般只需进行微量修锉即可。当轴件通过四方孔,且配合间隙≤0.20 mm,换位试配完成。

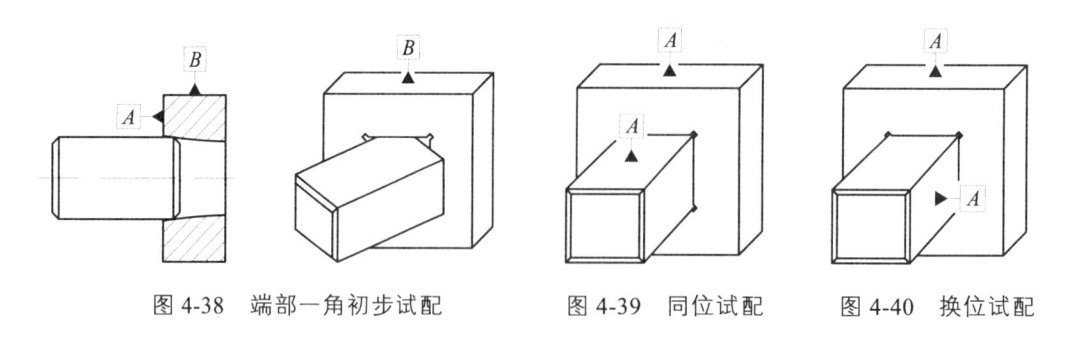

图 4-38 端部一角初步试配　　图 4-39 同位试配　　图 4-40 换位试配

8. 四方体锉配要点

(1) 为获得较高的换位配合精度。轴件的宽、高尺寸($22_{-0.05}^{0}$、$22_{-0.05}^{0}$)必须控制在配合间隙的 1/2 范围内(即 0.10/2 = 0.05)。

（2）锉削四方孔时，四方孔要留有足够的锉配余量，一般为单边 0.10 mm 左右。

（3）在试配时，一般只能用手的力量推入和退出，若退不出来，可用木棒垫着并轻敲退出，严禁用手锤和硬金属直接敲击。

（4）试配时的修锉部位，应该在透光与涂色检查后从整体情况考虑，合理确定。一般只对亮点部位进行修锉，要特别注意四角的接触情况，不要盲目修锉，防止出现局部配合面间隙过大情况。

二、凸凹体锉配工艺

1. 练习图样

练习图样与技术要求如图 4-41 所示。

2. 材料准备与课时要求

工件名称	材料	毛坯尺寸/mm	件数	学时
凸件	45 钢	62×42×16（钢板）	1	24
凹件	45 钢	62×42×16（钢板）	1	

3. 工、量、辅具准备

（1）工具：14″粗齿平锉 1 把、12″中齿平锉 1 把、10″细齿平锉 1 把、8″双细齿平锉 1 把、整形锉 1 套、划针、样冲、小手锤、手用锯弓 1 把、ϕ3 mm 钻头、ϕ6 mm 钻头等。

（2）量具：钢直尺、0~25 mm 外径千分尺、游标卡尺、高度游标卡尺、直角尺、刀形样板平尺、塞尺等。

（3）辅具：毛刷、紫色水、红丹油、铜丝刷、铜钳口、记号笔、粉笔等。

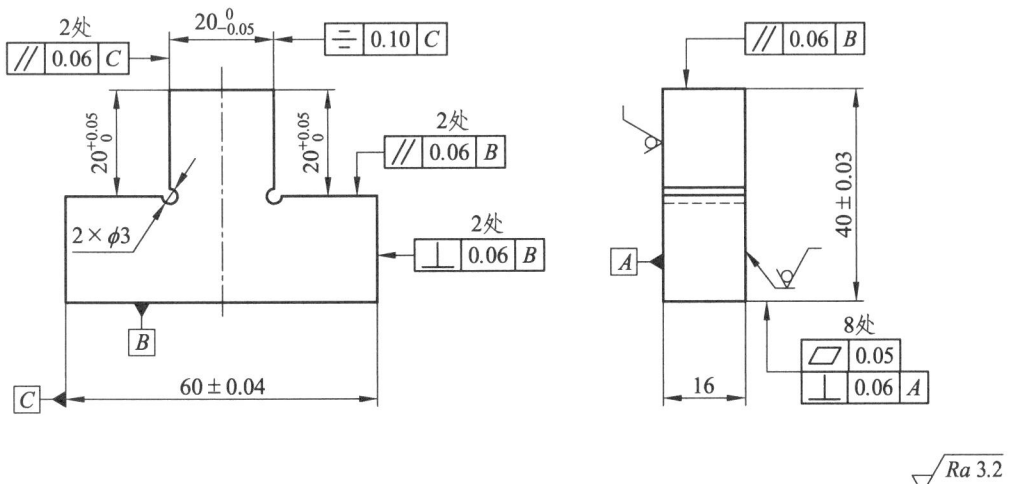

（a）凸件

(b)凹件

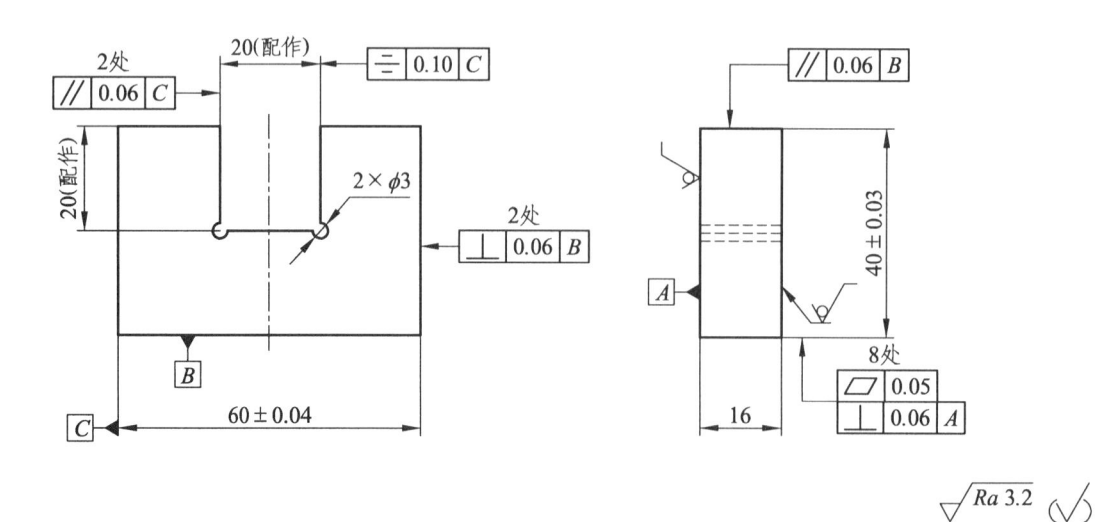

技术要求

1. 以凸件为基准件，凹件为配作件。
2. 配合（含1次换位配合）间隙≤0.20 mm。
3. 侧面错位量≤0.20 mm。
4. 大平面错位量≤0.20 mm。
5. 凸件、凹件各面倒角0.40 mm。
6. 用钻头钻出φ3工艺孔。
7. 试配时不允许敲击。

图4-41 凸凹体锉配

4. 成绩评定

成绩评定见表4-2，供参考。

表4-2 凸凹体锉配成绩评定表

序号	项目及技术要求	配分	评定标准	实测记录	得分
	凸件				
1	尺寸：($20_{-0.05}^{0}$) mm	3	符合要求得分		
2	($20_{0}^{+0.05}$) mm（2处）	4	一处超差扣2分		
3	60±0.04 mm	2	符合要求得分		
4	40±0.03 mm	2	符合要求得分		
5	平面度≤0.05 mm（8处）	16	一处超差扣2分		
6	平行度≤0.06 mm（5处）	5	一处超差扣1分		
7	垂直度≤0.06 mm（2处）	2	一处超差扣1分		
8	对称度≤0.10 mm	2	符合要求得分		

续表

序号	项目及技术要求	配分	评定标准	实测记录	得分
9	表面粗糙度 $Ra \leq 3.2$ μm（8处）	4	一处降级扣0.5分		
10	清孔（2处）	1	一处超差扣0.5分		
	孔件				
11	尺寸：60 ± 0.04 mm	2	符合要求得分		
12	尺寸：40 ± 0.03 mm	2	符合要求得分		
13	平面度 ≤ 0.05 mm（8处）	16	一处超差扣2分		
14	平行度 ≤ 0.06 mm（2处）	2	一处超差扣1分		
15	垂直度 ≤ 0.06 mm（2处）	2	一处超差扣1分		
16	对称度 ≤ 0.10 mm	2	符合要求得分		
17	表面粗糙度 $Ra \leq 3.2$ μm（8处）	4	一处降级扣0.5分		
18	清孔（2处）	1	一处超差扣0.5分		
	配合				
19	配合（含1次换位）间隙 ≤ 0.20 mm（10处）	20	一处超差扣2分		
20	大平面错位量 ≤ 0.20 mm	4	符合要求得分		
21	侧面错位量 ≤ 0.20 mm	4	符合要求得分		
22	工量辅具摆放合理	2	符合要求得分		
23	安全操作	倒扣	违反一次由总分扣5分		
姓名		工位号		日期		指导教师		总分	

5. 凸件、凹件外形轮廓加工

加工要求如图4-42所示。

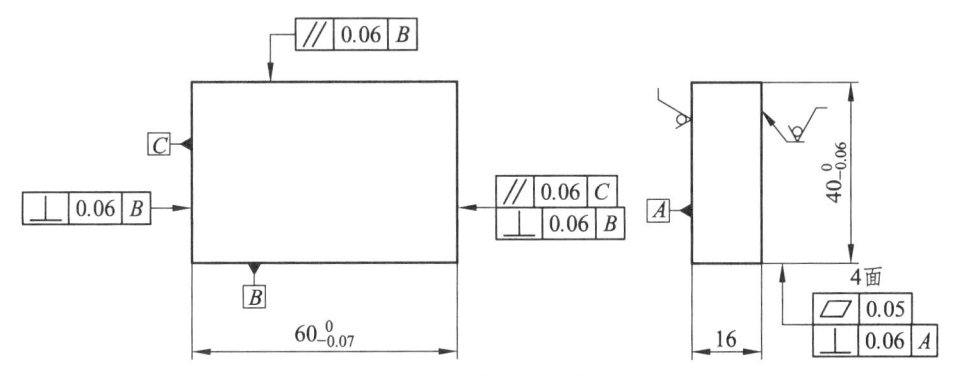

图4-42 凸凹体外形轮廓加工

（1）锉削 B 基准面，达到平面度和与 A 基准面的垂直度要求。
（2）锉削 B 基准面的对面，达到尺寸、平行度、平面度和与 A 基准面的垂直度要求。

（3）锉削 C 基准面，达到平面度和与 A、B 基准面的垂直度要求。

（4）锉削 C 基准面的对面，达到尺寸、平行度、平面度和与 A、B 基准面的垂直度要求。

（5）光整锉削，理顺锉纹，四面锉纹纵向并达到表面粗糙度要求。

（6）四周面倒角 C0.40 mm。

6. 画线操作

（1）凸件画线操作。根据图样，画出凸件凸台轮廓加工线，以 B 面的对面为辅助基准从上面下降 20 mm，画出凸台高度方向加工线；再以 C 面为基准，实际尺寸为 60 mm 长的 1/2（对称中心线）为辅助基准，画出凸台宽度方向（20 mm）的加工线以及 ϕ3 mm 工艺孔加工线，检查无误后在相关各面打上冲眼，如图 4-43 所示。

（2）凹件画线操作。根据图样，画出凹槽轮廓加工线，以 B 面的对面为辅助基准从上面下降 20 mm，画出凹槽深度加工线；再以 C 面为基准，实际尺寸为 60 mm 宽的 1/2（对称中心线）为辅助基准，画出凹槽宽度（20 mm）加工线以及 ϕ3 mm 工艺孔加工线，检查无误后在相关各面打上冲眼，如图 4-44 所示。

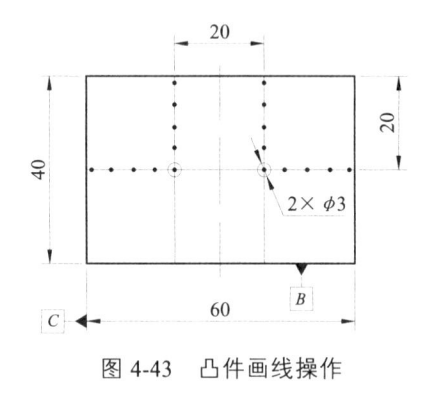

图 4-43　凸件画线操作 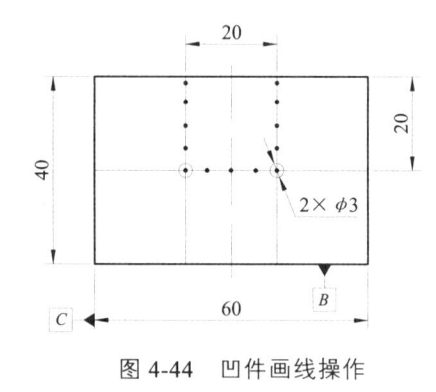　　　　图 4-44　凹件画线操作

7. 工艺孔加工

根据图样在凸件和凹件上钻出 ϕ3 mm 工艺孔，同时在凹件上钻出工艺排孔，如图 4-45 所示。

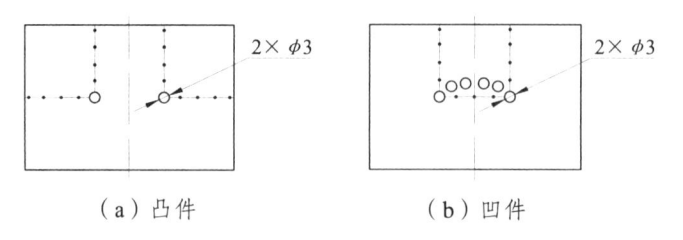

（a）凸件　　　　（b）凹件

图 4-45　工艺孔加工

8. 凸件加工

（1）按线锯除右侧一角多余部分，留 1 mm 粗锉余量，如图 4-46（a）所示。

（2）粗锉、细锉右台肩面 1 和右垂直面 2，留 0.1 mm 的精锉余量，如图 4-46（b）所示。

（3）精锉右台肩面 1，用工艺尺寸 X_1（ $20_{-0.05}^{0}$ mm）间接控制凸台高度尺寸 $20_{0}^{+0.05}$ mm，达到右台肩面 1 与 B 基准面的平行度、与 A 基准面的垂直度以及自身的平面度。工艺尺寸 X_1（ $20_{-0.05}^{0}$ mm）是由高度尺寸 40 mm 的实际尺寸减去凸台高度尺寸（ $20_{0}^{+0.05}$ mm）得到的，这样可以间接控制凸台高度尺寸 $20_{0}^{+0.05}$ mm。

（4）精锉右垂直面 2，用工艺尺寸 X_2（ $40_{-0.05}^{0}$ mm）间接控制对称度要求，达到右垂直面 2 与 C 基准面的平行度、与 A 基准面的垂直度以及自身的平面度，如图 4-46（c）所示。

（5）按线锯除左侧一角多余部分，留 1 mm 粗锉余量，如图 4-46（d）所示。

（6）粗锉、细锉左肩面 3 和左垂直面 4，留 0.1 mm 的精锉余量，如图 4-46（e）所示。

（7）精锉左台肩面 3，用工艺尺寸 X_3（ $20_{-0.05}^{0}$ mm）间接控制凸台高度尺寸 $20_{0}^{+0.05}$ mm，达到左台肩面与 B 基准面的平行度、与 A 基准面的垂直度以及自身的平面度。

（8）精锉左垂直面，注意控制凸台宽度尺寸（ $20_{-0.05}^{0}$ mm）、左垂直面与右垂直面的平行度、与 A 基准面的垂直度以及自身的平面度，如图 4-46（f）所示。

（9）对 1、2、3、4 面倒角 C0.4 mm。

（10）全面检查并作必要的修整。

（11）理顺锉纹，四面锉纹纵向并达到表面粗糙度要求。

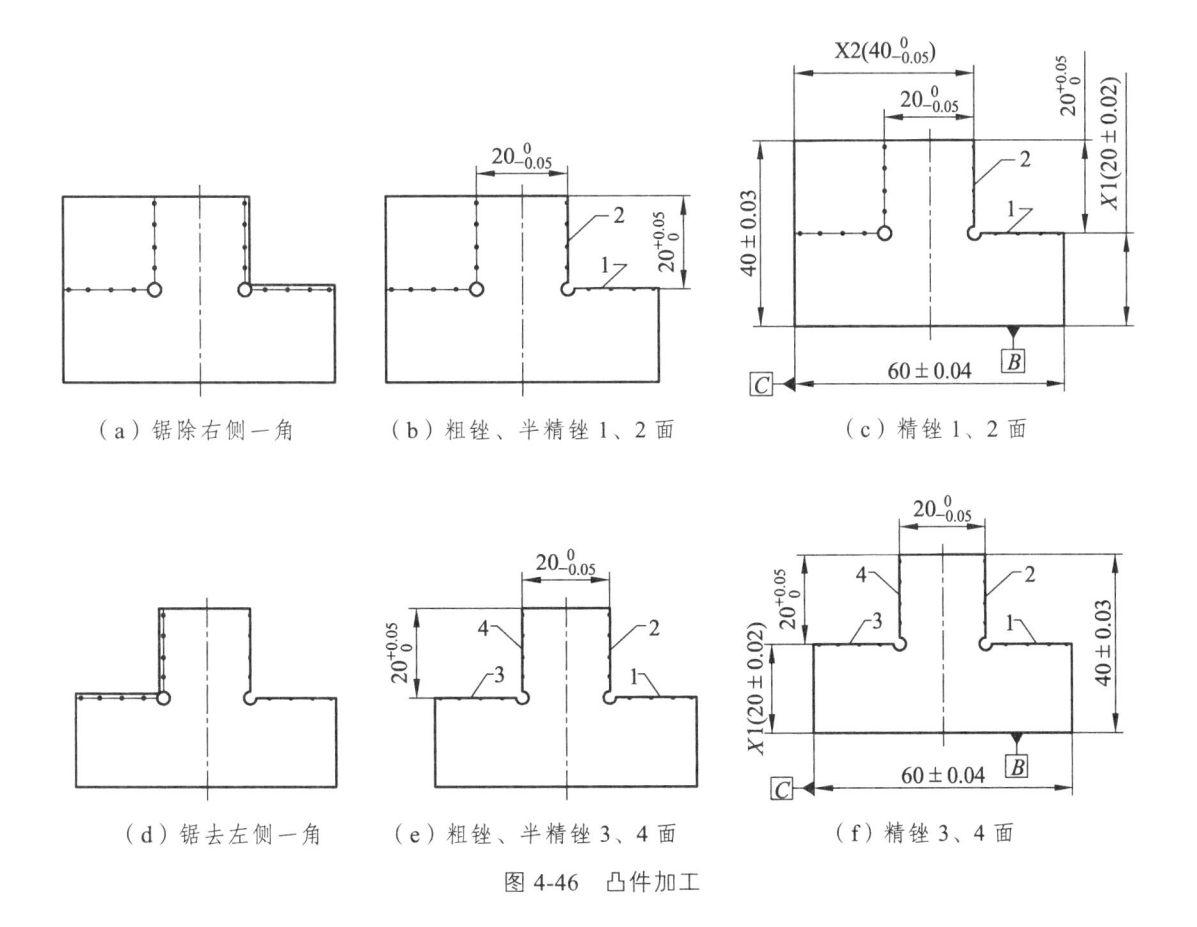

（a）锯除右侧一角　（b）粗锉、半精锉 1、2 面　（c）精锉 1、2 面

（d）锯去左侧一角　（e）粗锉、半精锉 3、4 面　（f）精锉 3、4 面

图 4-46　凸件加工

9. 凹件加工

(1) 首先除去凹槽多余部分，用手锯在凹槽两侧宽度加工线内 1 mm 处自上而下锯至底平面线上 1 mm，然后将多余部分交叉锯掉，也可用手锤和扁冲錾冲掉多余部分，单边至少留 1 mm 的粗锉余量，如图 4-47（a）所示。

(2) 按线粗锉左右垂直面 1、2 和底平面 3，单边留 0.5 mm 的细锉余量，如图 4-47（b）所示。

(3) 根据凸件凸台的实际宽度尺寸，半精锉左、右垂直面 1、2，单边留 0.1 mm 的试配余量，注意控制与 C 基准面的对称度要求和与 A 基准面的垂直度要求。根据凸件凸台的实际高度尺寸，细锉底平面 3，单边留 0.1 mm 的试配余量，注意控制与 A 基准面的垂直度要求，如图 4-47（c）所示。

(4) 对槽内 1、2、3 面倒角 C0.4 mm。

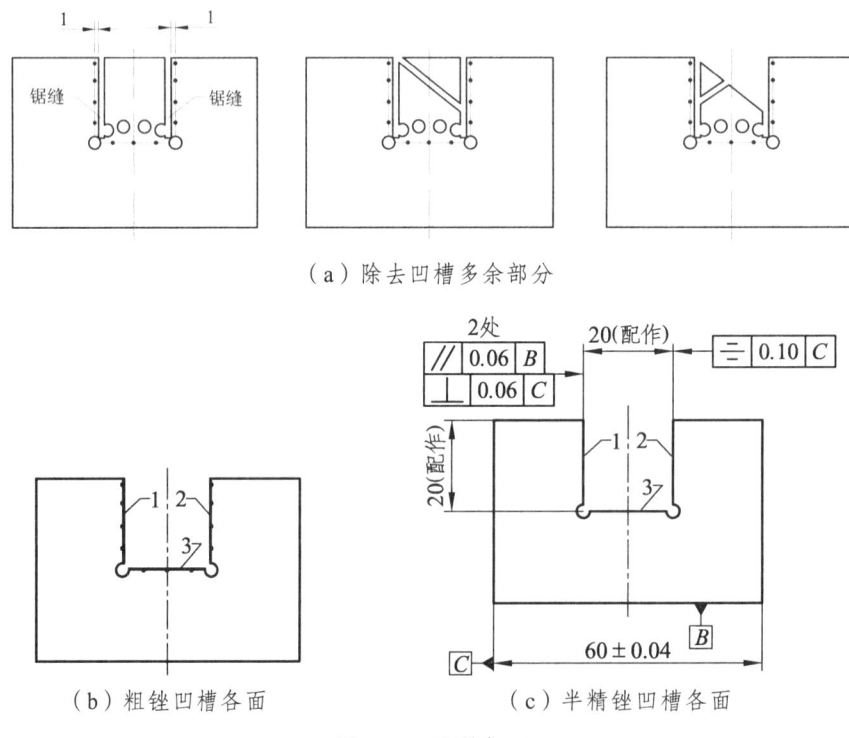

（a）除去凹槽多余部分

（b）粗锉凹槽各面　　（c）半精锉凹槽各面

图 4-47　凹件加工

10. 锉配加工

(1) 同位试配。开始锉配时，要以凸件凸台的端部左、右角插入凹件的凹槽进行初步试配，如图 4-48（a）所示，凸件与凹件进行同位试配、修锉，如图 4-48（b）所示。试配前可以在凹槽的两侧面涂抹显示剂，这样接触痕迹就很清晰，便于确定修锉部位。

(2) 换位试配。锉配过程中，凸件与凹件要进行换位锉配，即将凸件径向旋转 180° 进行换位试配，修锉，如图 4-48（c）所示。

当凸件全部配入凹件，且换位配合间隙≤0.20 mm 以及侧面错位量≤0.20 mm，锉配完成。

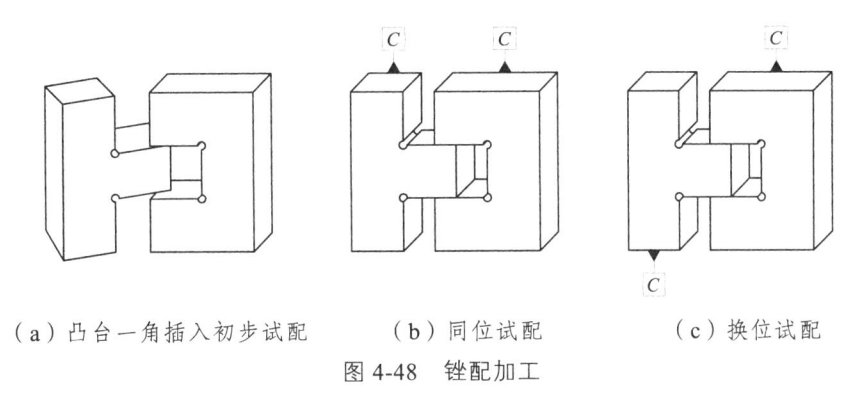

(a）凸台一角插入初步试配　　（b）同位试配　　（c）换位试配

图 4-48　锉配加工

11. 凸凹体锉配典型缺陷分析

凸凹体锉配典型缺陷主要有配入后可能出现凸凹体侧面错位误差、配入后轴向歪斜、配入后大平面歪斜等，如图 4-49 所示。

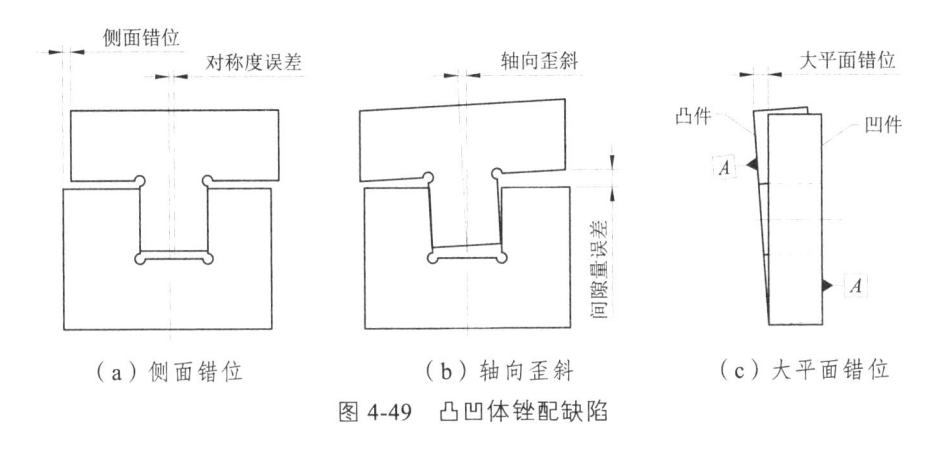

(a）侧面错位　　(b）轴向歪斜　　(c）大平面错位

图 4-49　凸凹体锉配缺陷

12. 凸凹体锉配要点

（1）如果凸件或凹件在配合后出现了对称度超差，就会导致凸凹体配入后侧面错位量超差，如图 4-49（a）所示。为了防止出现这种问题，首先要保证凸件（基准件）达到对称度要求并遵循中间公差加工原则；二要保证凹件在试配前的对称度公差要达到要求；三是在试配时，特别是在开始试配时，就应该注意凹槽两侧垂直面要均匀修锉、及时测量。若出现超差，可在试配余量允许的情况下通过修锉相应垂直面进行借正，以消除对称度误差，达到配入后两侧错位量不超差的要求。

（2）如果凸台两侧垂直面与其 C 基准面的平行度超差或凹槽两侧垂直面与其 C 基准面的平行度超差，就会出现凸凹体配入后凸件的台肩面和顶端面与凹件相应的面发生轴向歪斜，就会导致凸凹体配入后出现换位间隙超差，如图 4-49（b）所示。为了防止出现这种问题，首先要保证凸台两侧垂直面与其 C 基准面的平行度达到要求，并尽量控制在最小范围；二要保证凹槽两侧垂直面与其 C 基准面的平行度达到要求，并尽量控制在最小范围；三是在试配修锉凹槽两侧面时要做到及时测量，控制好凹槽两侧面与 C 基准面的平行度误差。若出现超差，可在试配余量允许的情况下通过修锉相应位置进行调整，以消除平行度误差，达到配入后换位间隙不超差的要求。

（3）如果凸台两侧垂直面与其 A 基准面的垂直度超差或凹槽两侧垂直面与其 A 基准面的垂直度超差，就会出现凸凹体配入后凸件的大平面与凹件的大平面间产生平行度误差，就会导致两大平面间错位量超差，如图 4-49（c）所示。为了防止出现这种问题，首先要保证凸台两侧垂直面与其 A 基准面的垂直度达到要求，并尽量控制在最小范围；二要保证凹槽两侧垂直面与其 A 基准面的垂直度达到要求，并尽量控制在最小范围；三是在试配修锉凹槽两侧面时要做到及时测量，控制好凹槽两侧面与其 A 基准面的垂直度误差。若出现超差，可在试配余量允许的情况下通过修锉相应位置进行调整，以消除垂直度误差，达到配入后大平面错位量不超差的要求。

四、燕尾体锉配工艺

1. 练习图样

练习图样与技术要求如图 4-50 所示。

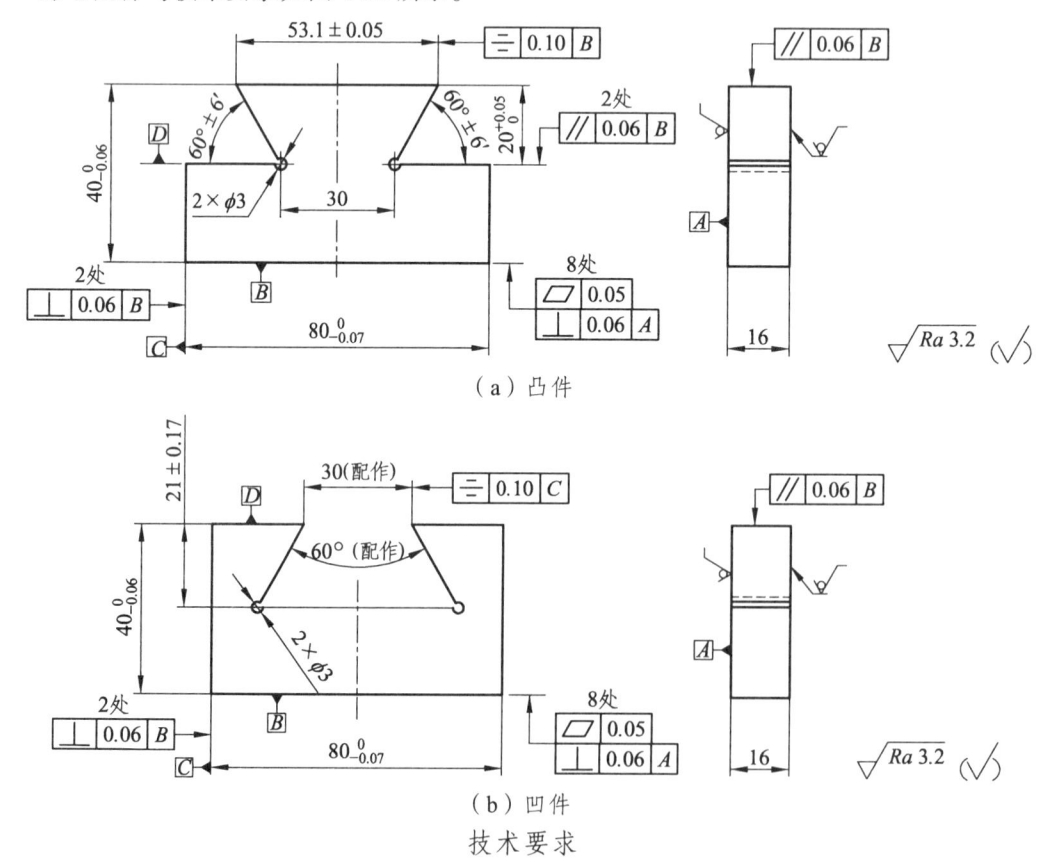

（a）凸件

（b）凹件

技术要求

1. 以凸件为基准件，凹件为配作件。
2. 配合（含 1 次换位配合）间隙 ≤ 0.20 mm。
3. 侧面错位量 ≤ 0.20 mm。
4. 凸件、凹件各面倒角 0.40 mm。
5. 用钻头钻出 φ3 工艺孔。
6. 试配时不允许敲击。

图 4-50　燕尾体锉配

2. 材料准备与课时要求

工件名称	材料	毛坯尺寸/mm	件数	学时
凸件	45钢	62×42×16（钢板）	1	30
凹件	45钢	62×42×16（钢板）	1	

3. 工、量、辅具准备

（1）工具：14″粗齿平锉1把、12″中齿平锉1把、10″细齿平锉1把、8″双细齿平锉1把、整形锉1套、划针、样冲、小手锤、手用锯弓1把、ϕ3 mm钻头、ϕ6 mm钻头等。

（2）量具：钢直尺、游标卡尺、50~75 mm外径千分尺、高度游标卡尺、直角尺、刀形样板平尺、塞尺、万能角度尺、60°角度样板、正弦规、杠杆表、量块等。

（3）辅具：毛刷、紫色水、红丹油、ϕ10标准量棒2支、铜丝刷、铜钳口、记号笔、粉笔等。

4. 成绩评定

成绩评定见表4-3，供参考。

表4-3 燕尾体锉配成绩评定表

序号	项目及技术要求	配分	评定标准	实测记录	得分
	凸件				
1	尺寸：（$20^{+0.05}_{0}$）mm（2处）	2×2	一处超差扣2分		
2	尺寸：（$45^{0}_{-0.06}$）mm	2	符合要求得分		
3	尺寸：（$80^{0}_{-0.07}$）mm	2	符合要求得分		
4	53.1±0.05	1	符合要求得分		
5	60°±6′（2处） 平面度≤0.05 mm（8处）	8 8	一处超差扣4分 一处超差扣1分		
6	平行度≤0.06 mm（3处）	3	一处超差扣1分		
7	垂直度≤0.06 mm（10处）	5	一处超差扣0.5分		
8	对称度≤0.10 mm	6	符合要求得分		
9	表面粗糙度Ra≤3.2 μm（8处）	4	一处降级扣0.5分		
10	清孔（2处）	2	一处不符合要求扣1分		
	凹件				
11	尺寸：21±0.17 mm	2	符合要求得分		
12	尺寸：（$45^{0}_{-0.06}$）mm	2	符合要求得分		
13	尺寸：（$80^{0}_{-0.07}$）mm	2	符合要求得分		
14	平面度≤0.05 mm（8处）	8	一处超差扣1分		
15	平行度≤0.06 mm（2处）	4	一处超差扣2分		

续表

序号	项目及技术要求	配分	评定标准	实测记录	得分
16	垂直度≤0.06 mm（10处）	5	一处超差扣0.5分		
17	对称度≤0.10 mm	6	符合要求得分		
18	表面粗糙度 Ra≤3.2 μm（8处）	8	一处降级扣1分		
19	清孔（2处）	2	一处不符合要求扣1分		
	配合				
20	配合(含1次换向)间隙≤0.20 mm	8×2	一处超差扣2分		
21	大平面错位量≤0.20 mm	3	符合要求得分		
22	工量辅具摆放合理	2	符合要求得分		
23	安全操作		违反一次由总分扣5分		
姓名		工位号	日期	指导教师	总分

5. 凸件、凹件外形轮廓加工

加工要求如图4-51所示。

（1）粗、细、精锉 B 基准面，达到平面度和与 A 基准面的垂直度要求。

（2）粗、细、精锉 B 基准面的对面，达到尺寸、平行度、平面度和与 A 基准面的垂直度要求。

（3）粗、细、精锉 C 基准面，达到平面度和与 A、B 基准面的垂直度要求。

（4）粗、细、精锉 C 基准面的对面，达到尺寸、平行度、平面度和与 A、B 基准面的垂直度要求。

（5）光整锉削，理顺锉纹，四面锉纹纵向并达到表面粗糙度要求。

（6）四周面倒角 C0.40 mm。

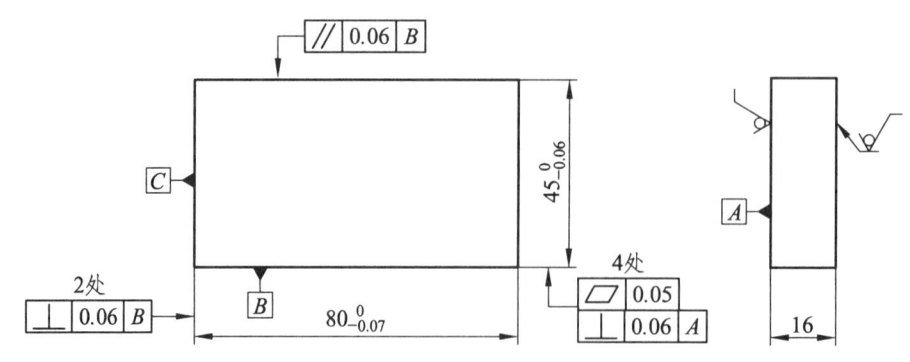

图4-51 凸件、凹件外形轮廓加工

6. 画线操作

（1）凸件画线操作。根据图样，画出凸燕尾轮廓加工线，以 B 面的对面为辅助基准从上面下降20 mm，画出凸燕尾高度加工线，再以宽度实际尺寸（80 mm）的1/2（对称中心线）

为辅助基准画出凸燕尾大端宽度（53.1 mm）和小端宽度（30 mm）加工线，画出 $\phi 3$ 工艺孔加工线，检查无误后在相关各面打上冲眼，如图 4-52 所示。

（2）凹件画线操作。根据图样，画出燕尾槽轮廓加工线，以 B 面的对面为辅助基准从上面下降 21 mm，画出燕尾槽深度加工线，再以宽度实际尺寸（80 mm）的 1/2（对称中心线）为辅助基准画出燕尾槽大端宽度（54.26 mm）和小端宽度（30 mm）加工线，画出 $\phi 3$ 工艺孔加工线，检查无误后在相关各面打上冲眼，如图 4-53 所示。

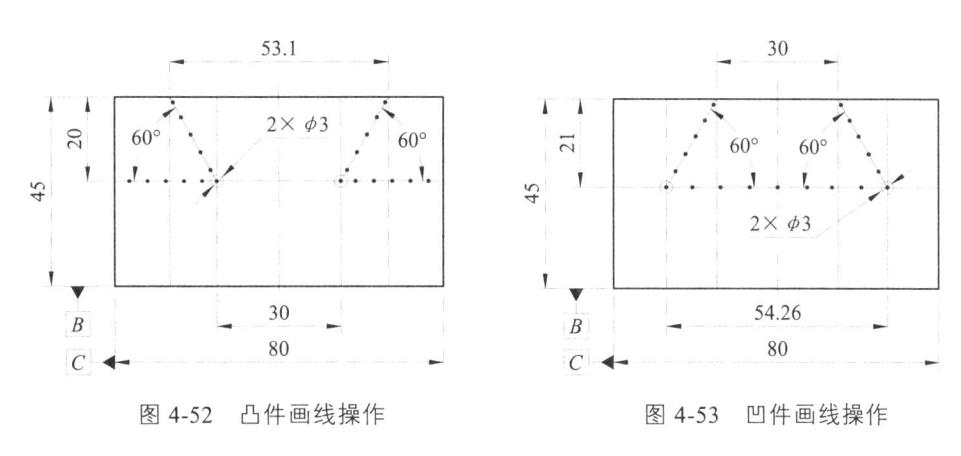

图 4-52　凸件画线操作　　　　　图 4-53　凹件画线操作

7. 工艺孔加工

根据图样在凸体和凹体上钻出 $\phi 3$ mm 工艺孔，同时在凹体上钻出工艺排孔，如图 4-54 所示。

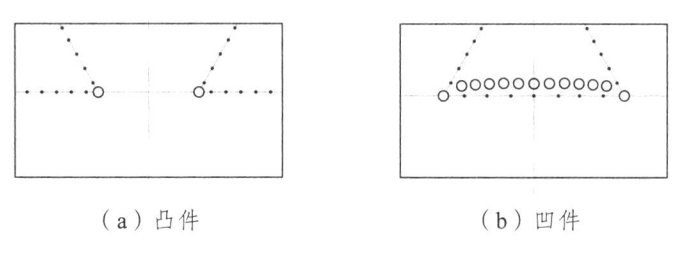

（a）凸件　　　　　（b）凹件

图 4-54　工艺孔加工

8. 凸件加工

（1）按线锯除右侧一角多余部分，留 1 mm 粗锉余量，如图 4-55（a）所示。

（2）粗锉、细锉右台肩面 1 和右角度面 2，留 0.1 mm 的精锉余量，如图 4-55（b）所示。

（3）精锉右台肩面 1，用工艺尺寸 X_1（$25_{-0.05}^{0}$ mm）间接控制燕尾高度尺寸 $20_{0}^{+0.05}$ mm，注意控制右台肩面 1 与 B 基准面的平行度、与 A 基准面的垂直度以及自身的平面度。

（4）精锉右角度面 2，用工艺尺寸 X_2（68.66 ± 0.05 mm）间接控制其与 C 基准面的对称度要求，注意控制其与 A 基准面的垂直度以及自身的平面度，如图 4-55（c）所示。

（5）用杠杆表测量并精锉角度面 2，如图 4-55（d）所示。

（6）按线锯除左侧一角多余部分，留 1 mm 粗锉余量，如图 4-55（e）所示。

（7）粗锉、细锉左台肩面 3 和左角度面 4，留 0.1 mm 的精锉余量，如图 4-55（f）所示。

（8）精锉左台肩面 3，用工艺尺寸 X_3（$25_{-0.05}^{0}$ mm）间接控制燕尾高度尺寸 $20_{0}^{+0.05}$ mm，注意控制左台肩面与 B 基准面的平行度、与 A 基准面的垂直度以及自身的平面度。

（9）精锉左角度面 4，用工艺尺寸 X_4（57.32 ± 0.05 mm）间接控制尺寸（53.1 ± 0.05 mm）及其与 C 基准面的对称度要求，注意控制其与 A 基准面的垂直度以及自身的平面度，如图 4-55（g）所示。

（10）用杠杆表测量并精锉角度面 4，如图 4-55（h）所示。

（11）对 1、2、3、4 面倒角 $C0.4$ mm。

（12）全面检查并作必要的修整。

（13）理顺锉纹，四面锉纹纵向并达到表面粗糙度要求。

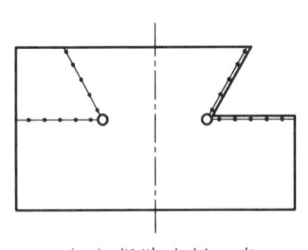

（a）锯除右侧一角

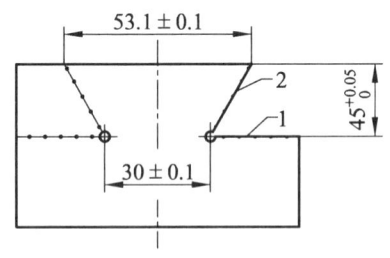

（b）粗锉、半精锉 1、2 面

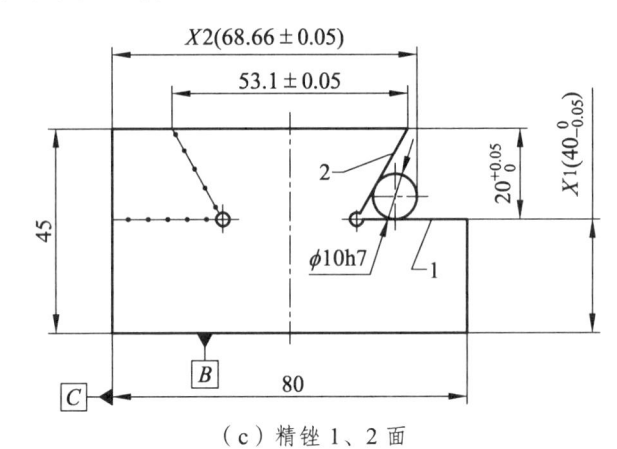

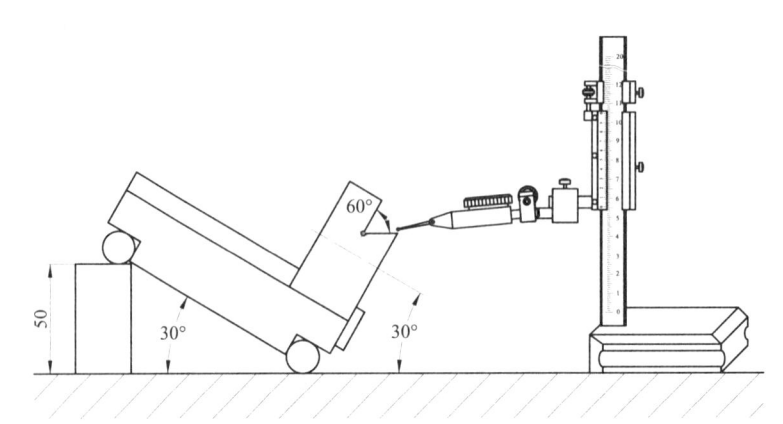

（c）精锉 1、2 面

（d）用杠杆表测量角度面

(e）锯除左侧一角

（f）粗锉、半精锉 3、4 面

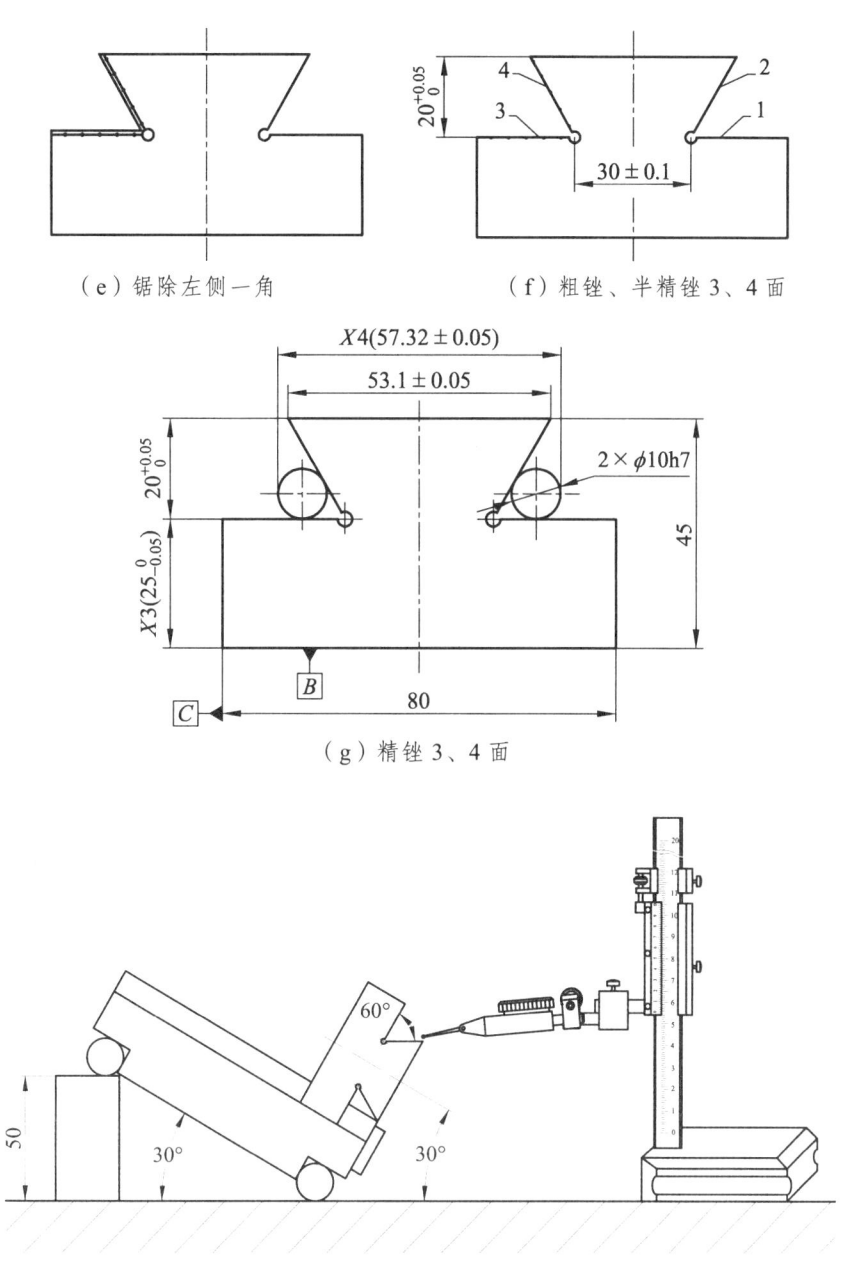

（g）精锉 3、4 面

（h）用杠杆表测量角度面

图 4-55 凸件加工

9. 凹件加工

（1）首先除去燕尾槽内多余部分，用手锯在燕尾槽两侧角度加工线内 1 mm 处自上而下锯至底平面线上 1 mm，然后将多余部分交叉锯掉，单边至少留 1 mm 的粗锉余量，如图 4-56（a）所示。

（2）按线粗锉底平面 1 和左右角度面 2、3，单边留 0.5 mm 的细锉余量，如图 4-56（b）所示。

(3)精锉燕尾槽底平面,由于燕尾槽底平面为非配合面,可直接锉至要求,槽深尺寸(21 ± 0.17)可由工艺尺寸X_1(24 ± 0.17)进行间接控制,达到与基准面A的垂直度以及自身的平面度要求,如图4-56(c)所示。

(4)根据凸件燕尾体的实际宽度尺寸,半精锉左角度面2,单边留0.10 mm的试配余量,通过工艺尺寸X_2($26.53^{+0.1}_{+0.05}$)间接控制其与基准面C的对称度要求,注意控制其与基准面A的垂直度以及自身的平面度。

(5)用杠杆表测量并精锉角度面,如图4-56(d)所示。

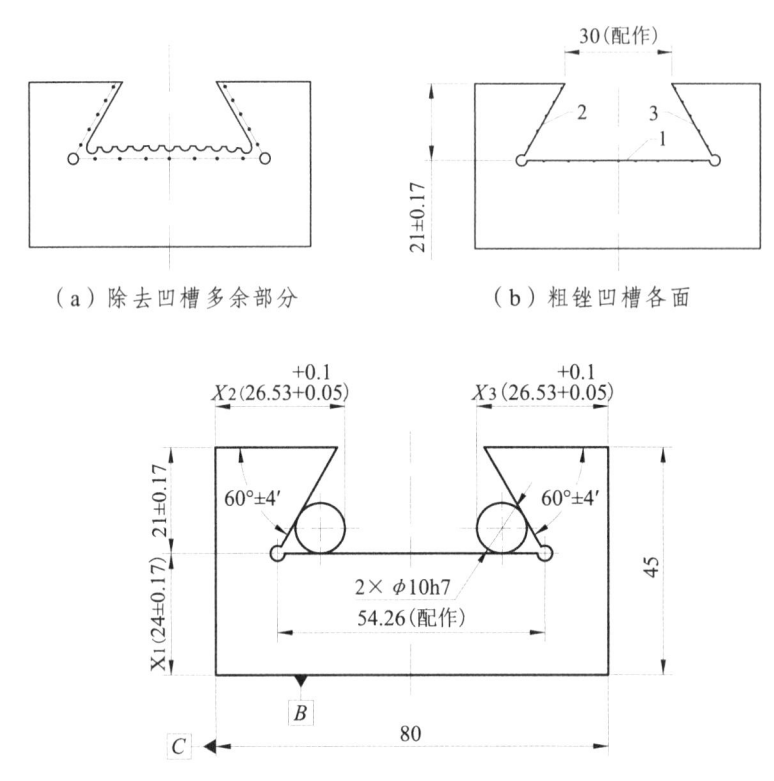

(a)除去凹槽多余部分

(b)粗锉凹槽各面

(c)精锉凹槽底面、半精锉凹槽角度面

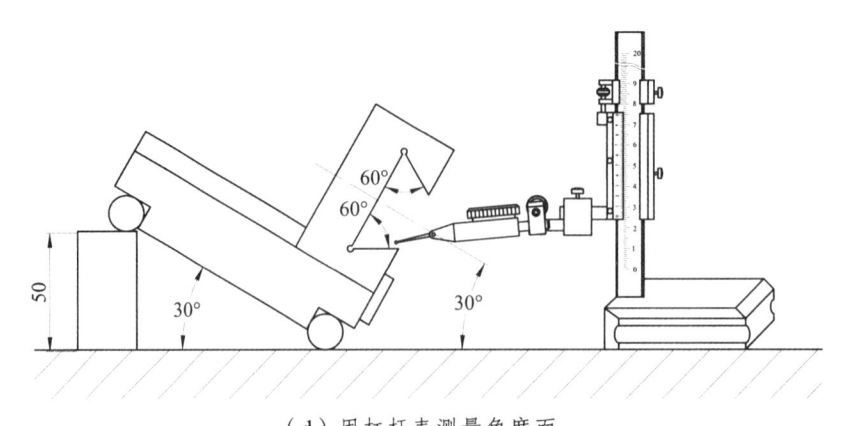

(d)用杠杆表测量角度面

图4-56 凹件加工

（6）根据凸件燕尾体的实际宽度尺寸，细锉右角度面 3，单边留 0.10 mm 的试配余量，通过工艺尺寸 X_3（ $26.53^{+0.1}_{+0.05}$）间接控制其与 C 基准面的对称度要求，注意控制其与 A 基准面的垂直度以及自身的平面度。

（7）用杠杆表测量并精锉角度面 3。

（8）对槽内 1、2、3 面倒角 C0.4 mm。

（9）全面检查并作必要的修整。

（10）理顺锉纹，三面锉纹纵向并达到表面粗糙度要求。

10. 锉配加工

（1）同位试配。凸件与凹件进行同位试配，如图 4-57（a）所示。试配前，可以在凹槽的两侧角度面涂抹显示剂，这样试配时的接触痕迹就很清晰，便于确定修锉部位。

（2）换位试配。锉配过程中，凸件与凹件要进行换位试配，即将凸件径向旋转 180°进行换位试配、修锉，如图 4-57（b）所示。

当凸件全部配入凹件，凸燕尾体两角度面和两台肩面与凹件相对应的面全部接触，且换位配合间隙≤0.20 mm、侧面错位量≤0.20 mm，锉配完成。

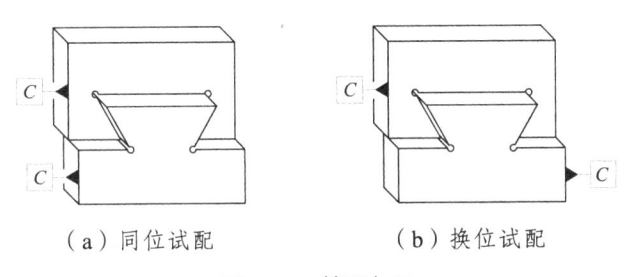

（a）同位试配　　　　（b）换位试配

图 4-57　锉配加工

11. 燕尾体锉配典型缺陷分析

燕尾体锉配中容易出现配入后燕尾角度误差过大等缺陷，具体体现为配入后燕尾角度面下部间隙超差，如图 4-58（a）所示；配入后燕尾角度面上部间隙超差，如图 4-58（b）所示。

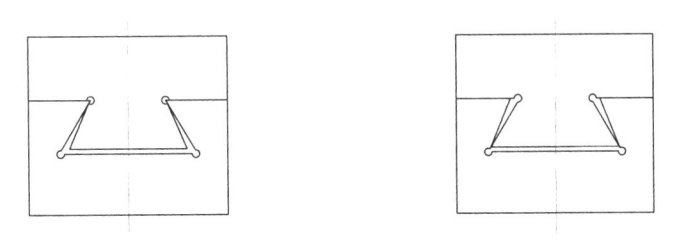

（a）配入后燕尾角度面下部间隙超差　　（b）配入后燕尾角度面上部间隙超差

图 4-58　配入后燕尾角度误差过大

12. 燕尾体锉配要点

（1）燕尾体配入后出现燕尾角度面下部间隙过大超差，原因有两个方面：一是由于凸件的燕尾角度超差过大；二是由于凹件的燕尾角度超差过小。

（2）燕尾体配入后出现燕尾角度面上部间隙过大超差，原因有两个方面：一是由于凸件的燕尾角度超差过小；二是由于凹件的燕尾角度超差过小。

（3）为了防止上述燕尾体锉配典型缺陷，在单独加工凸件和凹件时，应将各处的形位公差尽量控制在最小范围，特别要保证基准件的加工质量；由于燕尾体锉配属于角度形面锉配类型，因此要控制好角度面与辅助基准面的角度公差，建议采用正弦规与杠杆表配合精准测量角度面，以高效指导加工，从而保证燕尾的角度公差。要在锉配余量允许的情况下，通过试配、修锉，最大限度地消除燕尾体锉配缺陷。

五、凸凹圆弧体锉配工艺

1. 练习图样

练习图样与技术要求如图 4-59 所示。

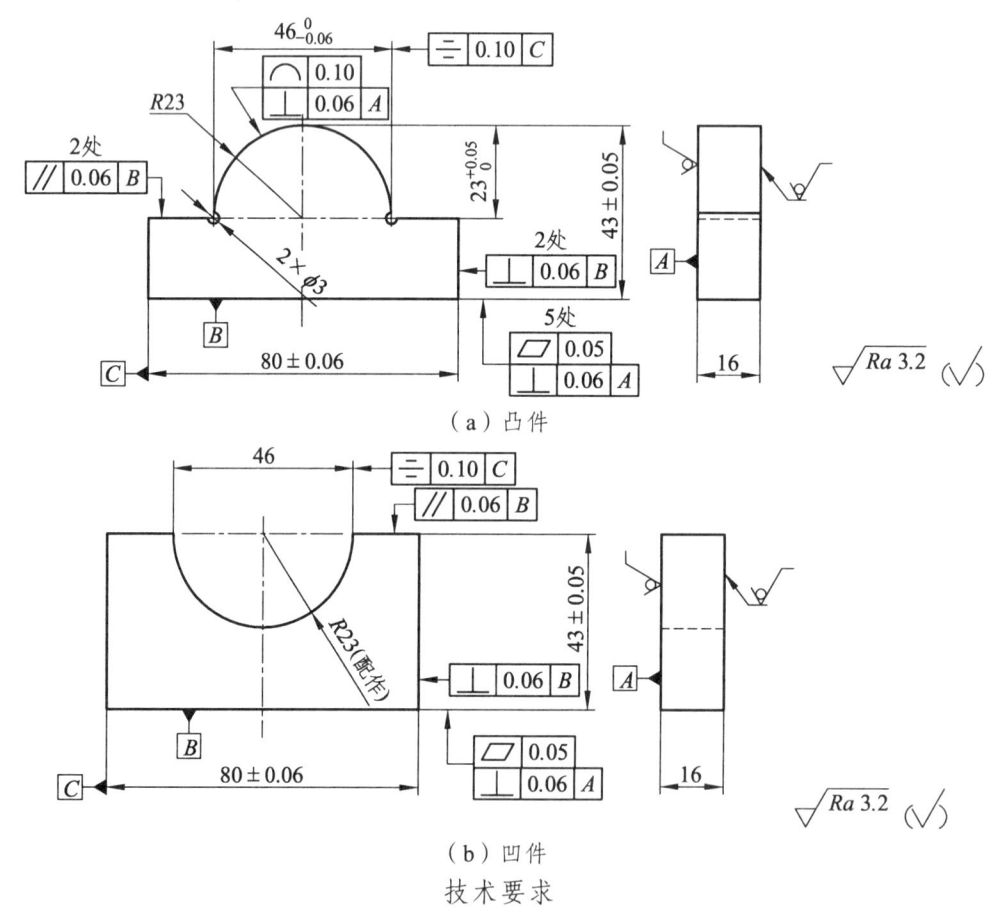

技术要求
1. 以凸件为基准件，凹件为配作件。
2. 配合（含 1 次换位配合）间隙 ≤ 0.20 mm。
3. 侧面错位量 ≤ 0.20 mm。
4. 周面倒角 C0.40 mm。
5. 试配时不允许敲击。

图 4-59 圆弧体锉配

2. 材料准备与课时要求

工件名称	材料	毛坯尺寸/mm	件数	学时
凸件	45钢	82×45×20（钢板）	1	30
凹件	45钢	82×46×20（钢板）	1	

3. 工、量、辅具准备

（1）工具：14″粗齿平锉1把、12″中齿平锉1把、12″中齿半圆锉1把、10″细齿平锉1把、10″细齿半圆锉1把、8″双细齿平锉1把、8″双细齿半圆锉1把、整形锉1套、划针、样冲、小手锤、手用锯弓1把、$\phi 3$ mm钻头、$\phi 6$ mm钻头等。

（2）量具：钢直尺、游标卡尺、外径千分尺（0~25 mm和25~50 mm）、高度游标卡尺、直角尺、刀形样板平尺、塞尺、$R15~25$ mm半径样板等。

（3）辅具：毛刷、紫色水、红丹油、铜丝刷、铜钳口、记号笔、粉笔等。

4. 成绩评定

成绩评定见表4-4，供参考。

表4-4　圆弧体锉配成绩评定表

序号	项目及技术要求	配分	评定标准	实测记录	得分
	凸件				
1	尺寸：（ $23_{\ 0}^{+0.05}$ ）mm（2处）	4	一处超差扣2分		
2	（ $46_{-0.06}^{\ 0}$ ）mm	2	符合要求得分		
3	43±0.05 mm	1	符合要求得分		
4	80±0.06 mm	1	符合要求得分		
5	平面度≤0.05 mm（5处）	5	一处超差扣1分		
6	平行度≤0.06 mm（2处）	2	一处超差扣1分		
7	垂直度≤0.06 mm（6处）	6	一处超差扣1分		
8	对称度≤0.10 mm	6	符合要求得分		
9	线轮廓度≤0.10 mm	14	符合要求得分		
10	表面粗糙度 Ra≤3.2 μm（6处）	3	一处降级扣0.5分		
11	清孔（2处）	2	一处不符合要求扣1分		
	凹件				
12	尺寸：43±0.05 mm	1	符合要求得分		
13	80±0.06 mm	1	符合要求得分		
14	平面度≤0.05 mm（5处）	5	一处超差扣1分		
15	平行度≤0.06 mm（2处）	2	一处超差扣1分		
16	垂直度≤0.06 mm（6处）	6	一处超差扣1分		

续表

序号	项目及技术要求	配分	评定标准	实测记录	得分
17	对称度≤0.10 mm	6	符合要求得分		
18	表面粗糙度 Ra≤3.2 μm（6处）	3	一处降级扣0.5分		
	配合				
19	配合（含1次换位）间隙≤0.20 mm（6处）	24	一处超差扣4分		
20	侧面错位量≤0.20 mm	4	符合要求得分		
21	工量辅具摆放合理	2	符合要求得分		
22	安全操作		违反一次由总分扣5分		
姓名		工位号		日期		指导教师		总分	

5. 凸件加工

1）凸件外形轮廓加工

加工要求如图4-60所示。

（1）粗、细、精锉 B 基准面，达到平面度和与 A 基准面的垂直度要求。

（2）粗、细、精锉 B 基准面的对面，达到尺寸、平面度、平行度和与 A 基准面的垂直度要求。

（3）粗、细、精锉 C 基准面，达到平面度和与 A、B 基准面的垂直度要求。

（4）粗、细、精锉 C 基准面的对面，达到尺寸、平面度、平行度和与 A、B 基准面的垂直度要求。

（5）光整锉削，理顺锉纹，四面锉纹纵向并达到表面粗糙度要求。

（6）四周面倒角 C0.40 mm。

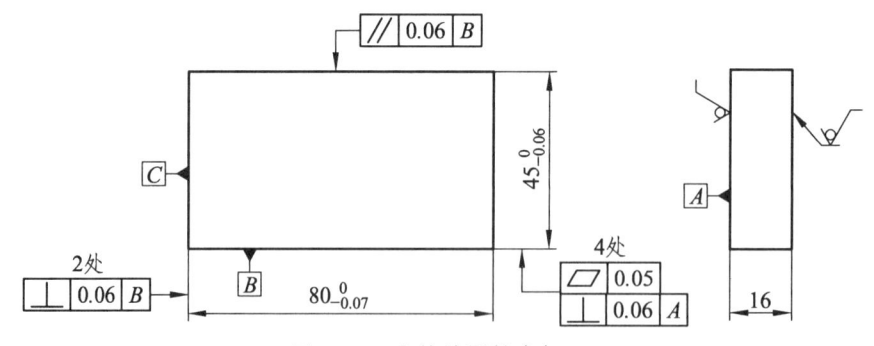

图 4-60 凸件外形轮廓加工

2）画线操作

根据图样，画出凸圆弧轮廓加工线，以 B 面的对面为辅助基准从上面下降23 mm，画出 R23 mm 圆弧高度位置线，再以 C 面为基准、宽度实际尺寸（80 mm）的1/2（对称中心线）为辅助基准画出 R23 mm 圆弧圆心位置线，画出 ϕ3 mm 工艺孔加工线，用划规画出 R23 mm 圆弧加工线，检查无误后在相关各面打上冲眼，如图4-61所示。

3)工艺孔加工

根据图样在凸体上钻出 φ3 mm 工艺孔,如图 4-62 所示。

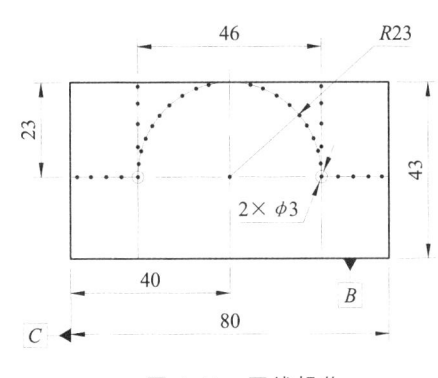

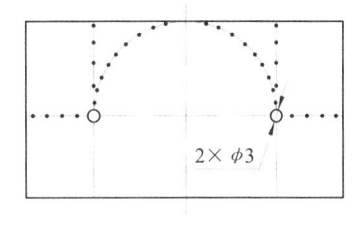

图 4-61 画线操作　　图 4-62 工艺孔加工

4)凸件凸台加工

(1)按线锯除右侧一角多余部分,留 1 mm 粗锉余量,如图 4-63 所示。

(2)粗锉、细锉右台肩面 1 和右垂直面 2,留 0.1 mm 的精锉余量。

(3)精锉右台肩面 1,用工艺尺寸 X_1($20_{-0.05}^{0}$ mm)间接控制凸圆弧高度尺寸 $23_{0}^{+0.05}$ mm,注意控制右台肩面 1 与基准面 B 的平行度、与 A 基准面的垂直度以及自身的平面度,精锉右垂直面 2,用工艺尺寸 X_2($63_{-0.06}^{0}$ mm)间接控制与 C 基准面的对称度要求,注意控制与 A 基准面的垂直度以及自身的平面度,如图 4-64 所示。

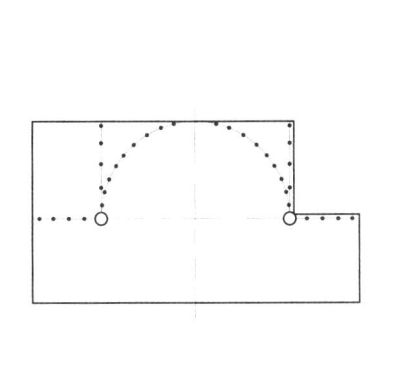

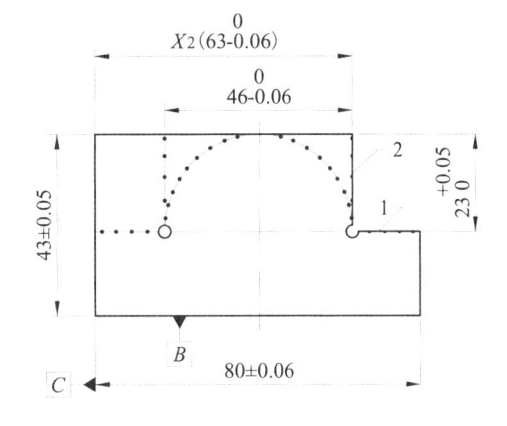

图 4-63 锯除右侧一角　　图 4-64 精锉右台肩面、垂直面

(4)按线锯除左侧一角多余部分,留 1 mm 粗锉余量,如图 4-65 所示。

(5)粗锉、细锉左台肩面 3 和左垂直面 4,留 0.1 mm 的精锉余量。

(6)精锉左台肩面 3,用工艺尺寸 X_3($20_{-0.05}^{0}$ mm)间接控制凸圆弧高度尺寸 $23_{0}^{+0.05}$ mm,注意控制右左肩面 3 与 B 基准面的平行度、与 A 基准面的垂直度以及自身的平面度,精锉左垂直面,注意控制凸圆弧宽度尺寸($46_{-0.06}^{0}$ mm)、与 A 基准面的垂直度以及自身的平面度,如图 4-66 所示。

图 4-65 锯除左侧一角

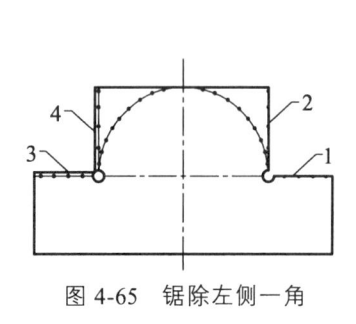

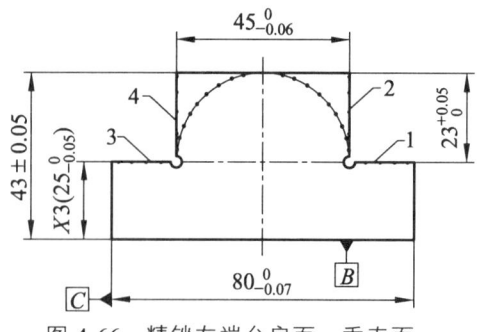

图 4-66 精锉左端台肩面、垂直面

5）凸件圆弧面加工

（1）锯除凸圆弧加工线外多余部分，如图 4-67 所示。

（2）粗、细、精锉凸圆弧面，用半径样板检测线轮廓度，用直角尺检测垂直度，达到线轮廓度和与 A 基准面的垂直度要求，如图 4-68 所示。

（3）凸圆弧面和台肩面倒角 C0.4 mm。

（4）全面检查并作必要的修整。

（5）理顺锉纹，凸圆弧面及台肩面锉纹径向并达到表面粗糙度要求。

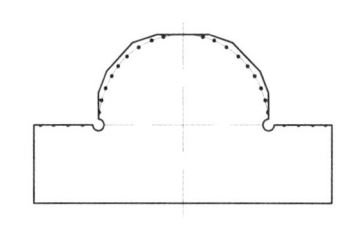

图 4-67 锯除多余部分

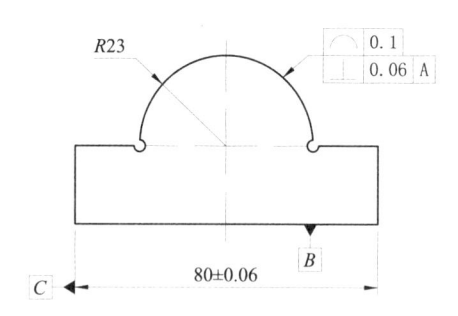

图 4-68 粗、精锉凸圆弧面

6．凹件加工

1）凹件外形轮廓加工

加工要求如图 4-69 所示。

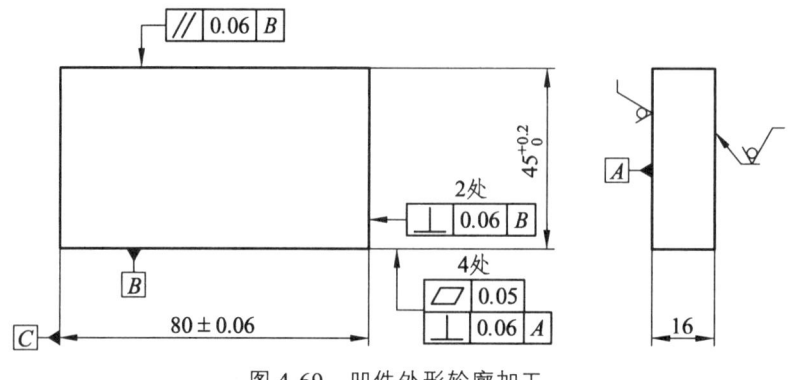

图 4-69 凹件外形轮廓加工

（1）粗、细、精锉 B 基准面，达到高度尺寸 $45_0^{0.2}$ mm（为画线需要预留 2 mm 高度余量）、平面度和与 A 基准面的垂直度要求。

（2）粗、细、精锉 C 基准面，达到平面度和与 A、B 基准面的垂直度要求。

（3）粗、细、精锉 C 基准面的对面，达到尺寸、平行度、平面度和与 A、B 基准面的垂直度要求。

（4）光整锉削，理顺锉纹，四面锉纹纵向并达到表面粗糙度要求。

（5）四周面倒角 C0.40 mm。

2）画线操作

根据图样，画出凹圆弧轮廓加工线，以 B 面为基准上升 43 mm，画出 R23 mm 圆弧圆心的高度方向位置线，再以 C 面为基准画出实际尺寸 80 mm 长度的 1/2 即对称中心线，作为 R23 mm 圆弧圆心的长度方向位置线，用划规画出 R23 mm 圆弧加工线，检查无误后在相关各面后打上冲眼，如图 4-70 所示。

3）锉削 B 基准面的对面

锉削 B 基准面的对面，达到尺寸（43 ± 0.05 mm）、平行度、平面度和与 A、B 基准面的垂直度要求，倒角 C0.4 mm，如图 4-71 所示。

4）画出 46 mm 宽度加工线

以 C 面为基准画出 R23 mm 圆弧，在凹件上面再画出 46 mm 宽度加工线，如图 4-72 所示。

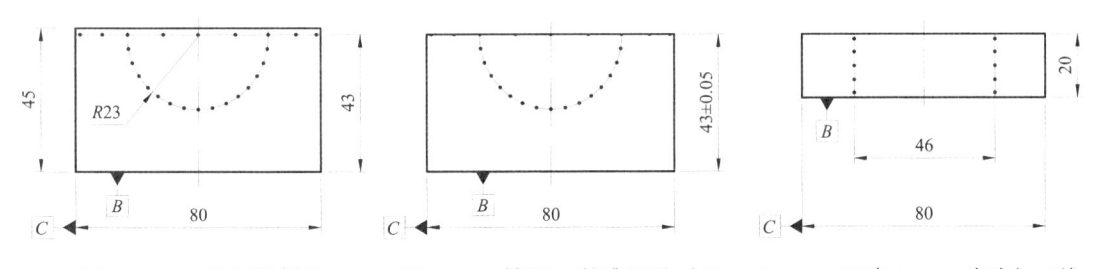

图 4-70　凹件画线操作　　图 4-71　锉削 B 基准面的对面　　图 4-72　画出 46 mm 宽度加工线

5）除去凹圆弧加工线外多余部分

除去凹圆弧加工线外多余部分，可先钻出工艺排孔，再使用手锯将多余部分交叉锯掉，至少留出 1 mm 的粗锉余量，如图 4-73 所示。

6）粗锉、细锉凹圆弧面

粗锉、细锉凹圆弧面，注意控制与 A 基准面的垂直度要求，倒角 C0.4 mm，留出 0.1 mm 的锉配余量如图 4-74 所示。

7. 锉配加工

（1）同位试配。凸件与凹件进行同位试配，如图 4-75（a）所示。试配前，可以在凹圆弧面上涂抹显示剂，这样试配时的接触痕迹就很清晰，便于确定修锉部位。

（2）换位试配。锉配过程中，凸件与凹件要进行换位试配，即将凸件径向旋转 180°进行换位试配，修锉，如图 4-75（b）所示。

图 4-73 除去凹圆弧多余部分

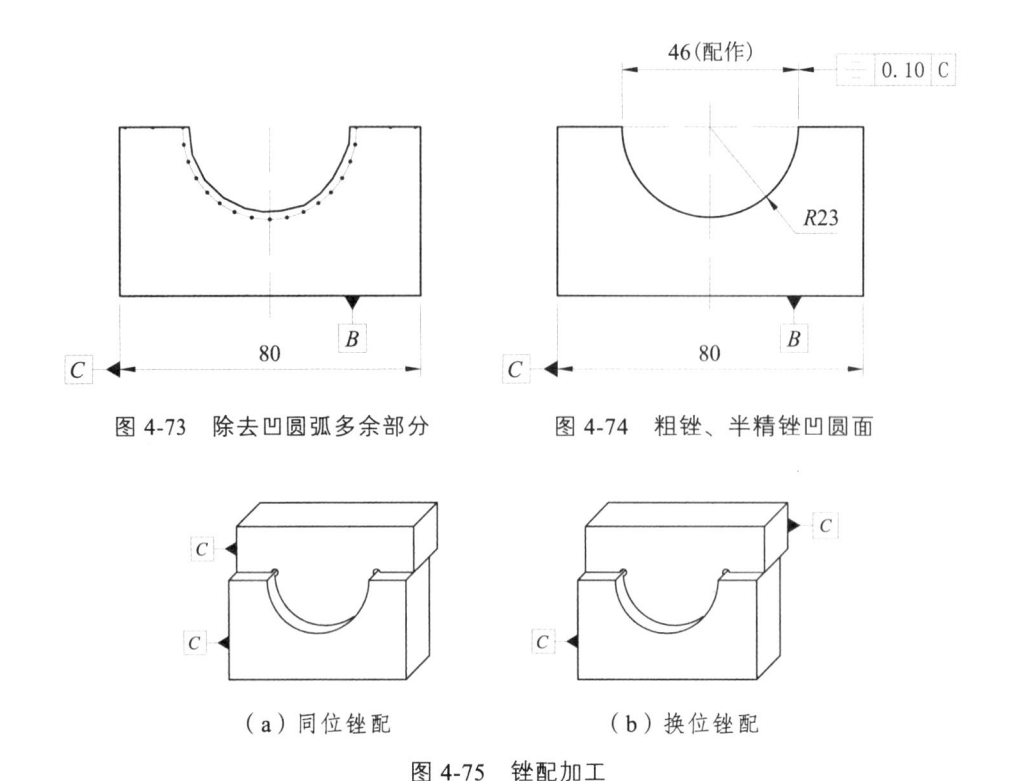

图 4-74 粗锉、半精锉凹圆面

（a）同位锉配

（b）换位锉配

图 4-75 锉配加工

当凸件全部配入凹件，且换位配合间隙≤0.20 mm以及侧面错位量≤0.20 mm，锉配完成。

8. 凸凹圆弧体锉配典型缺陷分析

凸凹圆弧体锉配中容易出现配入后圆弧面间局部间隙过大而产生间隙超差和侧面错位量超差等缺陷，如图 4-76 所示。

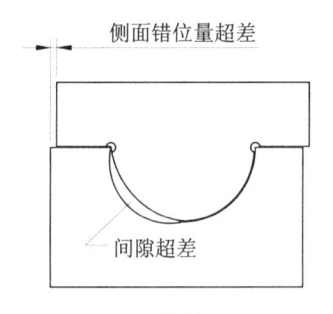

图 4-76 圆弧体锉配典型缺陷

配入后圆弧面间局部间隙过大而超差的原因分为两个方面：在凸件方面，其一是圆弧面本身有局部塌面，导致线轮廓度超差；其二是圆弧面与 A 基准面有垂直度超差，如图 4-77 所示。在孔件方面，其一是在试配时孔件圆弧面由于局部修锉过多而造成局部塌面，导致线轮廓度超差；其二是圆弧面与 A 基准面有垂直度超差，如图 4-78 所示。侧面错位量是由于凸件圆弧有对称度超差或凹件圆弧有对称度超差造成的。

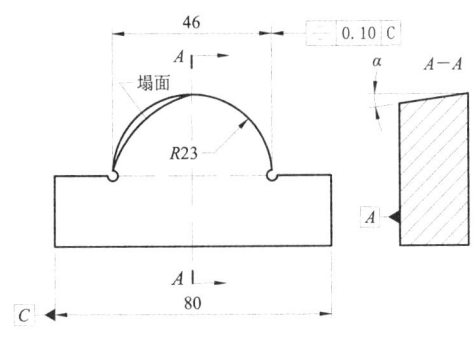

图 4-77 凸圆弧体加工缺陷　　　　图 4-78 凹圆弧体加工缺陷

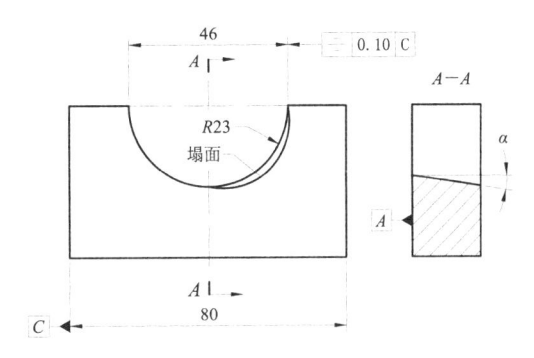

9. 凸凹圆弧体锉配要点

（1）为防止出现上述圆弧体锉配缺陷，首先在加工凸件时要注意控制与 C 基准面的对称度要求，要对圆弧面加强检测，一般情况下采用半径样板与直角尺来控制圆弧面形位公差，即采用半径样板检测圆弧面来控制线轮廓度，如图 4-79（a）所示。用直角尺检测圆弧面来控制与 A 基准面的垂直度，如图 4-79（b）所示。若采用半圆环规（专制辅助量具）对圆弧面进行检测和对研修锉，则效果更好，如图 4-79（c）所示。

（2）在与孔件试配时，要根据试配痕迹谨慎修锉孔件圆弧面，防止因局部修锉过多而造成塌面，同时要注意控制凹件圆弧面与 A 基准面的垂直度以及与 C 基准面的对称度，以满足加工要求。

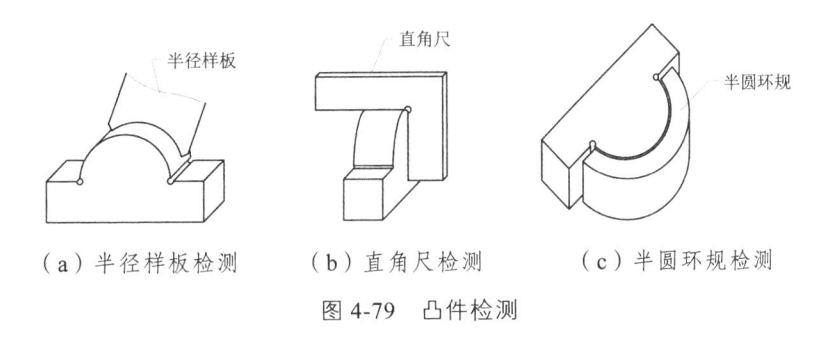

（a）半径样板检测　　（b）直角尺检测　　（c）半圆环规检测

图 4-79 凸件检测

六、键形体锉配工艺

1. 练习图样

练习图样与技术要求如图 4-80 所示。

2. 材料准备与课时要求

工件名称	材料	毛坯尺寸/mm	件数	学时
轴件	45 钢	52×32×16（钢板）	1	24
孔件	45 钢	82×62×16（钢板）	1	

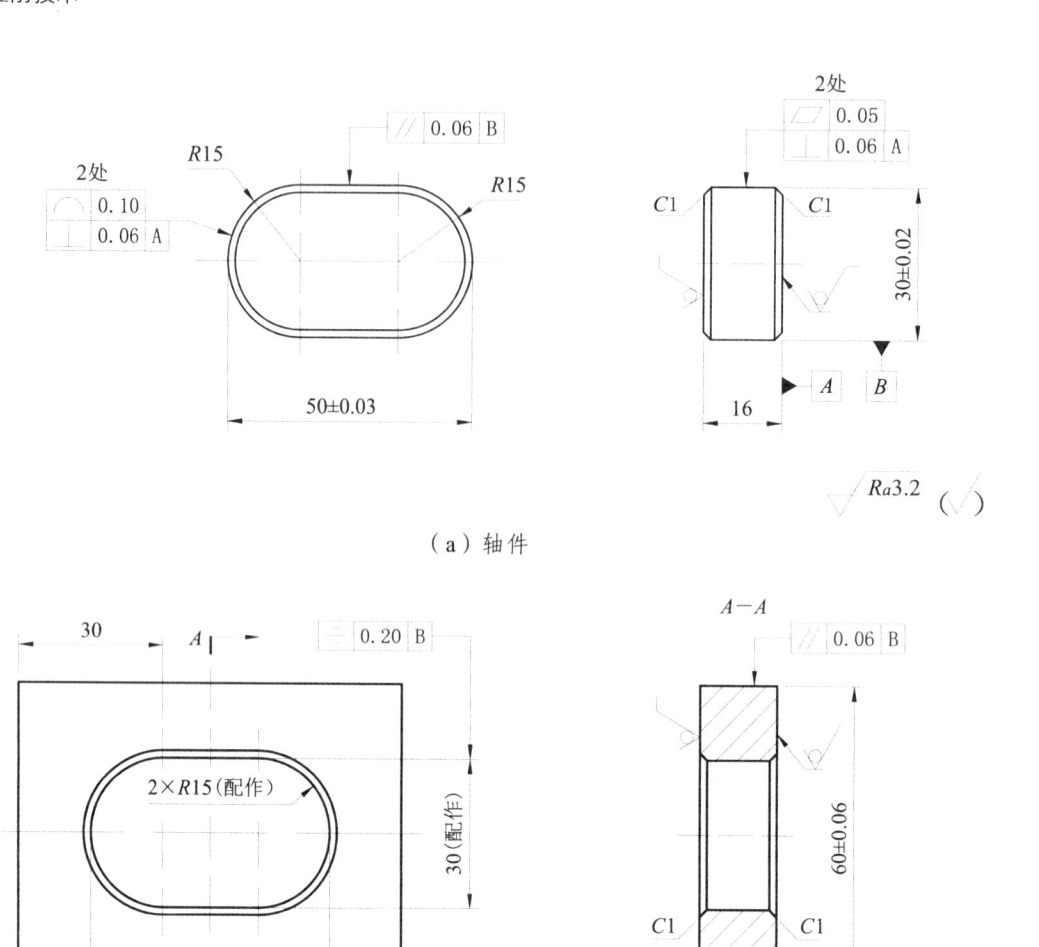

（a）轴件

（b）孔件

技术要求
1. 以键形体为基准件，键形孔体为配作件。
2. 配合（含1次换位）间隙≤0.20 mm。
3. 键形孔体周面倒角C0.40 mm。
4. 试配时不允许敲击。

图4-80 键形体锉配

3. 工、量、辅具准备

（1）工具：14″粗齿平锉1把、12″中齿平锉1把、12″中齿圆锉1把、10″细齿平锉1把、10″细齿半圆锉1把、8″双细齿平锉1把、8″双细齿半圆锉1把、整形锉1套、划针、样冲、小手锤、手用锯弓1把、$\phi5$ mm、$\phi16$ mm（或$\phi17$ mm、$\phi18$ mm）钻头等。

（2）量具：钢直尺、游标卡尺、（0~25 mm、25~50 mm、50~75 mm、75~100 mm）外径千分尺、高度游标卡尺、直角尺、刀形样板平尺、塞尺、R15~25 mm 半径样板等。

（3）辅具：毛刷、紫色水、红丹油、铜丝刷、铜钳口、记号笔、粉笔等。

4. 成绩评定

成绩评定见表 4-5，供参考。

表 4-5　键形体锉配成绩评定表

序号	项目及技术要求	配分	评定标准	实测记录	得分
	凸件				
1	尺寸：30±0.02 mm	3	符合要求得分		
2	50±0.03 mm	3	符合要求得分		
3	平面度≤0.05 mm（2处）	4	一处超差扣2分		
4	平行度≤0.06 mm	3	符合要求得分		
5	垂直度≤0.06 mm（4处）	8	一处超差扣2分		
6	线轮廓度≤0.10 mm（2处）	16	一处超差扣8分		
7	表面粗糙度 Ra≤3.2 μm（4处）	4	一处降级扣1分		
	孔件				
8	尺寸：80±0.06 mm	2	符合要求得分		
9	60±0.06 mm	2	符合要求得分		
10	平面度≤0.05 mm（4处）	8	一处超差扣2分		
11	平行度≤0.06 mm	2	符合要求得分		
12	垂直度≤0.06 mm（4处）	8	一处超差扣2分		
13	对称度≤0.10 mm（2处）	6	一处超差扣3分		
14	表面粗糙度 Ra≤3.2 μm（8处）	8	一处降级扣1分		
	配合				
15	配合（含1次换位）间隙≤0.20 mm（8处）	20	一处超差扣2.5分		
16	工量辅具摆放合理	3	符合要求得分		
17	安全操作		违反一次由总分扣5分		
姓名		工位号	日期	指导教师	总分

5. 轴件加工

（1）轴件外形轮廓加工要求如图 4-81 所示。

① 粗、细、精锉 B 基准面，达到平面度和与 A 基准面的垂直度要求。

② 粗、细、精锉 B 基准面的对面，达到尺寸、平面度、平行度和与 A 基准面的垂直度要求。

③ 粗、细、精锉 C 基准面，达到平面度和与 A、B 基准面的垂直度要求。

④ 粗、细、精锉 C 基准面的对面，达到尺寸、平面度、平行度和与 A、B 基准面的垂直度要求。

⑤ 光整锉削，理顺锉纹，四面锉纹纵向并达到表面粗糙度要求。

⑥ 四周面倒角 C0.40 mm。

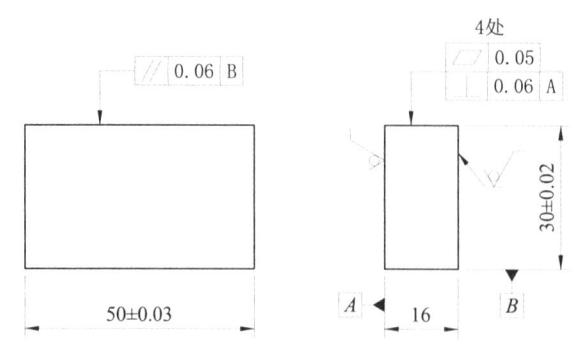

图 4-81 轴件外形轮廓加工

（2）画线操作。根据图样和实际尺寸，以 B 面为基准画出高度尺寸（30 mm）的对称中心线；以 C 面为基准画出两处 R15 长度位置尺寸线（15 mm、35 mm）；用划规画出 R15 圆弧加工线，检查无误后在相关各面打上冲眼，如图 4-82（a）所示。

（3）粗锉、细锉两圆弧面，留 0.1 mm 的精锉余量，如图 4-83（b）所示。

（4）精锉两圆弧面，用半径样板检测线轮廓度、用直角尺检测垂直度，达到线轮廓度和与 A 基准面的垂直度要求，如图 4-82（c）所示。

（5）倒角 C1 mm，如图 4-82（d）所示。

（6）全面检查并作必要的修整。

（7）理顺锉纹，凸圆弧面锉纹径向并达到表面粗糙度要求。

（a）画线操作　　（b）粗锉、半精锉两圆弧面

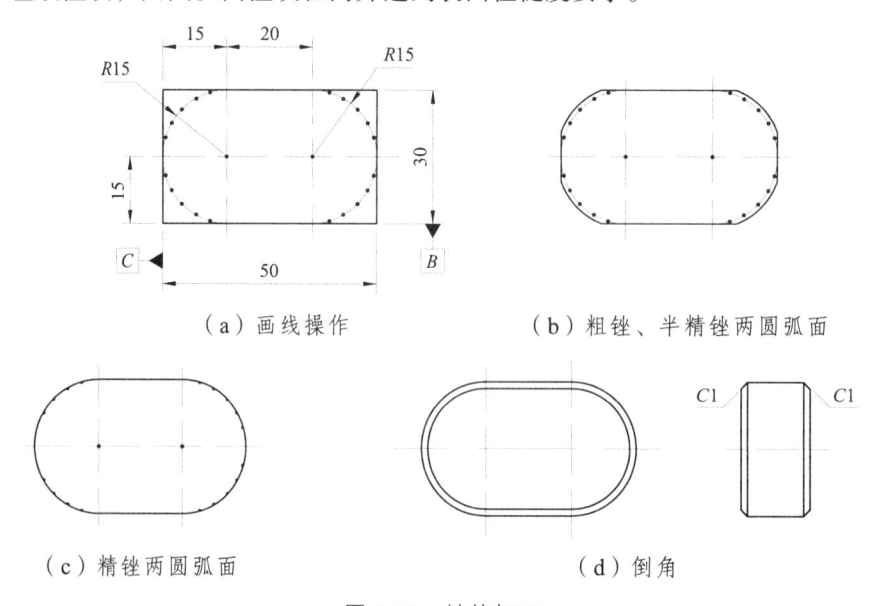

（c）精锉两圆弧面　　（d）倒角

图 4-82 轴件加工

6. 孔件加工

（1）孔件外形轮廓加工要求如图 4-83 所示。

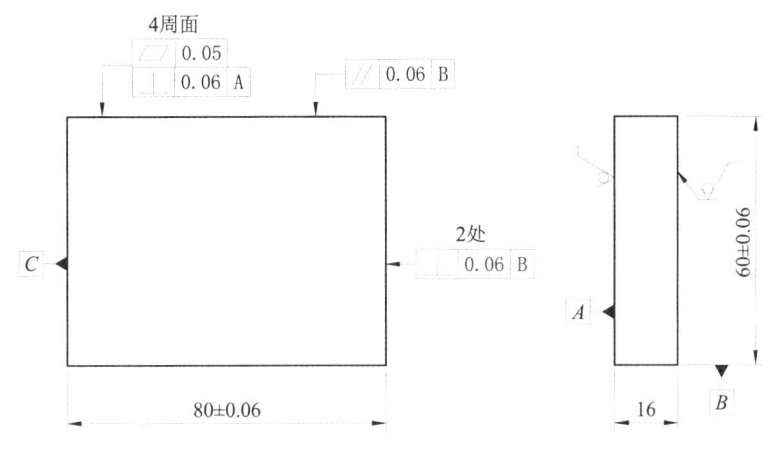

图 4-83 孔件外形轮廓加工

① 粗、细、精锉 B 基准面，达到平面度和与 A 基准面的垂直度要求。

② 粗、细、精锉 B 基准面的对面，达到尺寸、平行度、平面度和与 A 基准面的垂直度要求。

③ 粗、细、精锉 C 基准面，达到平面度和与 A、B 基准面的垂直度要求。

④ 粗、细、精锉 C 基准面的对面，达到尺寸、平行度、平面度和与 A、B 基准面的垂直度要求。

⑤ 光整锉削，理顺锉纹，四面锉纹纵向并达到表面粗糙度要求。

⑥ 四周面倒角 C0.40 mm。

（2）画线操作。根据图样和实际尺寸，以 B 面为基准画出高度尺寸（60 mm）的对称中心线；以 C 面为基准画出两处 R15 长度位置尺寸线（30 mm、50 mm）；用划规画出 R15 圆弧加工线，检查无误后在相关各面打上冲眼，如图 4-84（a）所示。

（3）工艺孔加工。在孔件上钻出两个 $\phi16 \sim \phi18$ mm 工艺孔，同时在凹体上钻出若干 $\phi5$ mm 工艺排孔，如图 4-84（b）所示。

（4）除去凹槽多余部分，如图 4-84（c）所示。

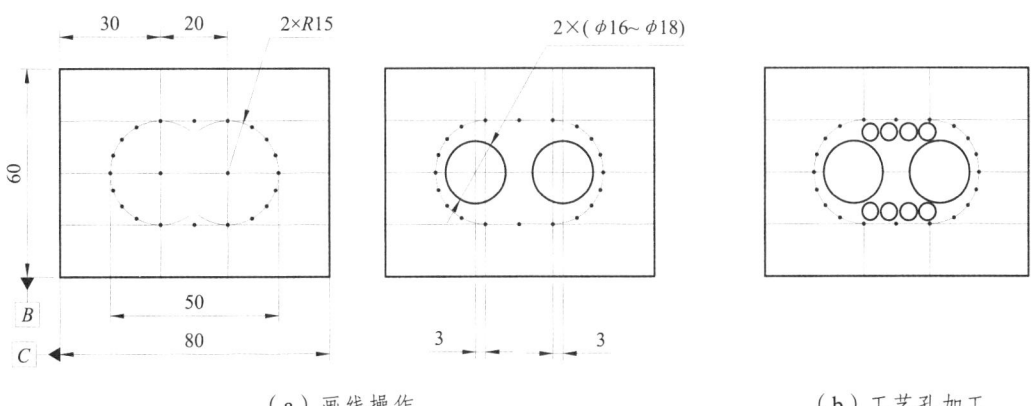

（a）画线操作　　　　　　　　　　（b）工艺孔加工

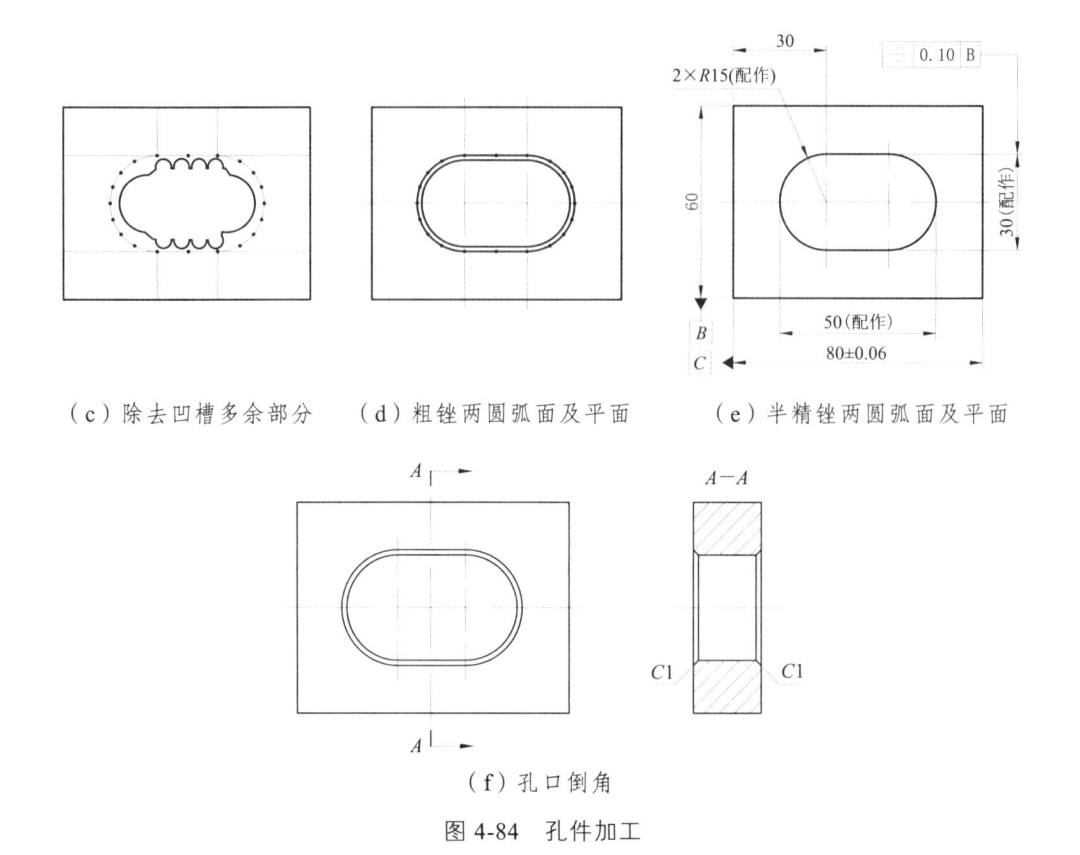

（c）除去凹槽多余部分　　（d）粗锉两圆弧面及平面　　（e）半精锉两圆弧面及平面

　　（f）孔口倒角

图 4-84　孔件加工

（5）粗锉两圆弧面和平面，留 0.5 mm 的细锉余量，如图 4-84（d）所示。

（6）细锉两圆弧面和平面，注意控制与 A 基准面的垂直度要求，留 0.1 mm 的锉配余量，如图 4-84（e）所示。

（7）孔口倒角 C1 mm，如图 4-84（f）所示。

7. 锉配加工

（1）同位试配。轴件与孔件进行同位试配，如图 4-85（a）所示。试配前，可以在孔内各面涂抹显示剂，这样试配时的接触痕迹就很清晰，便于确定修锉部位。当轴件全部配入孔件，且配合间隙≤0.1 mm，同位试配完成。

（2）换位试配。当同位试配完成后，轴件与孔件要进行换位试配，即将轴件径向旋转 180°进行换位试配，如图 4-85（b）所示。换位试配时，一般只需微量修锉即可。当轴件全部配入孔件，且换位配合间隙≤0.20 mm，换位试配完成。

8. 键形体锉配典型缺陷分析

键形体锉配中容易出现配入后圆弧面间局部间隙过大而产生超差等缺陷，如图 4-86 所示。

配入后圆弧面间局部间隙过大而超差的原因分为两个方面：在轴件方面，其一是圆弧面本身有局部塌面，导致线轮廓度超差；其二是圆弧面与 A 基准面有垂直度超差，如图 4-87 所示。在孔件方面，其一是在试配时孔件圆弧面由于局部修锉过多而造成局部塌面，导致线轮廓度超差；其二是圆弧面与 A 基准面有垂直度超差，如图 4-88 所示。

（a）同位试配　　　　　（b）换位试配

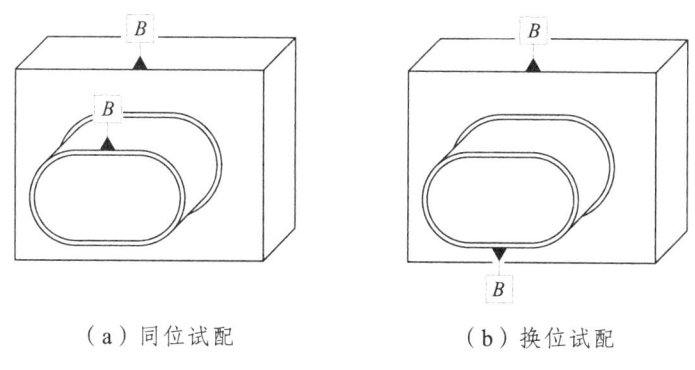

图 4-85　锉配加工

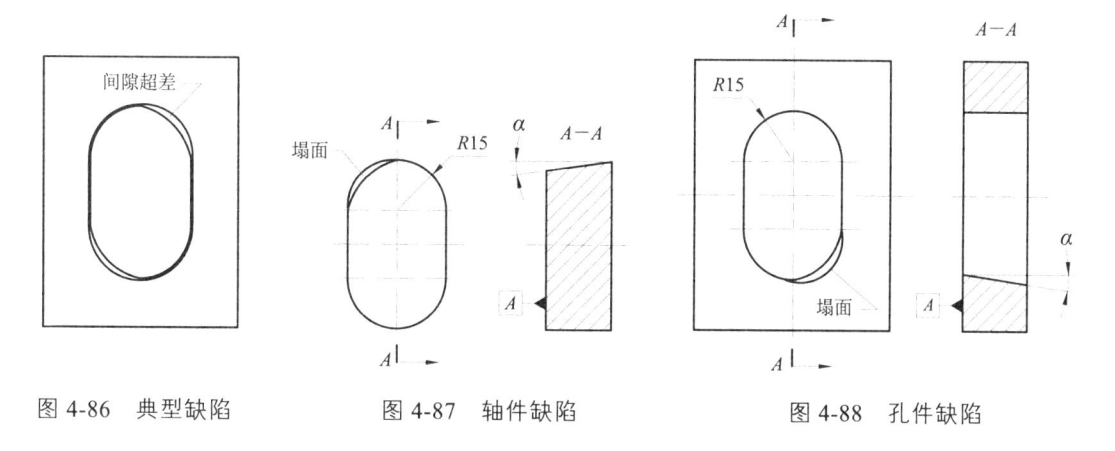

图 4-86　典型缺陷　　　图 4-87　轴件缺陷　　　图 4-88　孔件缺陷

9. 圆弧体锉配要点

（1）为防止出现上述圆弧体锉配缺陷，首先在加工轴件时，一定要对圆弧面加强检测，一般情况下是采用半径样板与直角尺来综合控制圆弧面形位公差，即采用半径样板检测圆弧面来控制线轮廓度，如图 4-89（a）所示。用直角尺检测圆弧面来控制与 A 基准面的垂直度，如图 4-89（b）所示。若采用半圆环规（自制）对圆弧面进行检测和对研修锉，则效果更好，如图 4-89（c）所示。

（2）在与孔件试配时，要根据试配痕迹谨慎修锉孔件圆弧面，防止因局部修锉过多而造成塌面，同时要控制好孔件圆弧面与 A 基准面的垂直度。

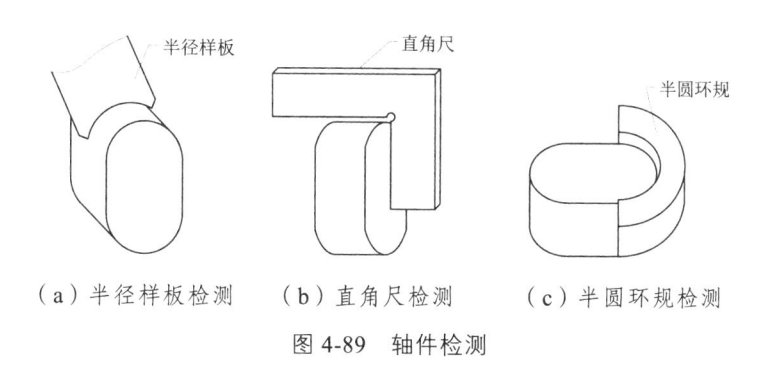

（a）半径样板检测　　（b）直角尺检测　　（c）半圆环规检测

图 4-89　轴件检测

七、综合形面锉配工艺

1. 练习图样

练习图样与技术要求如图 4-90 所示。

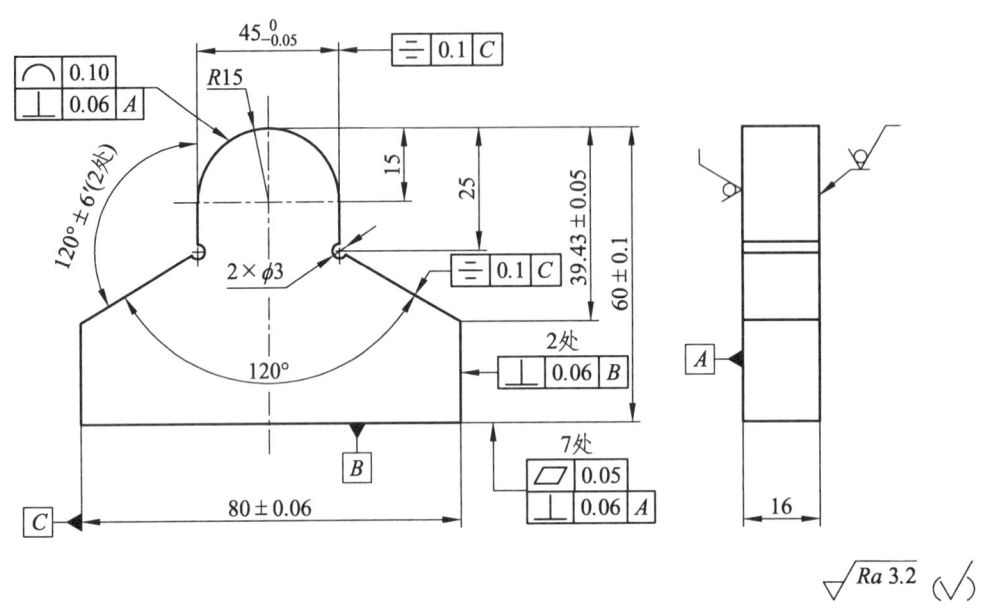

（a）凸件

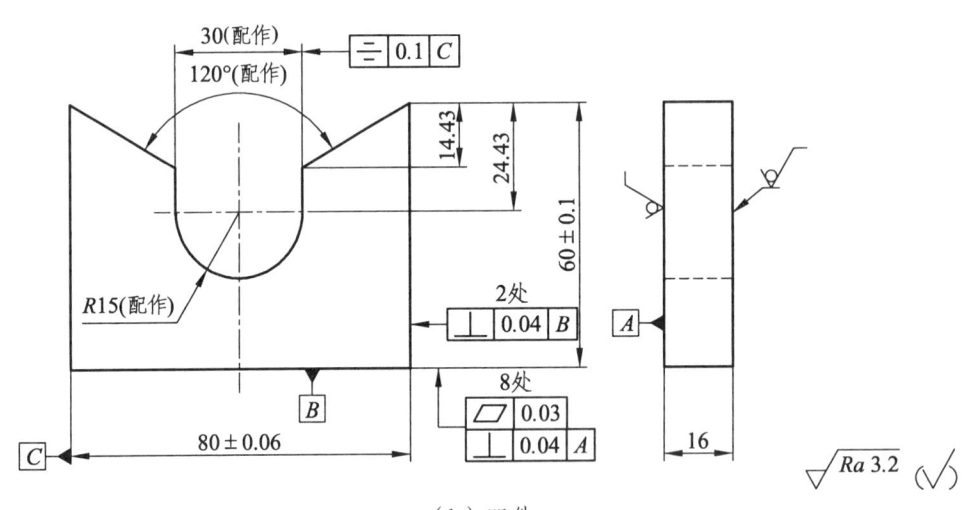

（b）凹件

技术要求

1. 以凸件为基准件，凹件为配作件。
2. 配合（含 1 次换位配合）间隙 ≤ 0.20 mm。
3. 侧面错位量 ≤ 0.20 mm。
4. 周面倒角 C0.40 mm。
5. 试配时不允许敲击。

图 4-90　燕尾圆弧体锉配

2. 材料准备与课时要求

工件名称	材料	毛坯尺寸/mm	件数	学时
凸件	45钢	82×62×20（钢板）	1	36
凹件	45钢	82×62×20（钢板）	1	

3. 工、量、辅具准备

（1）工具：14″粗齿平锉1把、14″粗齿圆锉1把、12″中齿平锉1把、12″中齿圆锉1把、10″细齿平锉1把、10″细齿半圆锉1把、8″双细齿平锉1把、8″双细齿半圆锉1把、整形锉1套、划针、样冲、小手锤、手用锯弓1把、ϕ3 mm钻头1支、ϕ6 mm钻头1支。

（2）量具：钢直尺、游标卡尺、25～50 mm外径千分尺、高度游标卡尺、直角尺、刀形样板平尺、塞尺、R15～25 mm半径样板、60°角度样板、万能角度尺、正弦规、杠杆表、量块等。

（3）辅具：毛刷、紫色水、红丹油、铜丝刷、铜钳口、记号笔、粉笔等。

4. 成绩评定

成绩评定见表4-6，供参考。

表4-6 燕尾圆弧体锉配成绩评定表

序号	项目及技术要求	配分	评定标准	实测记录	得分
	凸件				
1	尺寸：（$30_{-0.05}^{0}$）mm	3	符合要求得分		
2	80±0.06 mm	2	符合要求得分		
3	60±0.1 mm	1	符合要求得分		
4	120°±6′（2处）	10	一处超差扣5分		
5	平面度≤0.05 mm（7处）	7	一处超差扣1分		
6	对称度≤0.10 mm（2处）	6	符合要求得分		
7	垂直度≤0.06 mm（10处）	10	一处超差扣1分		
8	线轮廓度≤0.10 mm	6	符合要求得分		
9	表面粗糙度Ra≤3.2 μm（8处）	4	一处降级扣0.5分		
	凹件				
10	尺寸：80±0.06 mm	2	符合要求得分		
11	60±0.1 mm	1	符合要求得分		
12	平面度≤0.05 mm（7处）	7	一处超差扣1分		
13	垂直度≤0.06 mm（9处）	9	一处超差扣1分		
14	对称度≤0.10 mm	3	符合要求得分		
15	表面粗糙度Ra≤3.2 μm（8处）	4	一处降级扣0.5分		

续表

序号	项目及技术要求	配分	评定标准	实测记录	得分
	配合				
16	配合（含1次换位）间隙≤0.20 mm（10处）	20	一处超差扣2分		
17	侧面错位量≤0.20 mm	3	符合要求得分		
18	工量辅具摆放合理	2	符合要求得分		
19	安全操作		违反一次由总分扣5分		
姓名		工位号		日期	指导教师	总分

5. 凸件、凹件外形轮廓加工

凸件、凹件（共2件）加工要求如图4-91所示。

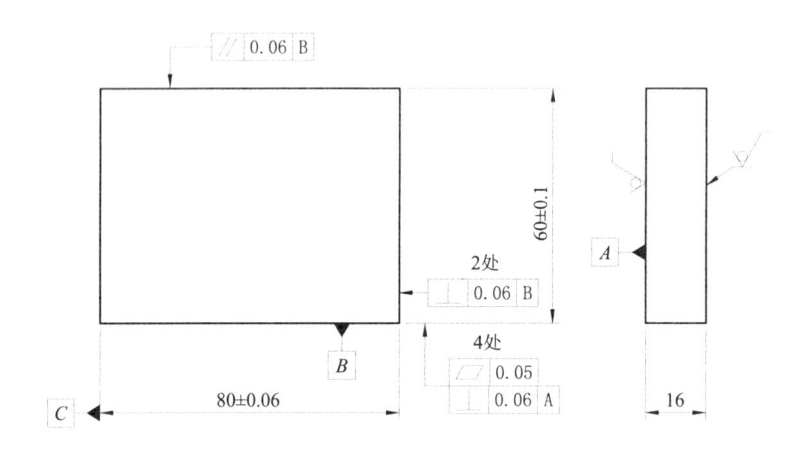

图4-91 凸件、凹件外形轮廓加工

（1）粗、细、精锉B基准面，达到平面度和与A基准面的垂直度要求。

（2）粗、细、精锉B基准面的对面，达到尺寸、平行度、平面度和与A基准面的垂直度要求。

（3）粗、细、精锉C基准面，达到平面度和与A、B基准面的垂直度要求。

（4）粗、细、精锉C基准面的对面，达到尺寸、平行度、平面度和与A、B基准面的垂直度要求。

（5）光整锉削，理顺锉纹，四面锉纹纵向并达到表面粗糙度要求。

（6）四周面倒角C0.40 mm。

6. 画线操作

（1）凸件画线操作。根据图样，画出凸件轮廓加工线，检查无误后在相关各面打上冲眼，如图4-92所示。

（2）凹件画线操作。根据图样，画出凹件轮廓加工线，检查无误后在相关各面打上冲眼，如图4-93所示。

图 4-92　凸件画线操作　　　　　　　图 4-93　凹件画线操作

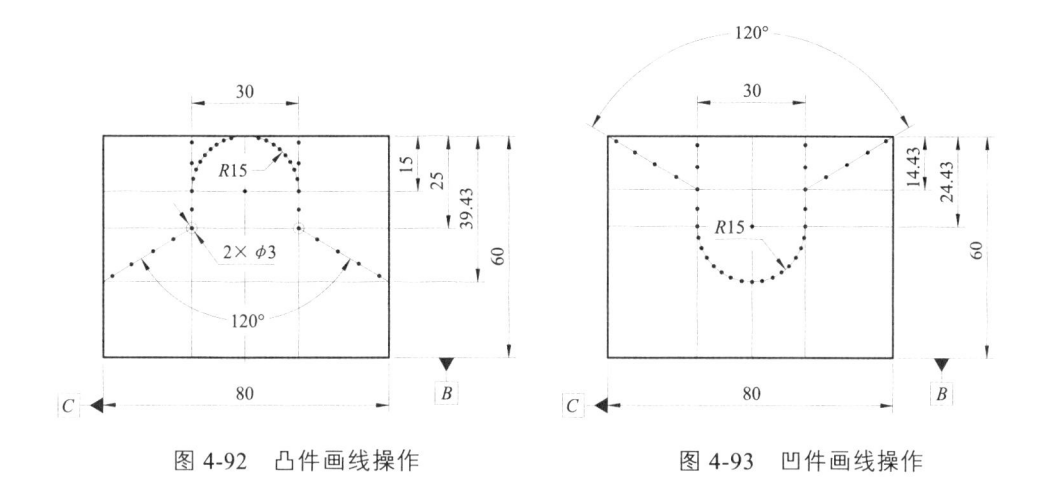

7. 工艺孔加工

根据图样在凸件上钻出 $\phi 3$ mm 工艺孔，在凹件上钻出工艺排孔，如图 4-94 所示。

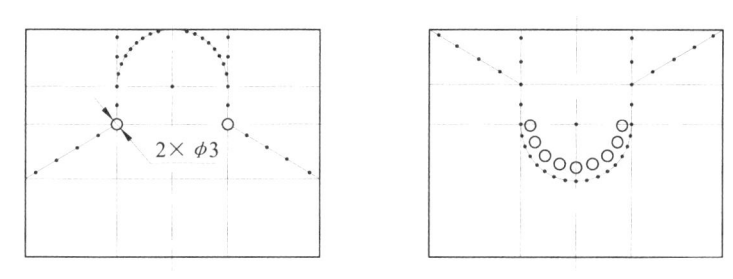

图 4-94　工艺孔加工

8. 凸件加工

（1）按线锯除右侧一角多余部分，留 1 mm 粗锉余量。

（2）粗锉右垂直面 1 和右台肩面 2，留 0.5 mm 的细锉余量。如图 4-95（a）所示。

（3）细锉、精锉右垂直面 1，用工艺尺寸 X_1（$55_{-0.05}^{0}$ mm）间接控制与 C 基准面的对称度要求，注意控制右垂直面 1 与 A 基准面的垂直度以及自身的平面度，如图 4-95（b）所示。

（4）用杠杆表测量并修锉角度面，如图 4-95（c）所示。

（5）按线锯除左侧一角多余部分，留 1 mm 粗锉余量。

（6）粗锉左垂直面 3 和左台肩面 4，留 0.5 mm 的细锉余量。如图 4-95（d）所示。

（7）细锉、精锉左垂直面 3，达到尺寸（$30_{-0.05}^{0}$ mm）要求及间接控制与 C 基准面的对称度要求，注意控制左垂直面 3 与 A 基准面的垂直度以及自身的平面度，如图 4-95（e）所示。

（8）精锉左台肩角度面 4 和台肩角度面 5，达到角度公差要求、平面度及与 A 基准面的垂直度要求，如图 4-95（f）所示。

（9）粗、细、精锉 $R15$ mm 凸圆弧面，达到线轮廓度要求及与 A 基准面的垂直度要求，如图 4-95（g）所示。

（10）光整锉削，理顺锉纹，锉纹纵向并达到表面粗糙度要求。

（11）1～5 面倒角 $C0.40$ mm。

钳工锉削技术

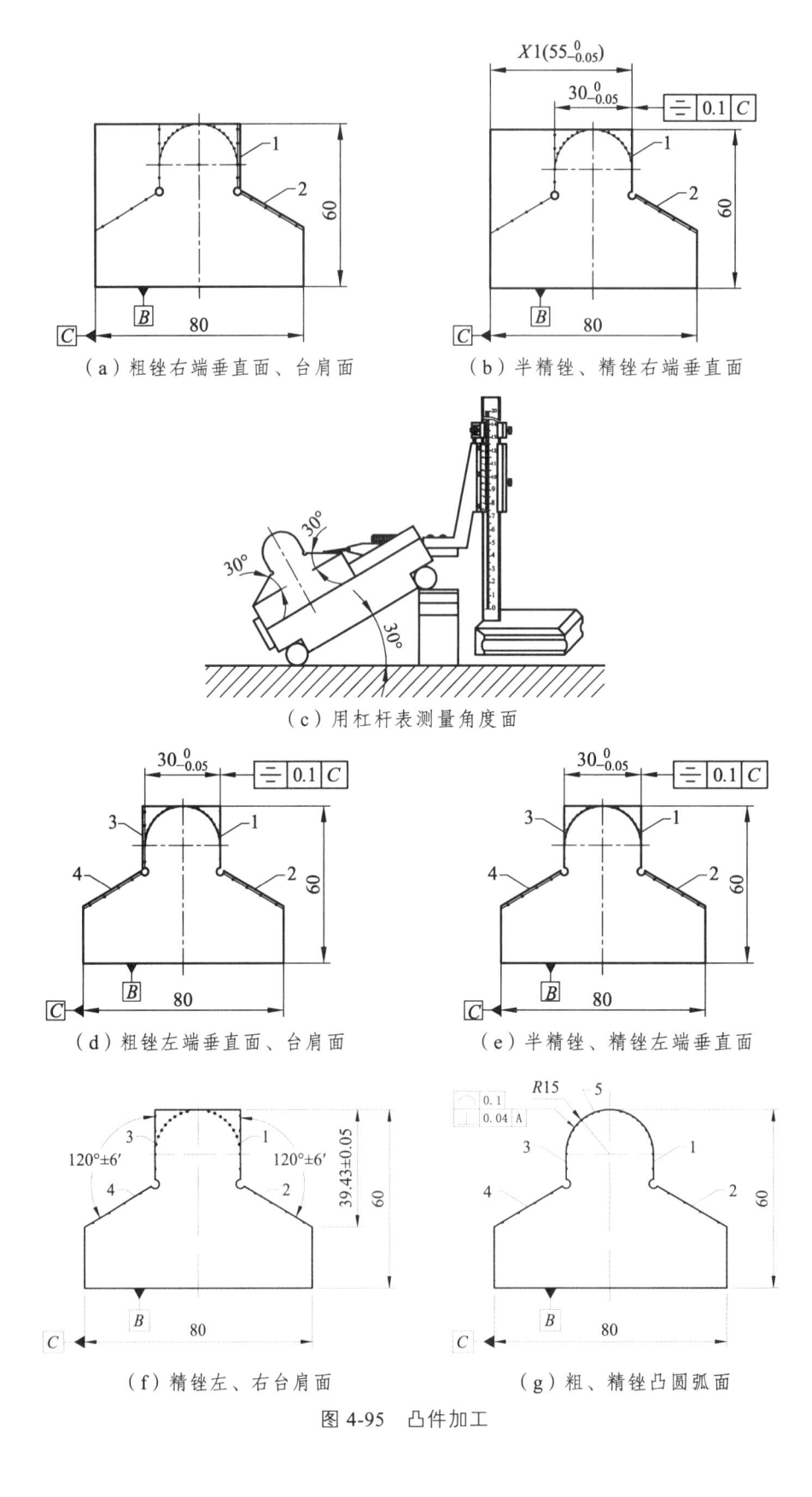

(a) 粗锉右端垂直面、台肩面

(b) 半精锉、精锉右端垂直面

(c) 用杠杆表测量角度面

(d) 粗锉左端垂直面、台肩面

(e) 半精锉、精锉左端垂直面

(f) 精锉左、右台肩面

(g) 粗、精锉凸圆弧面

图 4-95　凸件加工

（12）可采用测量工艺尺寸 X（37.89±0.05 mm）来间接控制凸件两台肩面的高度尺寸（39.43±0.05 mm），以保证两台肩面的高度尺寸相等以及相对于 C 基准（中心线）的对称度要求，如图 4-96 所示。

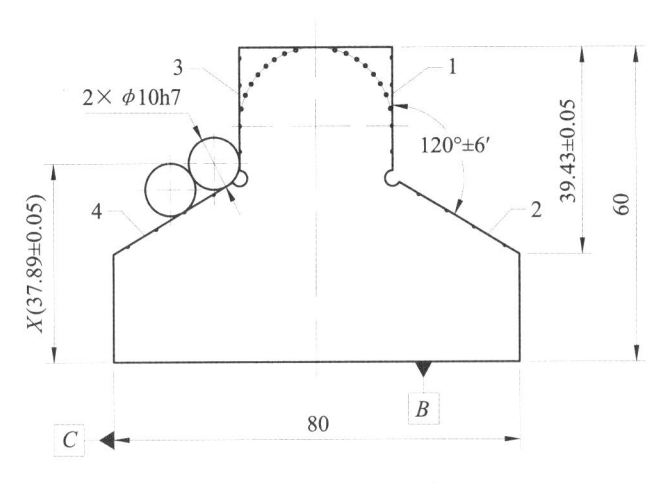

图 4-96　检测台肩面高度尺寸

9. 凹件加工

（1）锯除凹槽内多余部分，留 1 mm 粗锉余量。

（2）根据凸件尺寸，粗锉、细锉内圆弧面 1、左垂直面 2 和右垂直面 3，留 0.1 mm 的锉配余量，通过工艺尺寸 X_1（$25^{+0.1}_{+0.05}$）和 X_2（$25^{+0.1}_{+0.05}$）来控制尺寸 30 mm 的对称度要求，如图 4-97（a）所示。

（3）粗锉、细锉左台肩面 5 和右台肩面 6，留 0.1 mm 的锉配余量，如图 4-97（b）所示。

（4）用杠杆表测量并修锉角度面，如图 4-97（c）所示。

（5）光整锉削，理顺锉纹，锉纹纵向并达到表面粗糙度要求。

（6）1~5 面倒角 C0.40 mm。

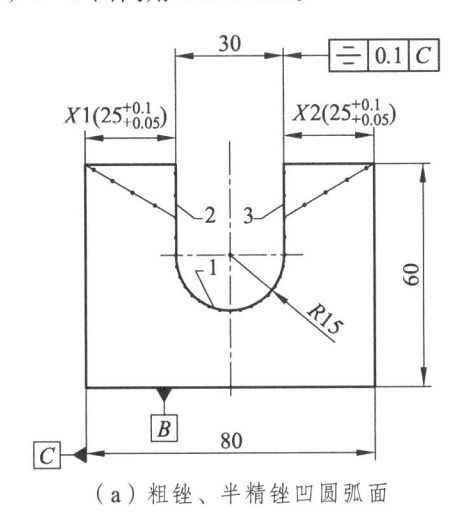

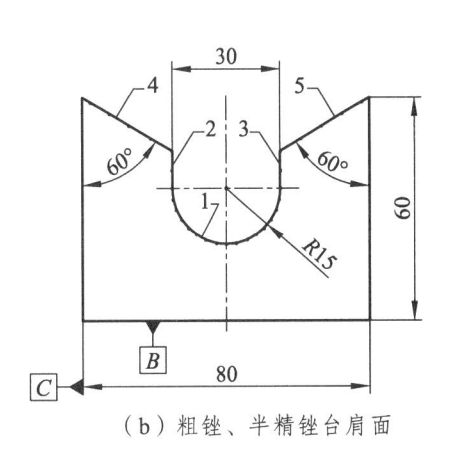

（a）粗锉、半精锉凹圆弧面　　　　（b）粗锉、半精锉台肩面

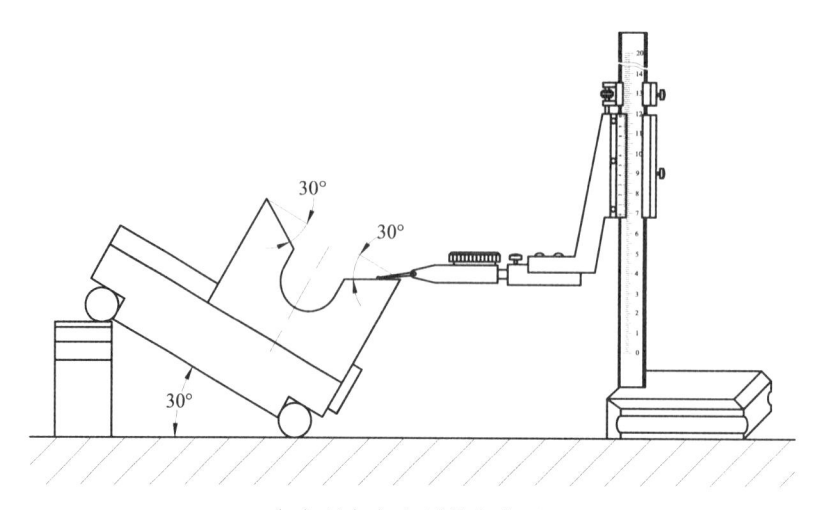

（c）用杠杆表测量角度面

图 4-97　凹件加工

10. 锉配加工

（1）同位试配。凸件与凹件进行同位试配，如图 4-98（a）所示。试配前，可以在孔内各面涂抹显示剂，这样试配时的接触痕迹就很清晰，便于确定修锉部位。

（2）换位试配。将凸件径向旋转 180°进行换位试配、修锉，如图 4-98（b）所示。

当凸件全部配入凹件，且换位配合间隙≤0.20 mm 以及侧面错位量≤0.20 mm，试配完成。

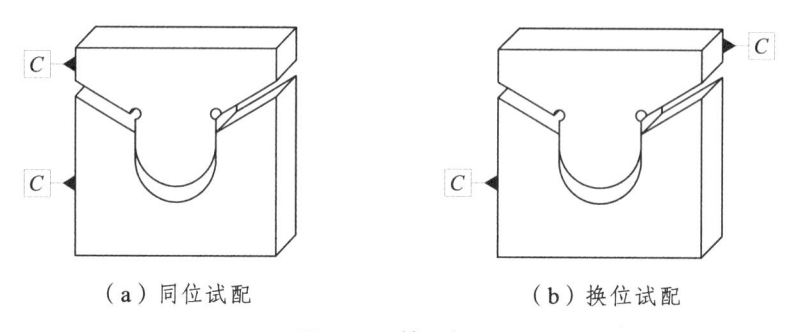

（a）同位试配　　　　　　　　（b）换位试配

图 4-98　锉配加工

第五章　钳工操作技能等级考核练习试题

通过钳工操作技能等级考核典型试题的练习，使学习者进一步提高锉配操作技能，为今后参加钳工操作技能等级考核和钳工技能竞赛做好实战准备。

第一节　初级工操作技能考核练习试题

一、凸台体加工

1. 考件图样

考件图样如图 5-1 所示。

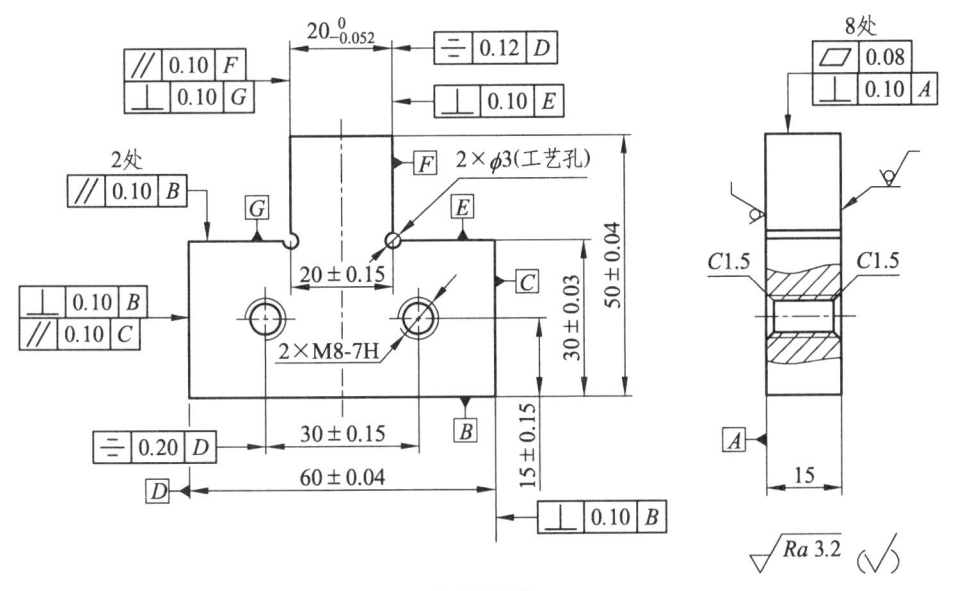

技术要求

1. 棱角处倒角 $C0.3$ mm。
2. 不许使用砂布或油石打磨加工面。
3. 图中未注公差按 GB/T 1804—m 加工。

图 5-1　凸台体加工

2. 考件材料

Q235 钢。

3. 考核要求

1）考核内容

尺寸公差、形位公差、表面粗糙度值等应达到要求。

2）工时定额

4 h。

3）安全文明生产

（1）能正确执行安全技术操作规程。

（2）能按企业有关文明生产的规定，做到工作场地整洁、工件、工具等摆放整齐。

4. 加工步骤（仅供参考）

（1）粗、细、精锉坯料四周面至要求。
（2）按图样画出加工界线，用样冲在孔的位置点上准确地打出冲眼。
（3）钻出 $2\times\phi3$ mm 工艺孔、M8 mm 螺纹底孔至要求。
（4）手工攻削 M8 mm 内螺纹至要求。
（5）锯除凸台右侧直角余料部分。
（6）粗锉"E"、"F"面。
（7）细、精锉"E"面至要求。
（8）细、精锉"F"面至要求。
（9）锯除凸台左侧直角余料部分。
（10）粗锉凸台左侧直角两面。
（11）细、精锉凸台面"G"面至要求。
（12）细、精锉凸台左侧垂直面至要求。
（13）全面检测，适当修整。
（14）交件待验。

5. 评分表

评分表见表5-1，供参考。

表 5-1 凸台体加工评分表

项目	序号	考核要求	配分	评定标准	实测记录	扣分	得分
锉削	1	60 ± 0.04 mm	4.5	超差不得分			
	2	50 ± 0.04 mm	4.5	超差不得分			
	3	30 ± 0.03 mm（2处）	9	一处超差扣4.5分			
	4	$20_{-0.052}^{0}$ mm	5	超差不得分			
	5	平面度公差≤0.08 mm（8处）	16	一处超差扣2分			
	6	平行度公差≤0.10 mm（5处）	10	一处超差扣2分			
	7	垂直度公差≤0.10 mm（12处）	12	一处超差扣1分			

续表

项目	序号	考核要求	配分	评定标准	实测记录	扣分	得分
锉削	8	对称度公差≤0.12 mm	4	超差不得分			
	9	对称度公差≤0.20 mm	5	超差不得分			
	10	Ra≤3.2 μm（8处）	8	一处降级扣1分			
钻孔	11	15±0.15 mm（2处）	6	一处超差扣3分			
	12	30±0.15 mm	3	超差不得分			
	13	20±0.15 mm	3	超差不得分			
	14	C1.5±0.2 mm（4处）	4	一处超差扣1分			
螺纹	15	M8-7H（2处）	6	一处超差扣3分			
安全文明生产	16	1. 根据国家（或行业、企业）颁发的有关有关规定。 2. 工、量、夹具与零件摆放合理。 3. 场地整洁	倒扣	由总分中酌情扣除1～10分			
					总分		

二、凹槽体加工

1. 考件图样（图 5-2）

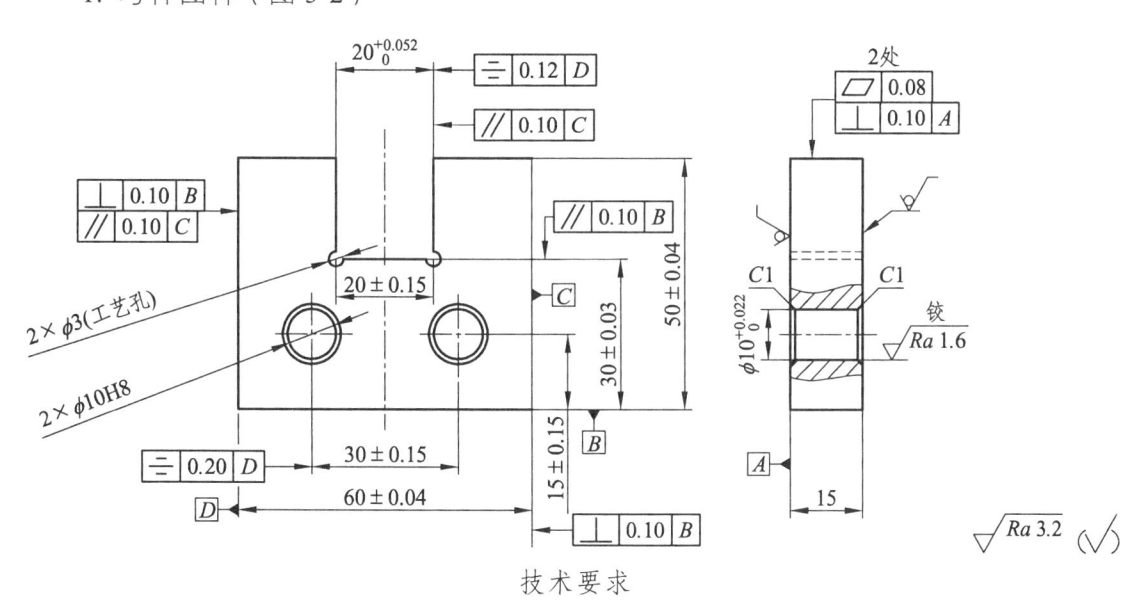

图 5-2　凹槽体加工

技术要求

1. 棱角处倒角 C0.3 mm。
2. 不许使用砂布或油石打磨加工面。
3. 图中未注公差按 GB/T 1804—m 加工。

2. 考件材料

Q235 钢。

3. 考核要求

1）考核内容

尺寸公差、形位公差、表面粗糙度值应达到要求。

2）工时定额

4 h。

3）安全文明生产

（1）能正确执行安全技术操作规程。
（2）能按照企业有关文明生产的规定，做到工作场地整洁、工件、工具等摆放整齐。

4. 加工步骤

（1）粗、细、精锉坯料四周面至要求。
（2）按图样画出加工界线，用样冲在孔的位置点上准确地打出冲眼。
（3）钻出 $2 \times \phi 3$ mm 工艺孔、$2 \times \phi 10$H8 铰孔前底孔至要求。
（4）手工铰削 $2 \times \phi 10$ H8 孔至要求。
（5）锯除凹槽余料部分。
（6）粗锉凹槽各面。
（7）细、精锉凹槽右侧垂直面至要求。
（8）细、精锉凹槽左侧垂直面至要求。
（9）细、精锉凹槽底平面至要求。
（10）全面检测，适当修整。
（11）交件待验。

5. 评分表

评分表见表 5-2，供参考。

表 5-2 凹槽体加工评分表

项目	序号	考核要求	配分	评定标准	实测记录	扣分	得分
锉削	1	($20_0^{+0.052}$) mm	5	超差不得分			
	2	30 ± 0.03 mm	5	超差不得分			
	3	50 ± 0.04 mm	5	超差不得分			
	4	60 ± 0.04 mm	5	超差不得分			
	5	平面度公差≤0.08 mm（8处）	16	一处超差扣2分			
	6	平行度公差≤0.10 mm（3处）	6	一处超差扣2分			

续表

项目	序号	考核要求	配分	评定标准	实测记录	扣分	得分
锉削	7	垂直度公差≤0.10 mm（10处）	10	一处超差扣1分			
	8	对称度公差≤0.12 mm	5	超差不得分			
	9	对称度公差≤0.20 mm	5	超差不得分			
	10	Ra≤3.2 μm（8处）	8	一处降级扣1分			
钻孔	11	30±0.15 mm	4	超差不得分			
	12	20±0.15 mm	4	超差不得分			
	13	15±0.15 mm（2处）	8	一处超差扣4分			
	14	$C1±0.2$ mm（4处）	4	一处超差扣1分			
铰孔	15	($\phi 10_0^{+0.022}$) mm（2处）	6	一处超差扣3分			
	16	Ra≤1.6 μm（2处）	4	一处降级扣2分			
安全文明生产	17	1. 根据国家（或行业、企业）颁发的有关有关规定。 2. 工、量、夹具与零件摆放合理。 3. 场地整洁	倒扣	由总分中酌情扣除 1～10分			
					总分		

三、凸燕尾体加工

1. 考件图样

考件图样如图 5-3 所示。

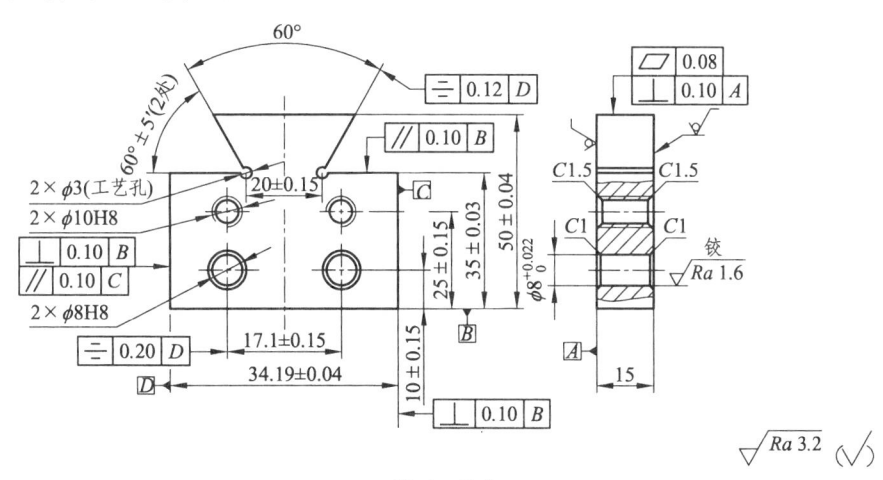

技术要求

1. 棱角处倒角 $C0.3$ mm。
2. 不许使用砂布或油石打磨加工面。
3. 图中未注公差按 GB/T 1804—m 加工。

图 5-3 凸燕尾体加工

2. 考件材料

考件材料为Q235钢。

3. 考核要求

1）考核内容

尺寸公差、形位公差、表面粗糙度值应达到要求。

2）工时定额

4 h。

3）安全文明生产

（1）能正确执行安全技术操作规程。

（2）能按照企业有关文明生产的规定，做到工作场地整洁、工件、工具等摆放整齐。

4. 加工步骤

（1）粗、细、精锉坯料四周面至要求。

（2）按图样画出加工界线，用样冲在孔的位置点上准确地打出冲眼。

（3）钻出 $2 \times \phi 3$ mm 工艺孔，钻出 $2 \times$ M8-7H 螺纹底孔、$2 \times \phi 8$H8 底孔至要求。

（4）手工攻削 $2 \times$ M8-7H 螺纹至要求，手工铰削 $2 \times \phi 8$ H8 孔至要求。

（5）锯除凸燕尾台右侧余料部分。

（6）粗、细、精锉右侧60°夹角两面至要求。

（7）锯除凸燕尾台左侧余料部分。

（8）粗、细、精锉凸燕尾左侧60°夹角两面至要求。

（9）全面检测，适当修整。

（10）交件待验。

5. 评分表

评分表见表5-3，供参考。

表5-3 凸燕尾体加工评分表

项目	序号	考核要求	配分	评定标准	实测记录	扣分	得分
锉削	1	60°±5′（2处）	10	一处超差扣5分			
	2	$(35_{-0.062}^{0})$ mm（2处）	8	一处超差扣4分			
	3	50±0.04 mm	4	超差不得分			
	4	60±0.04 mm	4	超差不得分			
	5	平面度公差≤0.10 mm（8处）	12	一处超差扣1.5分			
	7	平行度公差≤0.10 mm（3处）	4.5	一处超差扣1.5分			

续表

项目	序号	考核要求	配分	评定标准	实测记录	扣分	得分
锉削	8	垂直度公差≤0.10 mm（10处）	15	一处超差扣1.5分			
	9	对称度公差≤0.12 mm	3.5	超差不得分			
	10	Ra≤3.2 μm（8处）	8	一处降级扣1分			
钻孔	11	30±0.15 mm（2处）	4	一处超差扣2分			
	12	25±0.15 mm（2处）	4	一处超差扣2分			
	13	20±0.15 mm	2	一处超差扣2分			
	14	$C1$±0.2 mm（4处）	2	一处超差扣0.5分			
	15	$C1.5$±0.2 mm（4处）	2	一处超差扣0.5分			
	16	对称度公差≤0.20 mm	3	超差不得分			
铰孔	17	（$\phi8^{+0.022}_{0}$）mm（2处）	8	一处超差扣4分			
	18	Ra≤1.6 μm（2处）	2	一处降级扣1分			
螺纹	19	M8-7H（2处）	4	一处超差扣2分			
安全文明生产	20	1. 根据国家（或行业、企业）颁发的有关有关规定。 2. 工、量、夹具与零件摆放合理。 3. 场地整洁	倒扣	由总分中酌情扣除1~10分			
				总分			

四、凹燕尾体加工

1. 考件图样

考件图样如图5-4所示。

2. 考件材料

考件材料为Q235钢。

3. 考核要求

1）考核内容

尺寸公差、形位公差、表面粗糙度值应达到要求。

2）工时定额

4 h。

3）安全文明生产

（1）能正确执行安全技术操作规程。

（2）能按照企业有关文明生产的规定，做到工作场地整洁、工件、工具等摆放整齐。

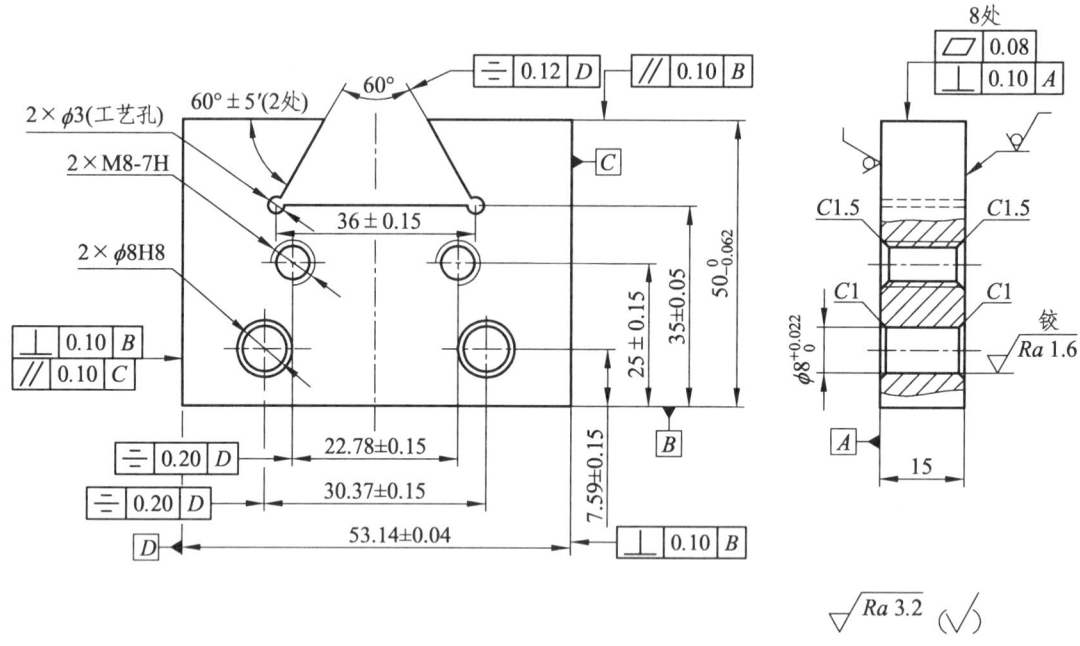

技术要求

1. 棱角处倒角 C0.3 mm。
2. 不许使用砂布或油石打磨加工面。
3. 图中未注公差按 GB/T 1804—m 加工。

图 5-4 凹燕尾体加工

4. 加工步骤

（1）粗、细、精锉锉坯料四周面至要求。

（2）按图样画出加工界线，用样冲在孔的位置点上准确地打出冲眼。

（3）钻出 $2 \times \phi 3$ mm 工艺孔，钻出 $2 \times$ M8-7H 螺纹底孔，$2 \times \phi 8$H8 底孔至要求。

（4）手工攻削 $2 \times$ M8-7H 螺纹至要求，手工铰削 $2 \times \phi 8$ H8 孔至要求。

（5）锯除燕尾槽内余料部分。

（6）粗锉燕尾槽内各面。

（7）细、精锉燕尾槽底面至要求。

（8）细、精锉燕尾槽右侧角度面至要求。

（9）细、精锉燕尾槽左侧角度面至要求。

（10）全面检测，适当修整。

（11）交件待验。

5. 评分表

评分表见表 5-4，供参考。

表 5-4 凹燕尾体加工评分表

项目	序号	考核要求	配分	评定标准	实测记录	扣分	得分
锉削	1	60°±5′（2 处）	13	一处超差扣 6.5 分			
	2	35±0.05 mm	4	超差不得分			
	3	($50_{-0.062}^{0}$) mm	6	超差不得分			
	4	70±0.04 mm	4	超差不得分			
	5	平面度公差≤0.08 mm（8 处）	13.6	一处超差扣 1.7 分			
	6	平行度公差≤0.10 mm（2 处）	3.4	一处超差扣 1.7 分			
	7	垂直度公差≤0.10 mm（10 处）	17	一处超差扣 1.7 分			
	8	对称度公差≤0.12 mm	3	超差不得分			
	9	Ra≤3.2 μm（8 处）	4	一处降级扣 0.5 分			
钻孔	10	40±0.15 mm	3	超差不得分			
	11	36±0.15 mm	3	超差不得分			
	12	30±0.15 mm	3	超差不得分			
	13	10±0.15 mm（2 处）	6	一处超差扣 3 分			
	14	$C1$±0.2 mm（4 处）	2	一处超差扣 0.5 分			
	15	$C1.5$±0.2 mm（4 处）	2	一处超差扣 0.5 分			
铰孔	16	($\phi 8_{0}^{+0.022}$) mm（2 处）	7	一处超差扣 3.5 分			
	17	Ra≤1.6 μm（2 处）	2	一处降级扣 1 分			
螺纹	18	M8-7H（2 处）	4	一处超差扣 2 分			
安全文明生产	19	1. 根据国家（或行业、企业）颁发的有关有关规定。 2. 工、量、夹具与零件摆放合理。 3. 场地整洁	倒扣	由总分中酌情扣除 1~10 分			
					总分		

五、凸圆弧体加工

1. 考件图样

考件图样如图 5-5 所示。

2. 考件材料

考件材料为 Q235 钢。

3. 考核要求

1）考核内容

尺寸公差、形位公差、表面粗糙度值应达到要求。

2）工时定额

4 h。

3）安全文明生产

（1）能正确执行安全技术操作规程。

（2）能按照企业有关文明生产的规定，做到工作场地整洁、工件、工具等摆放整齐。

4. 加工步骤（仅供参考）

（1）粗、细、精锉坯料四周面至要求。

（2）按图样画出加工界线，用样冲在孔的位置点上准确地打出冲眼。

（3）钻出 2×ϕ3 mm 工艺孔，钻出 2×M8-7H、2×ϕ8H8 底孔至要求。

（4）手工攻削 2×M8-7H 螺纹至要求，手工铰削 2×ϕ8 H8 孔至要求。

（5）锯除凸圆弧台左侧余料部分。

（6）粗、细、精锉凸圆弧台左侧垂直面至要求。

（7）锯除凸圆弧台右侧余料部分。

（8）粗、细、精锉凸圆弧台右侧垂直面至要求。

（9）粗、细、精锉凸圆弧面至要求。

（10）全面检测，适当修整。

（11）交件待验。

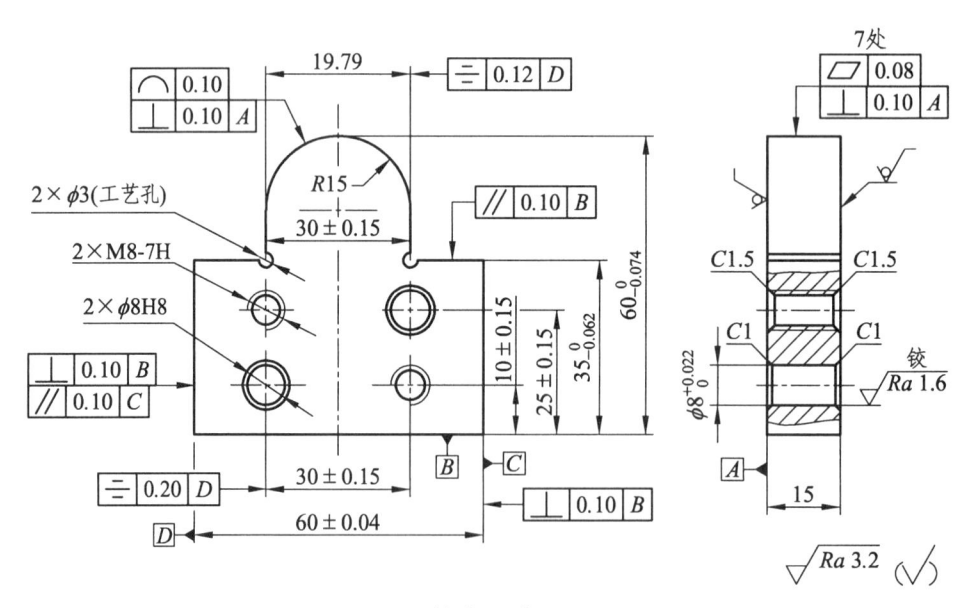

技术要求

1. 棱角处倒角 C0.3 mm。
2. 不许使用砂布或油石打磨光加工面。
3. 图中未注公差按 GB/T 1804—m 加工。

图 5-5 凸圆弧体加工

5. 评分表

评分表见表 5-5，供参考。

表 5-5 凸圆弧体加工评分表

项目	序号	考核要求	配分	评定标准	实测记录	扣分	得分
	1	($60_{-0.074}^{0}$) mm	5	超差不得分			
	2	($35_{-0.062}^{0}$) mm	5	超差不得分			
	3	($30_{-0.052}^{0}$) mm	5	超差不得分			
	4	60±0.04 mm	5	超差不得分			
	5	平面度公差≤0.08 mm（7处）	10.5	一处超差扣1.5分			
	6	平行度公差≤0.10 mm（2处）	3	一处超差扣1.5分			
	7	垂直度公差≤0.10 mm（10处）	15	一处超差扣1.5分			
	8	线轮廓度≤0.10 mm	8	超差不得分			
	9	对称度公差≤0.12 mm	6	超差不得分			
	10	Ra≤3.2 μm（8处）	4	一处降级扣0.5分			
钻孔	11	30±0.15 mm（2处）	6	超差不得分			
	12	25±0.15 mm（2处）	6	超差不得分			
	13	10±0.15 mm（2处）	6	超差不得分			
	14	$C1$±0.2 mm（4处）	2	一处超差扣0.5分			
	15	$C1.5$±0.2 mm（4处）	2	一处超差扣0.5分			
铰孔	16	($\phi 8_{0}^{+0.022}$) mm（2处）	6	一处超差扣3分			
	17	Ra≤1.6 μm（2处）	2	一处降级扣1分			
螺纹	18	M8-7H（2处）	4	一处超差扣2分			
安全文明生产	19	1. 根据国家（或行业、企业）颁发的有关有关规定。 2. 工、量、夹具与零件摆放合理。 3. 场地整洁	倒扣	由总分中酌情扣除1~10分			
					总分		

六、凹圆弧体加工

1. 考件图样（图 5-6）

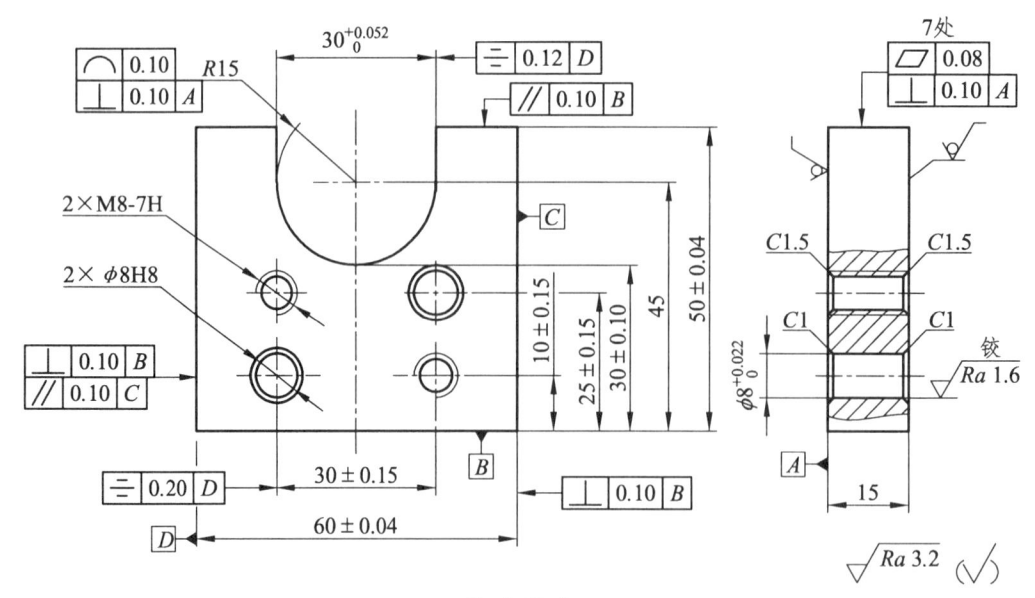

技术要求
1. 棱角处倒角 C0.3 mm。
2. 不许使用砂布或油石打磨加工面。
3. 图中未注公差按 GB/T 1804—m 加工。

图 5-6 凹圆弧体加工

2. 考件材料

考件材料为 Q235 钢。

3. 考核要求

1）考核内容

尺寸公差、形位公差、表面粗糙度值应达到要求。

2）工时定额

4 h。

3）安全文明生产

（1）能正确执行安全技术操作规程。

（2）能按照企业有关文明生产的规定，做到工作场地整洁、工件、工具等摆放整齐。

4. 加工步骤

（1）粗、细、精锉坯料四周面至要求。

（2）按图样画出加工界线，用样冲在孔的位置点上准确地打出冲眼。

（3）钻出 2×M8-7H 螺纹底孔、2×ϕ8H8 底孔至要求。

（4）手工攻削 2×M8-7H 螺纹至要求，手工铰削 2×ϕ8H8 孔至要求。

（5）锯除凹圆弧内余料部分。

（6）粗锉凹圆弧内平行面、圆弧面至要求。

（7）细、精锉平行面至要求。

（8）细、精锉凹圆弧面至要求。

（9）全面检测，适当修整。

（10）交件待验。

5. 评分表

评分表见表 5-6，供参考。

表 5-6 凹圆弧体加工评分表

项目	序号	考核要求	配分	评定标准	实测记录	扣分	得分
锉削	1	60 ± 0.04 mm	5	超差不得分			
	2	55 ± 0.04 mm	5	超差不得分			
	3	$(30_{0}^{+0.052})$ mm	6	超差不得分			
	4	30 ± 0.10 mm	4	超差不得分			
	5	平面度公差≤0.08 mm（7处）	10.5	一处超差扣1.5分			
	6	平行度公差≤0.10 mm（2处）	3	一处超差扣1.5分			
	7	垂直度公差≤0.10 mm（10处）	15	一处超差扣1.5分			
	8	线轮廓度≤0.10 mm	8	超差不得分			
	9	对称度公差≤0.12 mm	6	超差不得分			
	10	Ra≤3.2 μm（8处）	4	一处超差扣0.5分			
钻孔	11	30 ± 0.15 mm（2处）	6	一处超差扣3分			
	12	25 ± 0.15 mm（2处）	6	一处超差扣3分			
	13	15 ± 0.15 mm（2处）	6	一处超差扣3分			
	14	10 ± 0.15 mm（2处）	6	一处超差扣3分			
	15	$C1\pm0.2$ mm（4处）	2	一处超差扣0.5分			
	16	$C1.5\pm0.2$ mm（4处）	2	一处超差扣0.5分			
铰孔	17	$(\phi8_{0}^{+0.022})$ mm（2处）	6	一处超差扣3分			
	18	Ra≤1.6 μm（2处）	2	一处降级扣1分			
螺纹	19	M8-7H（2处）	4	一处超差扣2分			
安全文明生产	20	1. 根据国家（或行业、企业）颁发的有关有关规定。 2. 工、量、夹具与零件摆放合理。 3. 场地整洁	倒扣	由总分中酌情扣除1~10分			
					总分		

第二节　中级工操作技能考核练习试题

一、凸凹圆弧体开口锉配

1. 考件图样

考件图样如图 5-7 所示。

2. 考件材料

考件材料为 45 钢。

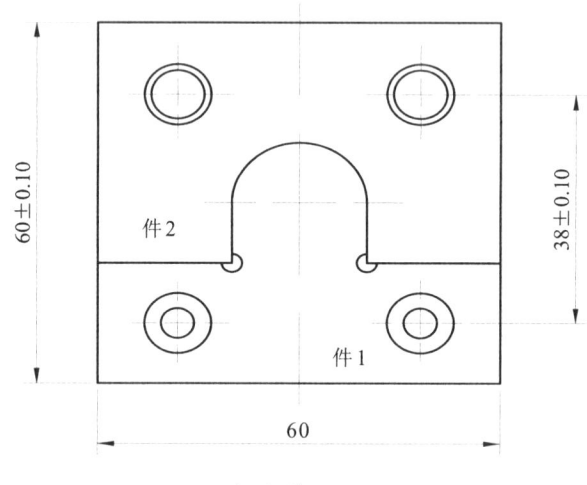

（0）装配图

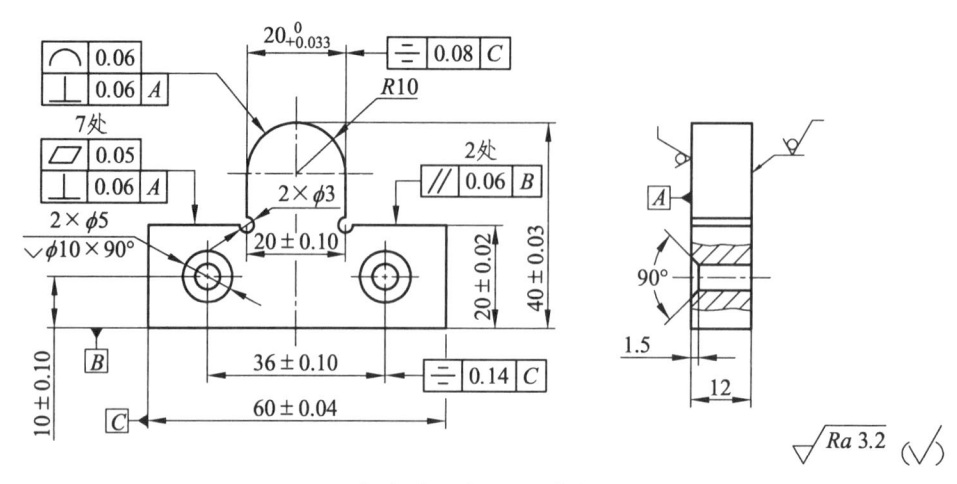

（a）件 1（凸圆弧体）

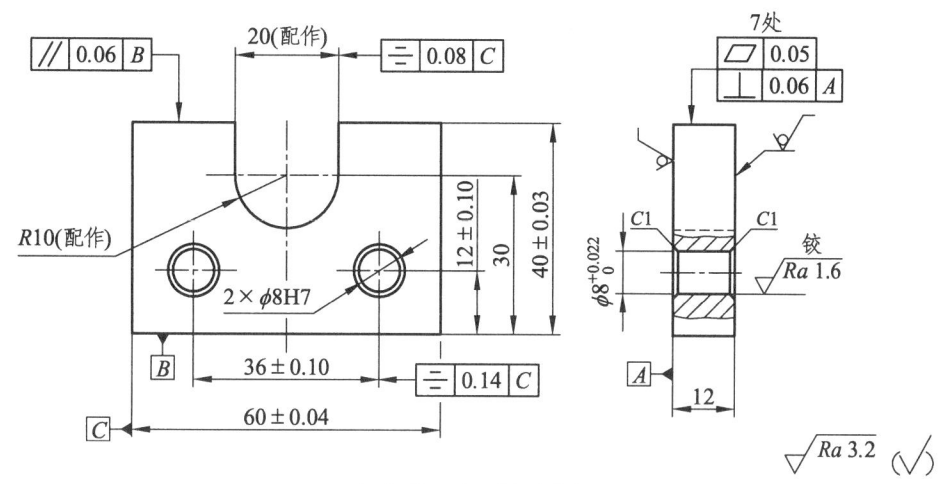

(b)件2(凹圆弧体)

技术要求

1. 件1与件2配合(含1次换位)的平面间隙≤0.08 mm、曲面间隙≤0.10 mm。
2. 件1与件2配合后的侧面错位量≤0.12 mm。
3. 棱角处倒角 C0.2 mm。
4. 不许使用砂布或油石打磨加工面。
5. 工件表面不允许有敲击、碰伤、拉毛等缺陷。
6. 图中未注公差按 GB/T 1804—m 加工。

图 5-7 凸凹圆弧体开口锉配

3. 考核要求

1)考核内容

尺寸公差、形位公差、表面粗糙度值应达到要求。

2)工时定额

5 h。

3)安全文明生产

(1)能正确执行安全技术操作规程。

(2)能按照企业有关文明生产的规定,做到工作场地整洁、工件、工具等摆放整齐。

4. 加工步骤(供参考)

1)加工件1

(1)锉出坯料外形各面至要求。

(2)按图样画出加工界线,用样冲在孔的位置点上准确地打出冲眼。

(3)钻出 2×ϕ5 mm 孔以及 ϕ10 mm 沉孔至要求。

(4)钻出 2×ϕ3 mm 工艺孔。

(5)锯除右侧余料。

(6)粗、细、精锉右侧垂直面至要求。

(7)锯除左侧余料。

(8)粗、细、精锉左侧垂直面至要求。

(9)粗、细、精锉 R10 圆弧面至要求。

2）加工件 2

(1)锉出坯料外形各面至要求。

(2)按图样画出加工界线，用样冲在孔的位置点上准确地打出冲眼。

(3)钻出 2×ϕ8H7 mm 底孔，手工铰削 2×ϕ8H7 孔至要求。

(4)锯除凹槽余料。

(5)粗、细锉配作各面，留配锉余量。

3）锉 配

(1)以件 1 为基准，配锉件 2 凹槽 20 mm 宽度面至要求。

(2)以件 1 为基准，配锉件 2 凹槽 R10 mm 圆弧面至要求。

(3)全面检测，适当修整。

(4)交件待验。

5. 评分表

评分表见表 5-7，供参考。

表 5-7 凸凹圆弧体开口锉配评分表

项目	序号	考核要求	配分	评定标准	实测记录	扣分	得分
件 1 （42 分）	1	($20_{-0.033}^{0}$) mm	2.5	超差不得分			
	2	60±0.04 mm	2	超差不得分			
	3	40±0.03 mm	2	超差不得分			
	4	20±0.02 mm	2.5	超差不得分			
	5	36±0.10 mm	1	超差不得分			
	6	20±0.10 mm	1	超差不得分			
	7	10±0.10 mm（2 处）	2	一处超差扣 1 分			
	8	平面度公差≤0.05 mm（7 处）	7	一处超差扣 1 分			
	9	线轮廓度≤0.06 mm	4	超差不得分			
	10	对称度公差≤0.08 mm	2	超差不得分			
	11	对称度公差≤0.14 mm	2	超差不得分			
	12	垂直度公差≤0.06 mm（8 处）	8	一处超差扣 1 分			
	13	平行度公差≤0.06 mm（2 处）	2	一处超差扣 1 分			
	14	表面粗糙度 Ra≤3.2 μm（8 处）	4	一处降级扣 0.5 分			

续表

项目	序号	考核要求	配分	评定标准	实测记录	扣分	得分
件2 （39分）	15	60±0.04 mm	2	超差不得分			
	16	40±0.03 mm	2	超差不得分			
	17	36±0.10 mm	2	超差不得分			
	18	12±0.10 mm（2处）	2	一处超差扣1分			
	19	($\phi 8_0^{+0.015}$）mm（2处）	3	一处超差扣1.5分			
	20	平面度公差≤0.05 mm（7处）	7	一处超差扣1分			
	21	对称度公差≤0.08 mm	2	超差不得分			
	22	对称度公差≤0.15 mm	2	超差不得分			
	23	平行度公差≤0.06 mm	2	超差不得分			
	24	垂直度公差≤0.06 mm（7处）	7	一处超差扣1分			
	25	表面粗糙度 Ra≤1.6 μm（2处）	2	一处降级扣1分			
	26	表面粗糙度 Ra≤3.2 μm（8处）	4	一处降级扣0.5分			
配合 （21分）	27	件1与件2配合（含1次换位）的平面间隙≤0.08 mm（8处）、曲面间隙≤0.10 mm（2处）	15	一处超差扣1.5分			
	28	件1与件2配合后侧面错位量≤0.12 mm（3处）	3	一处超差扣1分			
	29	60±0.10 mm	1.5	超差不得分			
	30	38±0.15 mm	1.5	超差不得分			
外观	31	工件表面不允许有敲击、碰伤、拉毛等缺陷。	倒扣	由总分中酌情扣除1~5分			
安全文明生产	32	1. 根据国家（或行业、企业）颁发的有关有关规定。 2. 工、量、夹具与零件摆放合理。 3. 场地整洁	倒扣	由总分中酌情扣除5~10分			
				总分			

二、凸凹燕尾体锉配

1. 考件图样

考件图样如图5-8所示。

2. 考件材料

考件材料为45钢。

3. 考核要求

1）考核内容

尺寸公差、形位公差、表面粗糙度值应达到要求。

2）工时定额

5 h。

3）安全文明生产

（1）能正确执行安全技术操作规程。

（2）能按照企业有关文明生产的规定，做到工作场地整洁、工件、工具等摆放整齐。

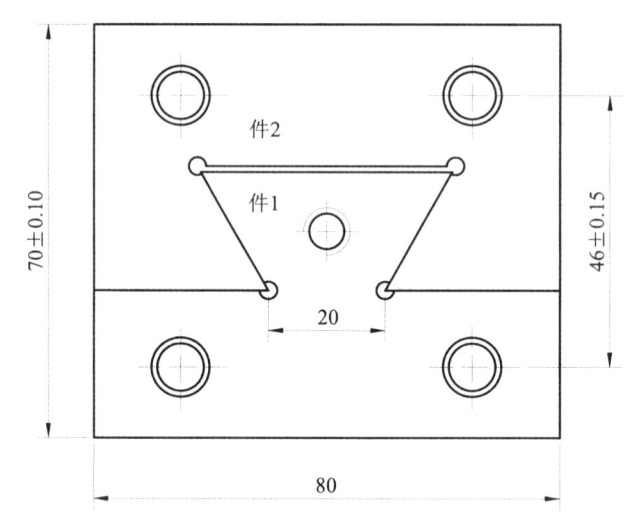

（0）装配图

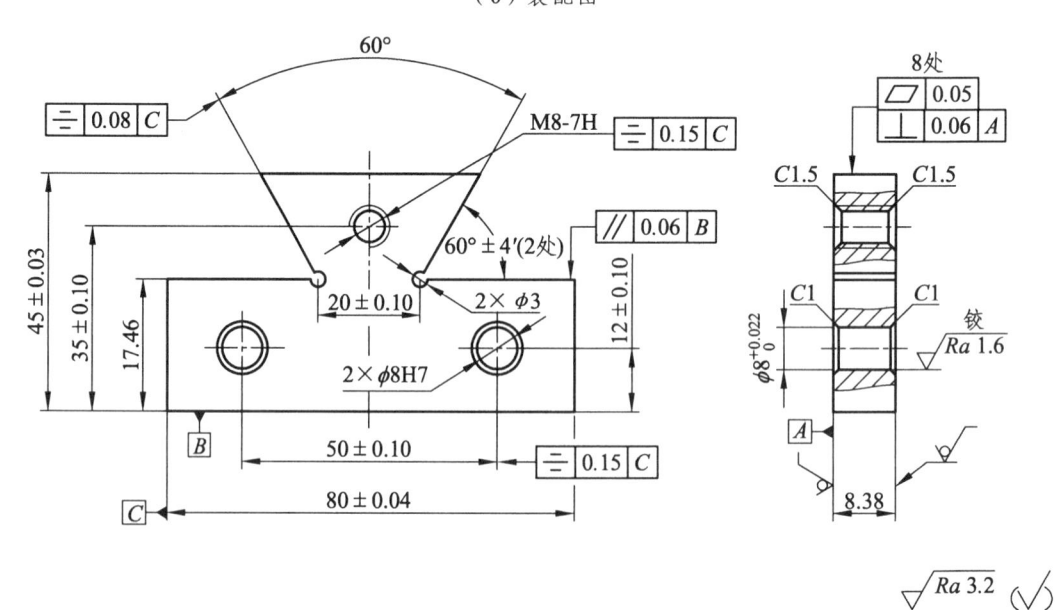

（a）件1（凸燕尾体）

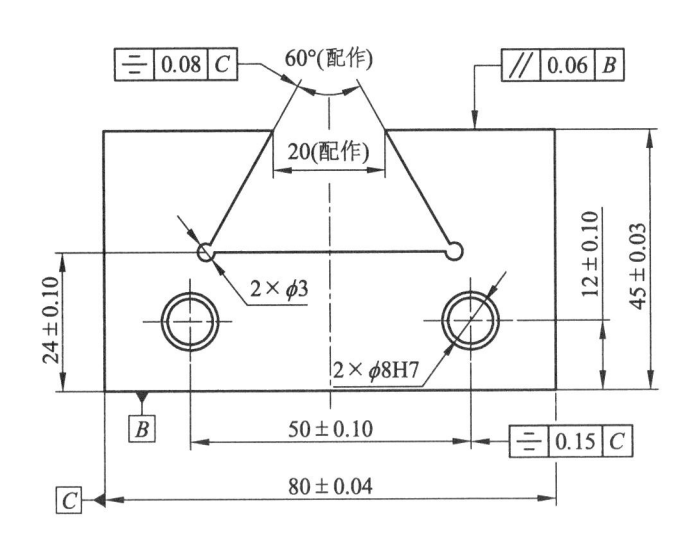

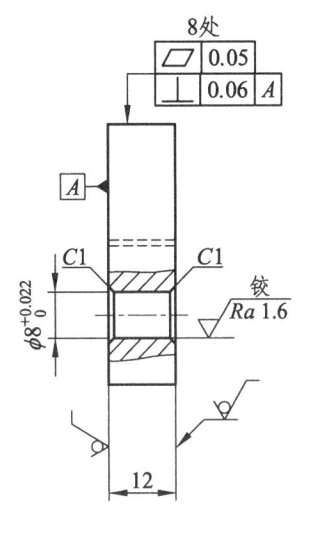

(b)件2(凹燕尾体)

技术要求

1. 件1与件2配合(含1次换位)间隙≤0.08 mm。
2. 件1与件2配合后的侧面错位量≤0.12 mm。
3. 棱角处倒角 C0.2 mm。
4. 不许使用砂布或油石打磨加工面。
5. 工件表面不允许有敲击、碰伤、拉毛等缺陷。
6. 图中未注公差按 GB/T 1804—m 加工。

图 5-8 凸凹燕尾体开口锉配

4. 加工步骤(供参考)

1)加工件 1

(1)锉出坯料外形各面至要求。
(2)按图样画出加工界线,用样冲在孔的位置点上准确地打出冲眼。
(3)钻出 M8-7H 螺纹底孔、2×ϕ8H7 底孔至要求。
(4)钻出 2×ϕ3 mm 工艺孔。
(5)手工攻削 M8-7H 螺纹至要求,手工铰削 2×ϕ8H7 孔至要求。
(6)锯除右侧余料。
(7)粗、细、精锉右侧角度面至要求。
(8)锯除左侧余料。
(9)粗、细、精锉左侧角度面至要求。

2)加工件 2

(1)锉出坯料外形各面至要求。
(2)按图样画出加工界线,用样冲在孔的位置点上准确地打出冲眼。
(3)钻出 2×ϕ8H7 底孔至要求。

(4）手工铰削 2×ϕ8H7 孔至要求。

(5）锯除凹槽余料。

(6）粗、细锉配作角度面和底面，留配锉余量。

(7）精锉底面至要求。

3）锉　配

(1）以件 1 为基准，配锉件 2 燕尾槽角度面至要求。

(2）全面检测，适当修整。

(3）交件待验。

5. 评分表

评分表见表 5-8，供参考。

表 5-8　凸凹燕尾体开口锉配评分表

项目	序号	考核要求	配分	评定标准	实测记录	扣分	得分
件 1 （47 分）	1	60°±4′（2 处）	8	一处超差扣 4 分			
	2	80±0.04 mm	1	超差不得分			
	3	45±0.03 mm	1	超差不得分			
	4	($25_{-0.033}^{0}$) mm（2 处）	4	一处超差扣 2 分			
	5	50±0.10 mm	1	超差不得分			
	6	35±0.10 mm	1	超差不得分			
	7	20±0.10 mm	1	超差不得分			
	8	12±0.10 mm（2 处）	2	一处超差扣 1 分			
	9	平面度公差≤0.05 mm（8 处）	4	一处超差扣 0.5 分			
	10	垂直度公差≤0.06 mm（8 处）	4	一处超差扣 0.5 分			
	11	平行度公差≤0.06 mm（2 处）	3	一处超差扣 1 分			
	12	对称度公差≤0.08 mm	4	一处超差扣 2 分			
	13	对称度公差≤0.15 mm（2 处）	2	一处超差扣 1 分			
	14	M8-7H	2	超差不得分			
	15	($\phi 8_{0}^{+0.015}$) mm（2 处）	4	一处超差扣 2 分			
	16	表面粗糙度 Ra≤1.6 μm（2 处）	1	一处降级扣 0.5 分			
	17	表面粗糙度 Ra≤3.2 μm（8 处）	4	一处降级扣 0.5 分			
件 2 （27 分）	18	80±0.04 mm	1	超差不得分			
	19	45±0.03 mm	1	超差不得分			
	20	50±0.10 mm	1	超差不得分			
	21	24±0.10 mm	1	超差不得分			
	22	12±0.10 mm（2 处）	1	超差不得分			

续表

项目	序号	考核要求	配分	评定标准	实测记录	扣分	得分
件2 （27分）	23	($\phi 8_{0}^{+0.015}$) mm（2处）	4	一处超差扣2分			
	24	平面度公差≤0.05 mm（8处）	4	一处超差扣0.5分			
	25	垂直度公差≤0.06 mm（8处）	4	一处超差扣0.5分			
	26	对称度公差≤0.08 mm	2	超差不得分			
	27	对称度公差≤0.15 mm	2	超差不得分			
	28	平行度公差≤0.06 mm	1	超差不得分			
	29	表面粗糙度 Ra≤1.6 μm（2处）	1	一处降级扣0.5分			
	30	表面粗糙度 Ra≤3.2 μm（8处）	4	一处降级扣0.5分			
配合 （26分）	31	件1与件2配合（含1次换位）的间隙≤0.08 mm（8处）	16	一处超差扣2分			
	32	配合后侧面错位量≤0.12 mm（2处）	4	一处超差扣2分			
	33	70±0.10 mm	3	超差不得分			
	34	46±0.15 mm	3	超差不得分			
外观	35	工件表面不允许有敲击、碰伤、拉毛等缺陷。	倒扣	由总分中酌情扣除1~5分			
安全文明生产	36	1. 根据国家（或行业、企业）颁发的有关有关规定。 2. 工、量、夹具与零件摆放合理。 3. 场地整洁	倒扣	由总分中酌情扣除5~10分			
				总分			

三、圆弧直角体封闭锉配

1. 考件图样

考件图样如图5-9所示。

2. 考件材料

考件材料为45钢。

3. 考核要求

1）考核内容

尺寸公差、形位公差、表面粗糙度值应达到要求。

2）工时定额

5 h。

3）安全文明生产

（1）能正确执行安全技术操作规程。

（2）能按照企业有关文明生产的规定，做到工作场地整洁、工件、工具等摆等放整齐。

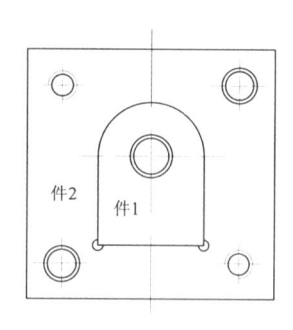

（0）装配图

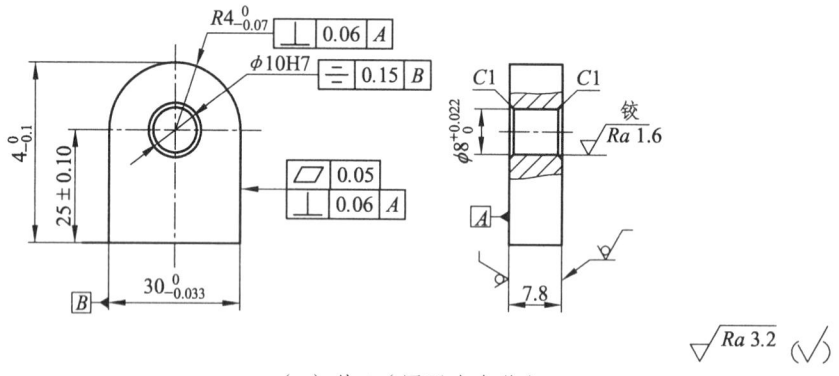

（a）件1（圆弧直角体）

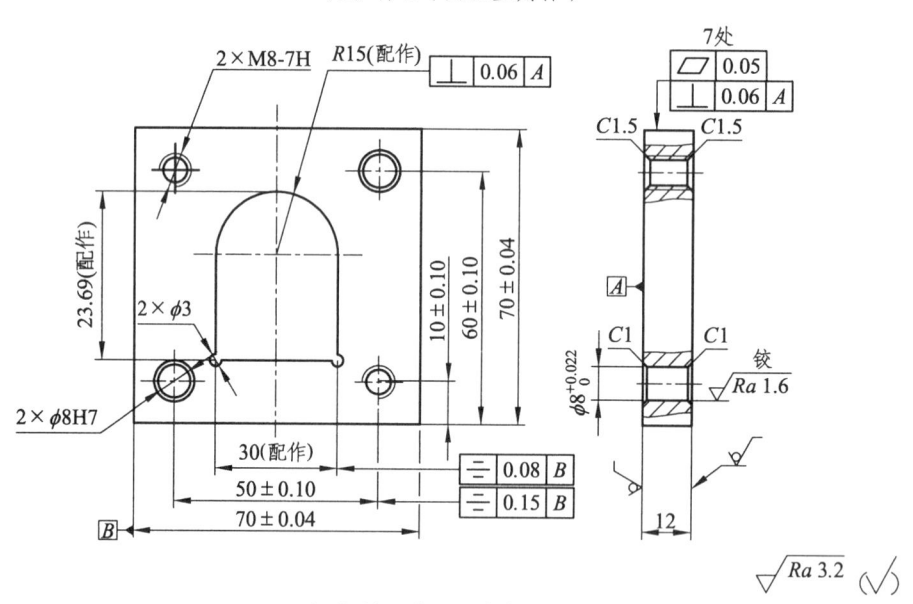

（b）件2（圆弧直角孔体）

技术要求

1. 件1与件2配合（含1次换位）的平面间隙≤0.08 mm、曲面间隙≤0.10 mm。
2. 棱角处倒角C0.2 mm。
3. 不许使用砂布或油石打磨加工面。
4. 工件表面不允许有敲击、碰伤、拉毛等缺陷。
5. 图中未注公差按GB/T 1804—m加工。

图5-9 圆弧直角体封闭锉配

4. 加工步骤（仅供参考）

1）加工件 1

（1）锉出坯料外形各面至要求。

（2）按图样画出加工界线，用样冲在孔的位置点上准确地打出冲眼。

（3）钻出 ϕ10H7 底孔至要求。

（4）手工铰削 ϕ10H7 孔至要求。

（5）粗、细、精锉 R15 mm 圆弧面至要求。

2）加工件 2

（1）锉出坯料外形各面至要求。

（2）按图样画出加工界线，用样冲在孔的位置点上准确地打出冲眼。

（3）钻出 2×M8-7H 螺纹底孔、2×ϕ8H7 底孔至要求。

（4）钻出 2×ϕ3 mm 工艺孔。

（5）手工攻削 2×M8-7H 螺纹至要求，手工铰削 2×ϕ8H7 孔至要求。

（6）粗、细锉圆弧直角孔各面，留配锉余量。

3）锉 配

（1）以件 1 为基准，配锉件 2 圆弧直角孔各面至要求。

（2）全面检测，适当修整。

（3）交件待验。

5. 评分表

评分表见表 5-9，供参考。

表 5-9 圆弧直角体封闭锉配评分表

项目	序号	考核要求	配分	评定标准	实测记录	扣分	得分
件 1 （24..5 分）	1	（$30_{-0.033}^{0}$）mm	4.5	超差不得分			
	2	（$R15_{-0.07}^{0}$）mm	4.5	超差不得分			
	3	（$40_{-0.1}^{0}$）mm	2	超差不得分			
	4	25±0.10 mm	1	超差不得分			
	5	平面度公差≤0.05 mm（3 处）	1.5	一处超差扣 0.5 分			
	6	垂直度公差≤0.06 mm（4 处）	2	一处超差扣 0.5 分			
	7	对称度公差≤0.15 mm	4	超差不得分			
	8	（$\phi10_{0}^{+0.015}$）mm	2	超差不得分			
	9	表面粗糙度 Ra≤1.6 μm	1	降级不得分			
	10	表面粗糙度 Ra≤3.2 μm（4 处）	2	一处降级扣 0.5 分			
件 2 （51..5 分）	11	70±0.04 mm（2 处）	6	一处超差扣 3 分			
	12	60±0.10 mm（2 处）	4	一处超差扣 2 分			
	13	50±0.10 mm（2 处）	4	一处超差扣 2 分			

续表

项目	序号	考核要求	配分	评定标准	实测记录	扣分	得分
件2 (51.5分)	14	10±0.10 mm(2处)	4	一处超差扣2分			
	15	($\phi 8_0^{+0.015}$)mm(2处)	4	一处超差扣2分			
	16	M8-7H(2处)	4	一处超差扣2分			
	17	平面度公差≤0.05 mm(7处)	3.5	一处超差扣0.5分			
	18	垂直度公差≤0.06 mm(8处)	4	一处超差扣0.5分			
	19	对称度公差≤0.08 mm	4	超差不得分			
	20	对称度公差≤0.15 mm(2处)	8	一处超差扣4分			
	21	表面粗糙度 Ra≤1.6 μm(2处)	2	一处降级扣1分			
	22	表面粗糙度 Ra≤3.2 μm(8处)	4	一处降级扣0.5分			
配合 (24分)	23	件1与件2配合(含1次换位)的平面间隙≤0.08 mm(6处)、曲面间隙≤0.10 mm(2处)	24	一处超差扣3分			
外观	24	工件表面不允许有敲击、碰伤、拉毛等缺陷。	倒扣	由总分中酌情扣除1~5分			
安全文明生产	25	1. 根据国家(或行业、企业)颁发的有关有关规定。 2. 工、量、夹具与零件摆放合理。 3. 场地整洁	倒扣	由总分中酌情扣除5~10分			
					总分		

四、斜面凸凹体开口锉配

1. 考件图样

考件图样如图5-10所示。

2. 考件材料

考件材料为45钢。

3. 考核要求

1)考核内容
尺寸公差、形位公差、表面粗糙度值应达到要求。

2)工时定额

5 h。

3)安全文明生产

(1)能正确执行安全技术操作规程。

（2）能按照企业有关文明生产的规定，做到工作场地整洁、工件、工具等摆放整齐。

4. 加工步骤（仅供参考）

1）加工件1

（1）锉出坯料外形各面至要求。

（2）按图样画出加工界线，用样冲在孔的位置点上准确地打出冲眼。

（3）钻出 ϕ10H7 底孔至要求。

（4）手工铰削 ϕ10H7 孔至要求。

（5）粗、细、精锉斜面和相邻两面至要求。

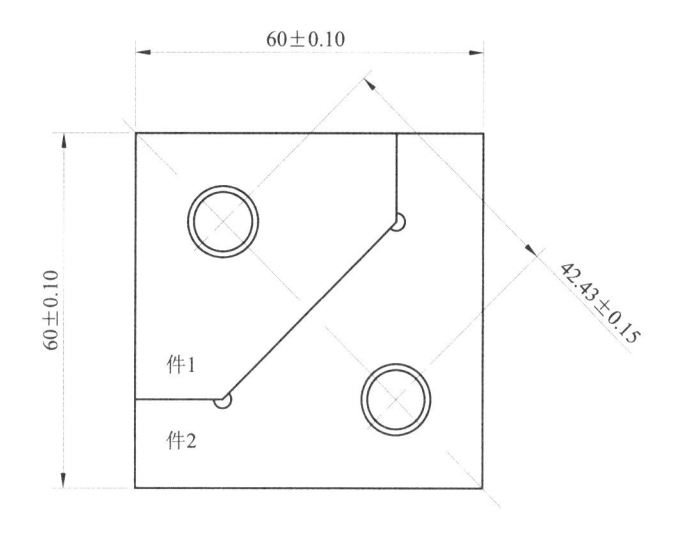

（0）装配图

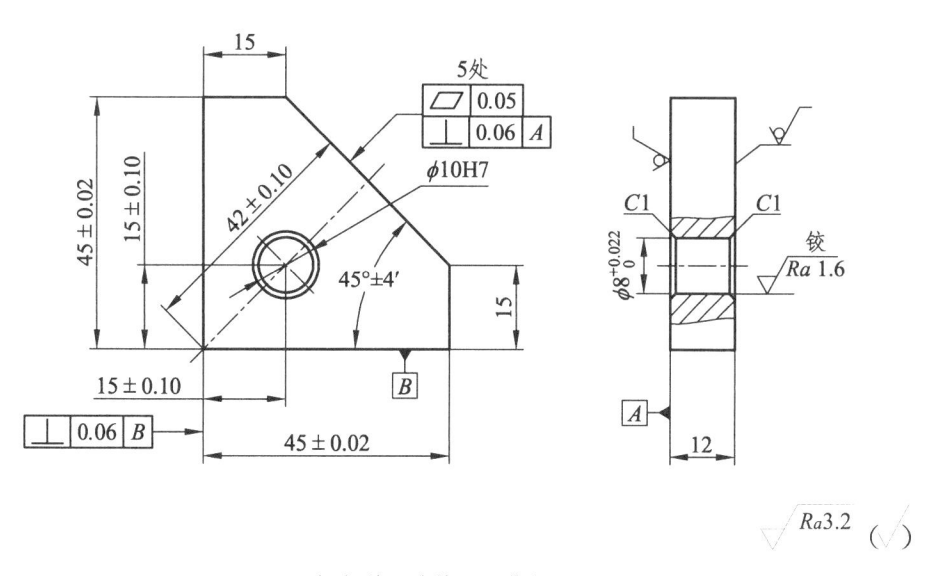

（a）件1（斜面凸体）

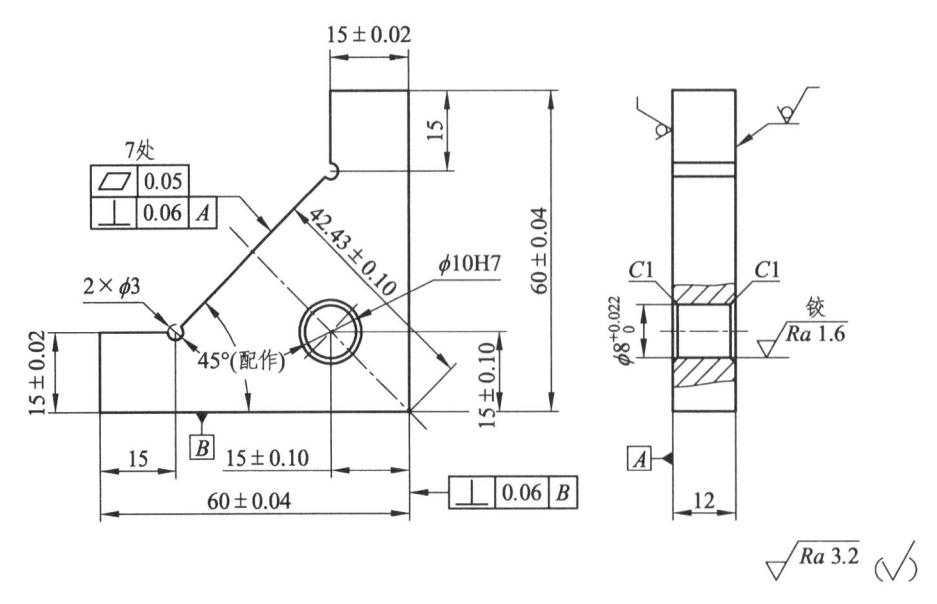

（b）件2（斜面凹体）

技术要求

1. 件1与件2配合（含1次换位配合）的间隙≤0.08 mm。
2. 件1与件2配合后的侧面错位量≤0.12 mm。
3. 棱角处倒角C0.2 mm。
4. 不许使用砂布或油石打磨加工面。
5. 工件表面不允许有敲击、碰伤、拉毛等缺陷。
6. 图中未注公差按GB/T 1804—m加工。

图5-10 斜面凸凹体开口锉配

2）加工件2

（1）锉出坯料外形各面至要求。

（2）按图样画出加工界线，用样冲在孔的位置点上准确地打出冲眼。

（3）钻出ϕ10H7底孔至要求。

（4）手工铰削ϕ10H7孔至要求。

（5）粗、细锉斜面和相邻两面，留配锉余量。

3）锉 配

（1）以件1为基准，配锉件2斜面和相邻两面至要求。

（2）全面检测，适当修整。

（3）交件待验。

5. 评分表

评分表见表5-10，供参考。

表 5-10 斜面凸凹体开口锉配评分表

项目	序号	考核要求	配分	评定标准	实测记录	扣分	得分
件 1 （39.5 分）	1	45°±4′	6	超差不得分			
	2	45±0.02 mm（2 处）	8	一处超差扣 4 分			
	3	42.43±0.10 mm	4	超差不得分			
	4	15±0.10 mm（2 处）	4	一处超差扣 2 分			
	5	平面度公差≤0.05 mm（5 处）	5	一处超差扣 1 分			
	6	垂直度公差≤0.06 mm（6 处）	6	一处超差扣 1 分			
	7	($\phi 10_0^{+0.015}$) mm	3	超差不得分			
	8	表面粗糙度 Ra≤1.6 μm	1	降级不得分			
	9	表面粗糙度 Ra≤3.2 μm（5 处）	2.5	一处超差扣 0.5 分			
件 2 （34.5 分）	10	60±0.04 mm（2 处）	8	一处超差扣 4 分			
	11	15±0.10 mm（2 处）	4	一处超差扣 2 分			
	12	($\phi 10_0^{+0.015}$) mm	3	超差不得分			
	13	平面度公差≤0.05 mm（7 处）	7	一处超差扣 1 分			
	14	垂直度公差≤0.06 mm（8 处）	8	一处超差扣 1 分			
	15	表面粗糙度 Ra≤1.6 μm	1	降级不得分			
	16	表面粗糙度 Ra≤3.2 μm（7 处）	3.5	一处降级扣 0.5 分			
配合 （26 分）	17	件 1 与件 2 配合（含 1 次换位）的间隙≤0.08 mm（6 处）	18	一处超差扣 3 分			
	18	配合后的侧面错位量≤0.12 mm（2 处）	2	一处超差扣 1 分			
	19	60±0.10 mm（2 处）	4	一处超差扣 2 分			
	20	42.43±0.15 mm	2	超差不得分			
外观	21	工件表面不允许有敲击、碰伤、拉毛等缺陷。	倒扣	由总分中酌情扣除 1~5 分			
安全文明生产	22	1. 根据国家（或行业、企业）颁发的有关有关规定。 2. 工、量、夹具与零件摆放合理。 3. 场地整洁	倒扣	由总分中酌情扣除 5~10 分			
					总分		

五、凸凹体开口盲配

1. 考件图样

考件图样如图 5-11 所示。

2. 考件材料

考件材料为 45 钢。

3. 考核要求

1）考核内容

尺寸公差、形位公差、表面粗糙度值应达到要求。

2）工时定额

5 h。

3）安全文明生产

（1）能正确执行安全技术操作规程。

（2）能按照企业有关文明生产的规定，做到工作场地整洁、工件、工具等摆放整齐。

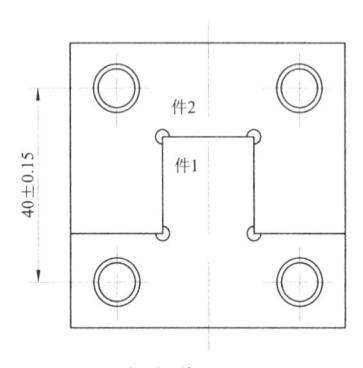

（0）装配图

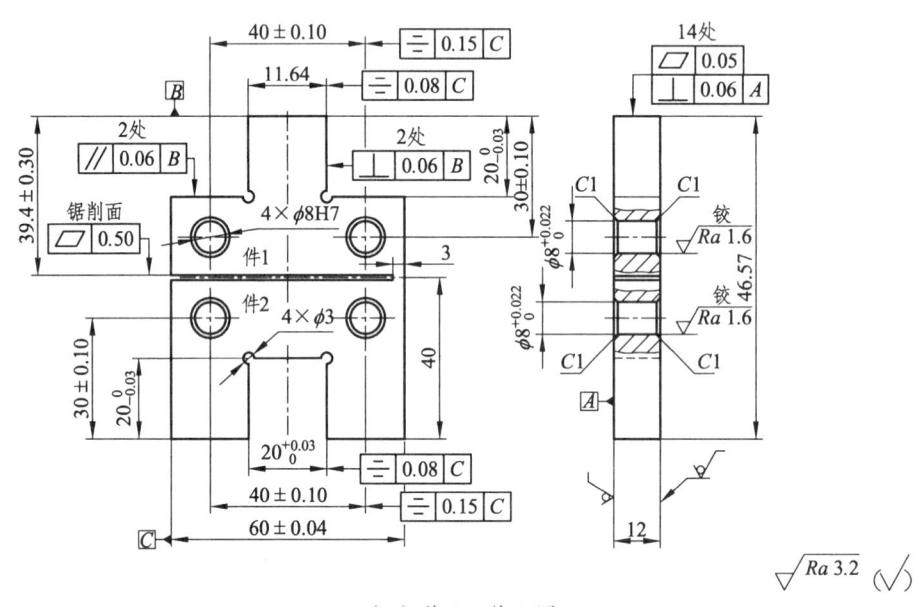

（a）件1、件2图

技术要求

1. 件1与件2由评分者锯断。
2. 加工者不得自行锯断，否则按零分处理。
3. 件1与件2配合（含1次换位配合）间隙≤0.08 mm。
4. 件1与件2配合后的侧面错位量≤0.12 mm。
5. 棱角处倒角 C0.2 mm。
6. 不许使用砂布或油石打磨加工面。
7. 工件表面不允许有敲击、碰伤、拉毛等缺陷。
8. 图中未注公差按 GB/T 1804—m 加工。

图 5-11 凸凹体开口盲配

4. 加工步骤（仅供参考）

（1）锉出坯料外形各面至要求。
（2）按图样画出加工界线，用样冲在孔的位置点上准确地打出冲眼。
（3）钻出 $4 \times \phi 3$ 工艺孔。
（4）钻出 $4 \times \phi 8H7$ 底孔至要求。
（5）手工铰削 $4 \times \phi 8H7$ 孔至要求。
（6）粗、细、精锉件 1 各面至要求。
（7）粗、细、精锉件 2 各面至要求。
（8）全面检测，适当修整。
（9）锯削断开槽至要求。
（10）交件待验。

5. 评分表

评分表见表 5-11，供参考。

表 5-11 凸凹体开口盲配评分表

项目	序号	考核要求	配分	评定标准	实测记录	扣分	得分
件 1 （37.5 分）	1	（$20_{-0.03}^{0}$）mm（2 处）	4	一处超差扣 2 分			
	2	60 ± 0.04 mm	2	超差不得分			
	3	40 ± 0.10 mm	2	超差不得分			
	4	30 ± 0.10 mm（2 处）	2	一处超差扣 1 分			
	5	39.4 ± 0.3 mm	2	超差不得分			
	6	（$\phi 8_{0}^{+0.015}$）mm（2 处）	4	一处超差扣 2 分			
	7	平面度公差≤0.05 mm（7 处）	3.5	一处超差扣 0.5 分			
	8	垂直度公差≤0.06 mm（9 处）	4.5	一处超差扣 0.5 分			
	9	平行度公差≤0.06 mm（2 处）	2	一处超差扣 1 分			
	10	对称度公差≤0.08 mm	2	超差不得分			
	11	对称度公差≤0.15 mm	2	超差不得分			
	12	表面粗糙度 Ra≤1.6 μm（2 处）	2	一处降级扣 1 分			
	13	表面粗糙度 Ra≤3.2 μm（7 处）	3.5	一处降级扣 0.5 分			
	14	锯削面平面度公差≤0.5 mm	2	超差不得分			
件 2 （38.5 分）	15	（$20_{0}^{+0.03}$）mm（2 处）	2	超差不得分			
	16	60 ± 0.04 mm	2	超差不得分			
	17	40 ± 0.10 mm	2	超差不得分			
	18	30 ± 0.10 mm（2 处）	2	一处超差扣 1 分			
	19	（$\phi 8_{0}^{+0.015}$）mm（2 处）	4	一处超差扣 2 分			

续表

项目	序号	考核要求	配分	评定标准	实测记录	扣分	得分
件2 （38.5分）	20	平面度公差≤0.05 mm（7处）	3.5	一处超差扣0.5分			
	21	垂直度公差≤0.06 mm（7处）	3.5	一处超差扣0.5分			
	22	对称度公差≤0.08 mm	2	超差不得分			
	23	对称度公差≤0.15 mm	2	超差不得分			
	24	表面粗糙度 Ra≤1.6 μm（2处）	2	一处降级扣1分			
	25	表面粗糙度 Ra≤3.2 μm（7处）	3.5	一处降级扣0.5分			
配合 （24分）	26	件1与件2配合（含1次换位）的间隙≤0.08 mm（10处）	15	一处超差扣1.5分			
	27	40±0.15 mm（2处）	4	一处超差扣2分			
	28	件1与件2配合后侧面错位量≤0.12 mm（2处）	2	一处超差扣1分			
外观	29	工件表面不允许有敲击、碰伤、拉毛等缺陷。	倒扣	由总分中酌情扣除1~5分			
安全文明生产	30	1. 根据国家（或行业、企业）颁发的有关有关规定。 2. 工、量、夹具与零件摆放合理。 3. 场地整洁	倒扣	由总分中酌情扣除5~10分			
					总分		

六、角度凸凹体开口锉配

1. 考件图样

考件图样如图5-12所示。

2. 考件材料

考件材料为45钢。

3. 考核要求

1）考核内容

尺寸公差、形位公差、表面粗糙度值应达到要求。

2）工时定额

5 h。

3）安全文明生产

（1）能正确执行安全技术操作规程。

（2）能按照企业有关文明生产的规定，做到工作场地整洁、工件、工具等摆放整齐。

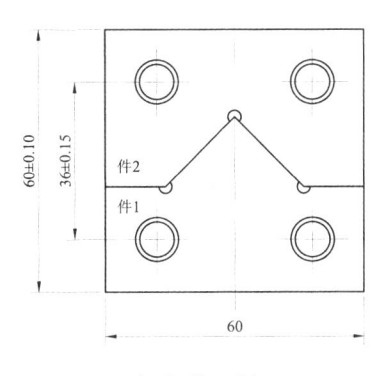

（0）装配图

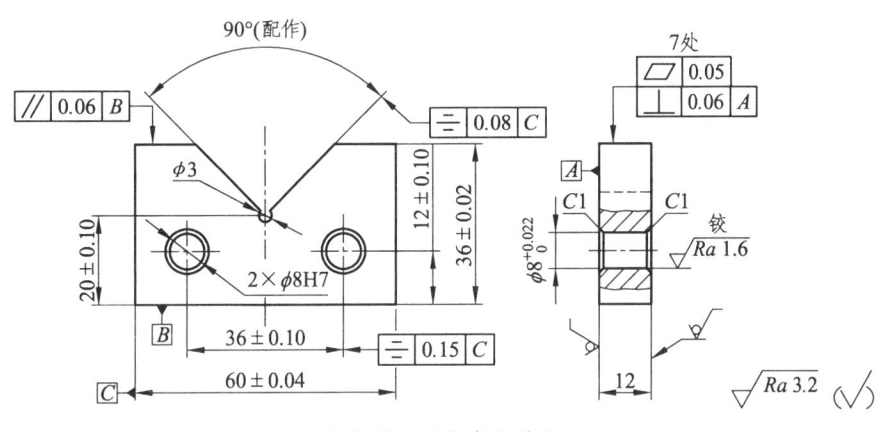

（a）件1（角度凸体）

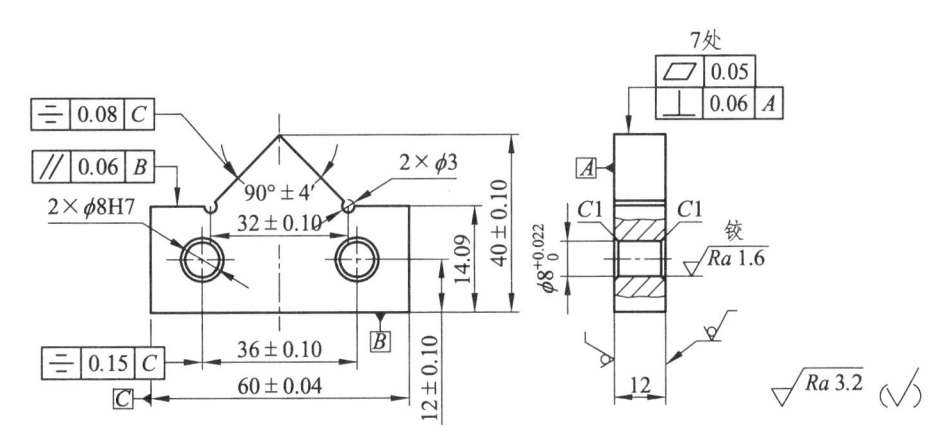

（b）件2（角度凹体）

技术要求

1. 件1与件2配合（含1次换位）间隙≤0.08 mm。
2. 件1与件2配合后的侧面错位量≤0.12 mm。
3. 棱角处倒角C0.2 mm。
4. 不许使用砂布或油石打磨加工面。
5. 工件表面不允许有敲击、碰伤、拉毛等缺陷。
6. 图中未注公差按GB/T 1804—m加工。

图5-12 角度凸凹体开口锉配

4. 加工步骤（仅供参考）

1）加工件 1

（1）锉出坯料外形各面至要求。

（2）按图样画出加工界线，用样冲在孔的位置点上准确地打出冲眼。

（3）钻出 $2 \times \phi 10H7$ 底孔至要求。

（4）钻出 $\phi 3$ 工艺孔。

（5）手工铰削 $\phi 10H7$ 孔至要求。

（6）粗、细、精锉平面和角度面至要求。

2）加工件 2

（1）锉出坯料外形各面至要求。

（2）按图样画出加工界线，用样冲在孔的位置点上准确地打出冲眼。

（3）钻出 $\phi 3$ 工艺孔。

（4）钻出 $\phi 10H7$ 底孔至要求。

（5）手工铰削 $\phi 10H7$ 孔至要求。

（6）粗、细锉角度面，留配锉余量。

3）锉配

（1）以件 1 为基准，配锉件 2 角度面至要求。

（2）全面检测，适当修整。

（3）交件待验。

5. 评分表

评分表见表 5-12，供参考。

表 5-12 角度凸凹体开口锉配评分表

项目	序号	考核要求	配分	评定标准	实测记录	扣分	得分
件 1 （41 分）	1	$90° \pm 4'$	6	超差不得分			
	2	60 ± 0.04 mm	3	超差不得分			
	3	24 ± 0.02 mm（2 处）	6	一处超差扣 3 分			
	4	40 ± 0.10 mm	1.5	超差不得分			
	5	36 ± 0.10 mm	1.5	超差不得分			
	6	32 ± 0.10 mm	1.5	超差不得分			
	7	12 ± 0.12 mm（2 处）	2	一处超差扣 1 分			
	8	平面度公差≤0.05 mm（7 处）	3.5	一处超差扣 0.5 分			
	9	垂直度公差≤0.06 mm（7 处）	3.5	一处超差扣 0.5 分			
	10	对称度公差≤0.08 mm	1	超差不得分			
	11	对称度公差≤0.15 mm（2 处）	2	一处超差扣 1 分			

续表

项目	序号	考核要求	配分	评定标准	实测记录	扣分	得分
件1 （41分）	12	平行度公差≤0.06 mm（2处）	2	一处超差扣1分			
	13	（$\phi 8_0^{+0.015}$）mm（2处）	3	一处超差扣1.5分			
	14	表面粗糙度 Ra≤1.6 μm（2处）	2	一处降级扣1分			
	15	表面粗糙度 Ra≤3.2 μm（7处）	3.5	一处降级扣0.5分			
件2 （29分）	16	60±0.04 mm	3	超差不得分			
	17	36±0.02 mm	3	超差不得分			
	18	36±0.10 mm	1.5	超差不得分			
	19	12±0.10 mm（2处）	3	一处超差扣1.5分			
	20	（$\phi 8_0^{+0.015}$）mm（2处）	3	一处超差扣1.5分			
	21	平面度公差≤0.05 mm（7处）	3.5	一处超差扣0.5分			
	22	垂直度公差≤0.06 mm（7处）	3.5	一处超差扣0.5分			
	23	平行度公差≤0.06 mm	1	超差不得分			
	24	对称度公差≤0.08 mm	1	超差不得分			
	25	对称度公差≤0.15 mm	1	超差不得分			
	26	表面粗糙度 Ra≤1.6 μm（2处）	2	一处降级扣1分			
	27	表面粗糙度 Ra≤3.2 μm（7处）	3.5	一处降级扣0.5分			
配合 （30分）	28	件1与件2配合（含1次换位）的间隙≤0.08 mm（8处）	20	一处超差扣2.5分			
	29	件1与件2配合后侧面错位量0.12 mm（2处）	4	一处超差扣2分			
	30	60±0.10 mm	2	超差不得分			
	31	36±0.15 mm（2处）	4	一处超差扣2分			
外观	32	工件表面不允许有敲击、碰伤、拉毛等缺陷。	倒扣	由总分中酌情扣除1~5分			
安全文明生产	33	1. 根据国家（或行业、企业）颁发的有关有关规定。 2. 工、量、夹具与零件摆放合理。 3. 场地整洁	倒扣	由总分中酌情扣除5~10分			
					总分		

第三节 高级工操作技能考核练习试题

一、正六方组合锉配

1. 考件图样（图 5-13）

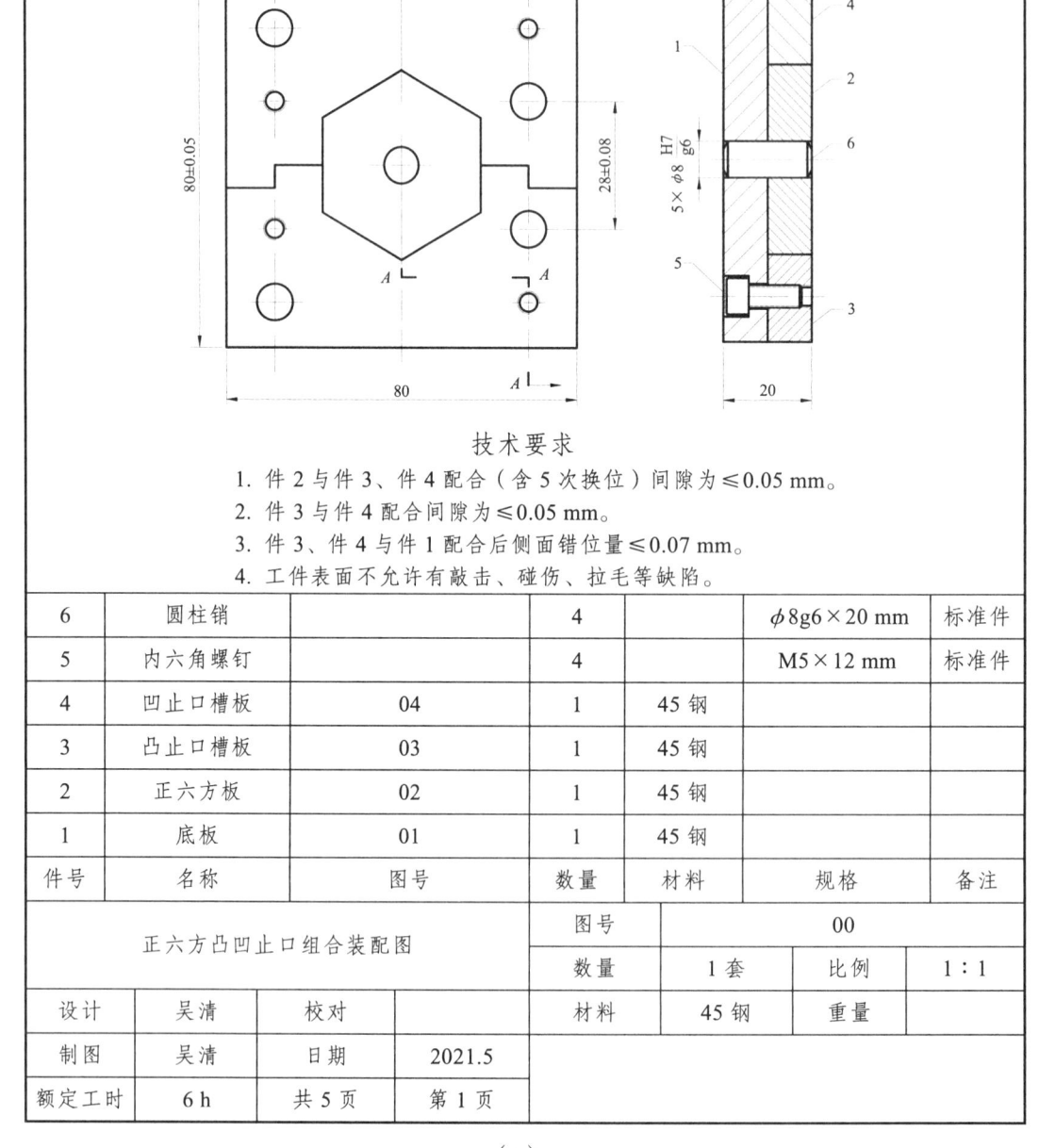

技术要求
1. 件 2 与件 3、件 4 配合（含 5 次换位）间隙为 ≤ 0.05 mm。
2. 件 3 与件 4 配合间隙为 ≤ 0.05 mm。
3. 件 3、件 4 与件 1 配合后侧面错位量 ≤ 0.07 mm。
4. 工件表面不允许有敲击、碰伤、拉毛等缺陷。

6	圆柱销		4		$\phi 8g6 \times 20$ mm	标准件
5	内六角螺钉		4		M5×12 mm	标准件
4	凹止口槽板	04	1	45 钢		
3	凸止口槽板	03	1	45 钢		
2	正六方板	02	1	45 钢		
1	底板	01	1	45 钢		
件号	名称	图号	数量	材料	规格	备注

正六方凸凹止口组合装配图		图号	00	
^	^	数量	1 套	比例	1:1
设计	吴清	校对		材料	45 钢	重量
制图	吴清	日期	2021.5			
额定工时	6 h	共 5 页	第 1 页			

(a)

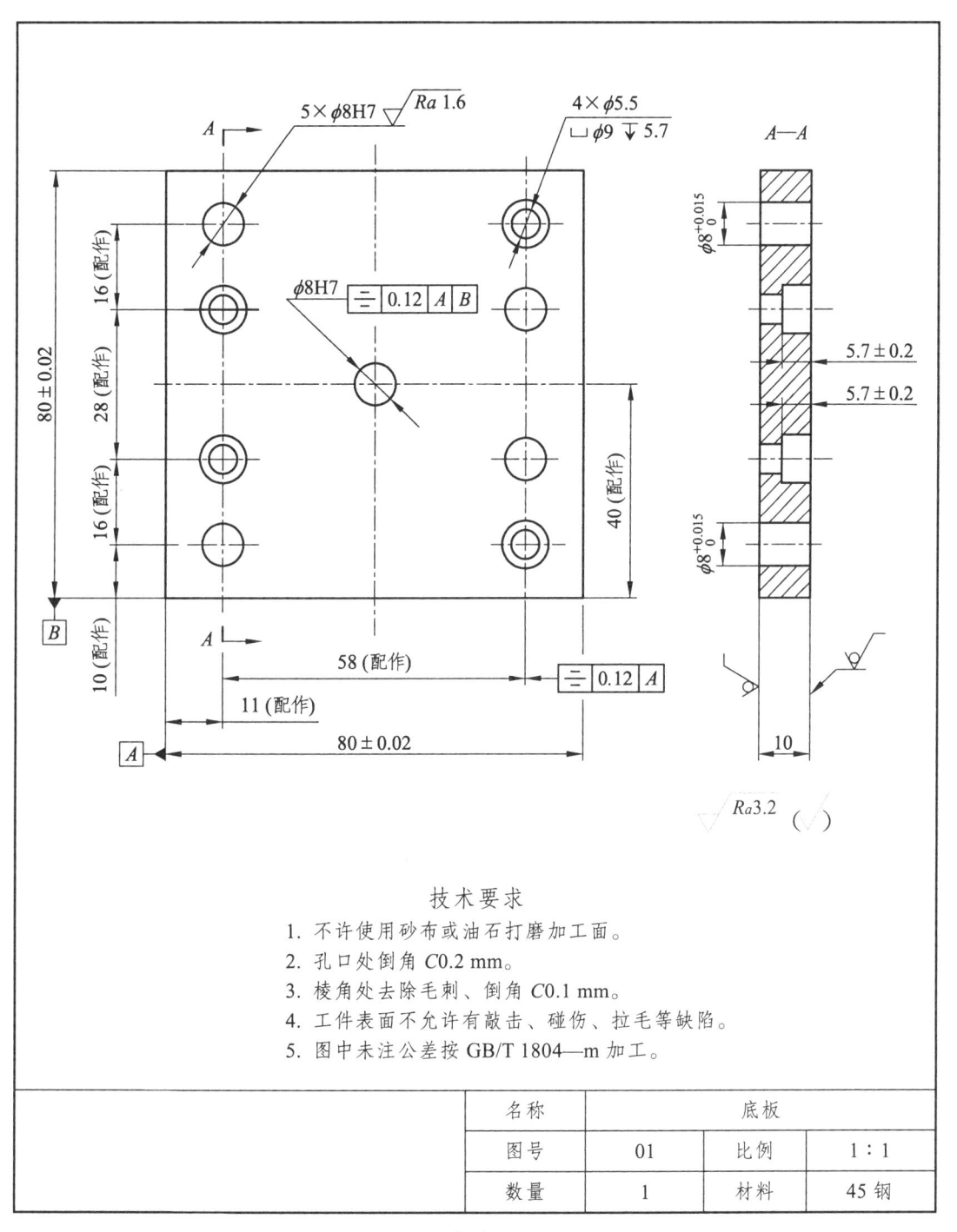

技术要求
1. 不许使用砂布或油石打磨加工面。
2. 孔口处倒角 C0.2 mm。
3. 棱角处去除毛刺、倒角 C0.1 mm。
4. 工件表面不允许有敲击、碰伤、拉毛等缺陷。
5. 图中未注公差按 GB/T 1804—m 加工。

名称		底板	
图号	01	比例	1:1
数量	1	材料	45 钢

(b)

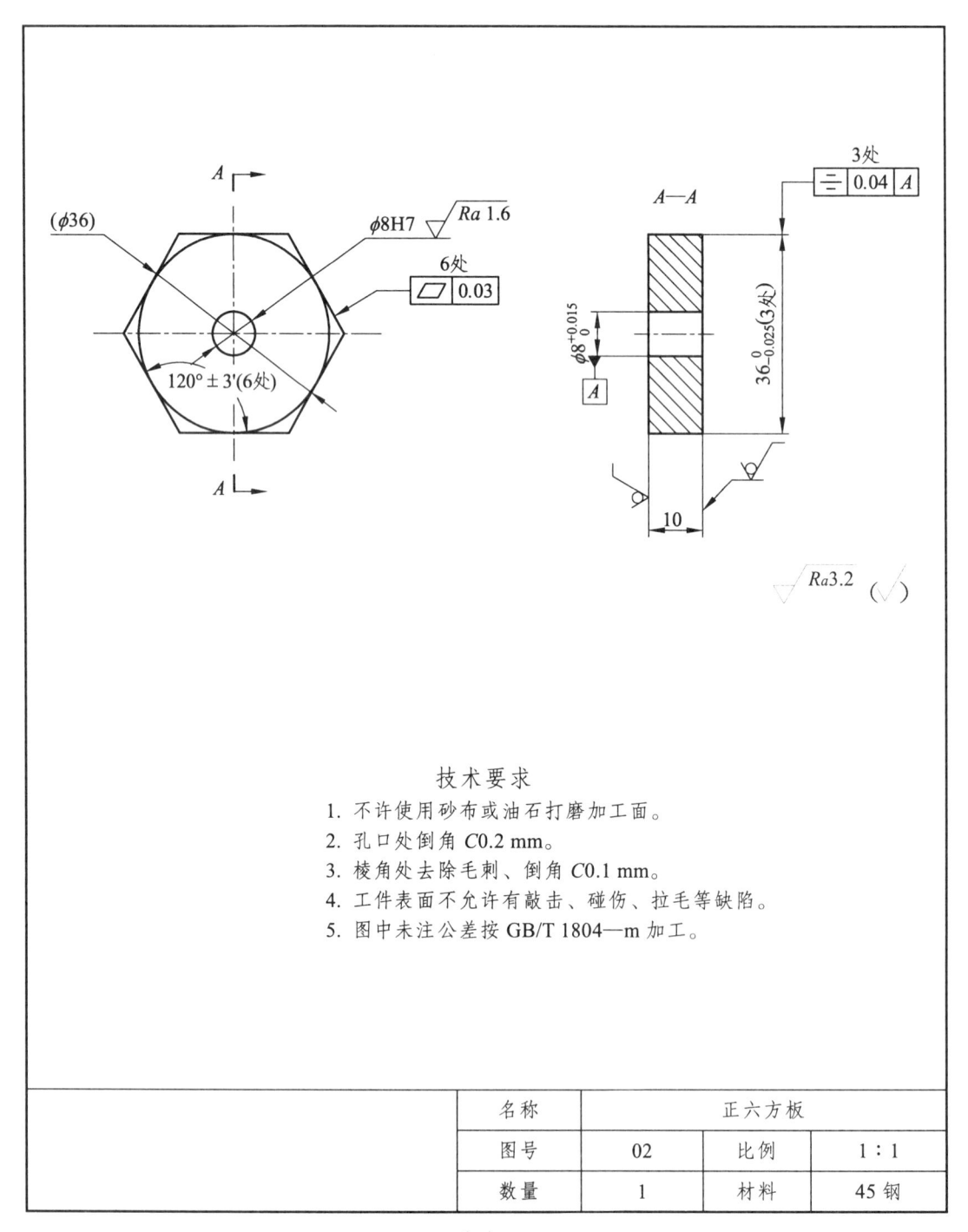

技术要求
1. 不许使用砂布或油石打磨加工面。
2. 孔口处倒角 $C0.2$ mm。
3. 棱角处去除毛刺、倒角 $C0.1$ mm。
4. 工件表面不允许有敲击、碰伤、拉毛等缺陷。
5. 图中未注公差按 GB/T 1804—m 加工。

名称		正六方板	
图号	02	比例	1:1
数量	1	材料	45钢

(c)

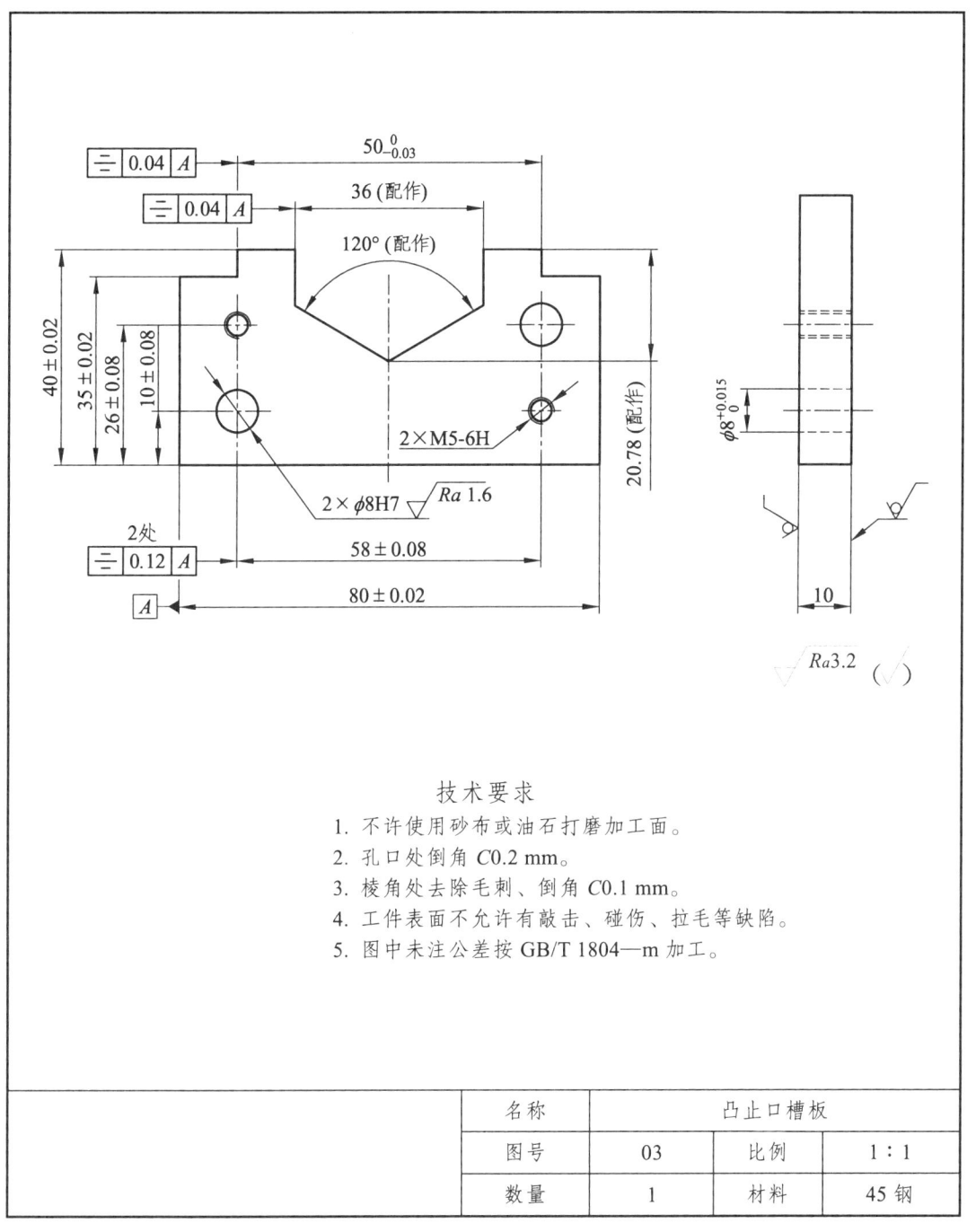

技术要求
1. 不许使用砂布或油石打磨加工面。
2. 孔口处倒角 C0.2 mm。
3. 棱角处去除毛刺、倒角 C0.1 mm。
4. 工件表面不允许有敲击、碰伤、拉毛等缺陷。
5. 图中未注公差按 GB/T 1804—m 加工。

名称	凸止口槽板		
图号	03	比例	1∶1
数量	1	材料	45 钢

（d）

技术要求
1. 不许使用砂布或油石打磨加工面。
2. 孔口处倒角 C0.2 mm。
3. 棱角处去除毛刺、倒角 C0.1 mm。
4. 工件表面不允许有敲击、碰伤、拉毛等缺陷。
5. 图中未注公差按 GB/T 1804—m 加工。

名称	凹止口槽板		
图号	04	比例	1:1
数量	1	材料	45 钢

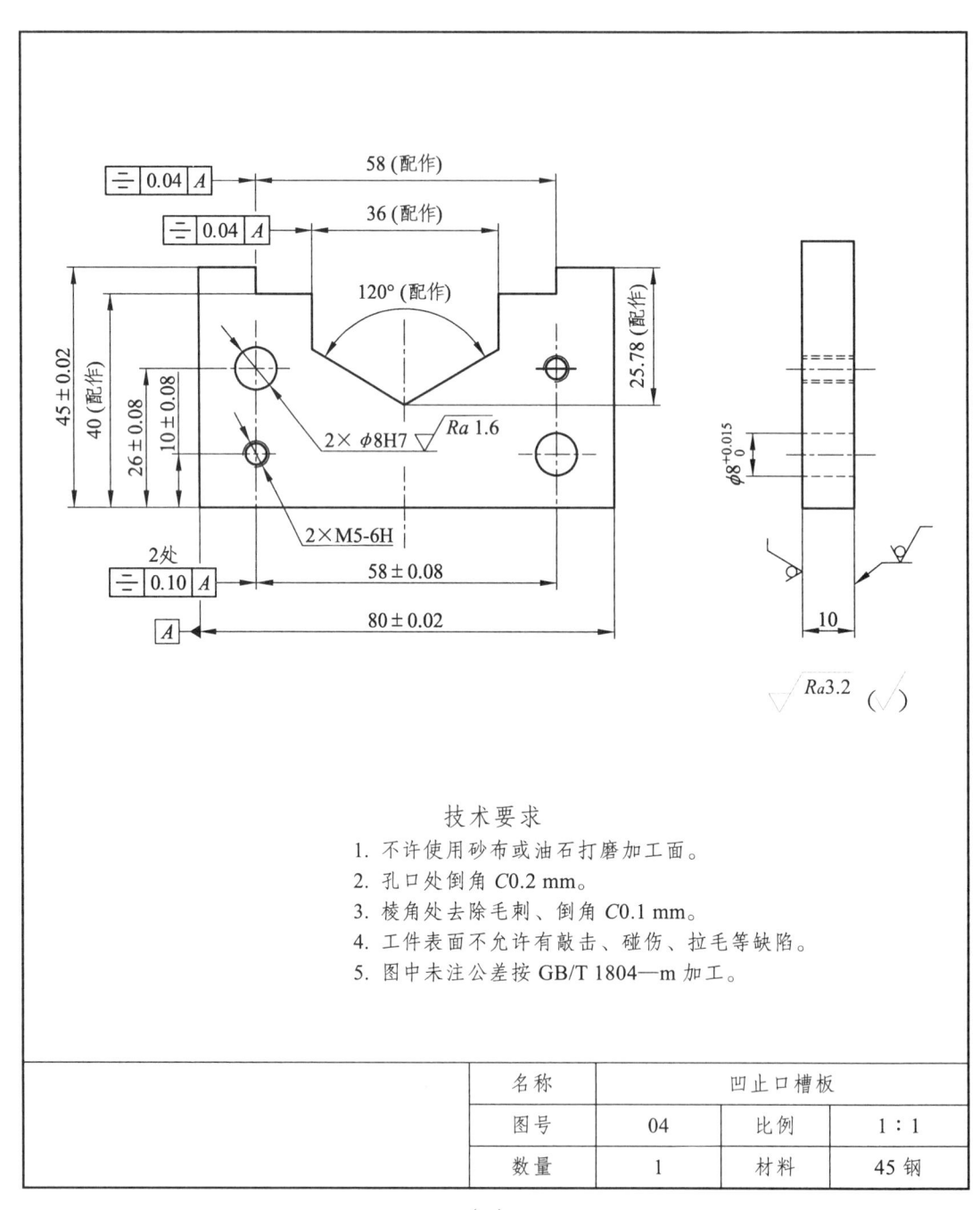

(e)

图 5-13 正六方凸凹止口组合锉配

\2. 考件评分表

表 5-13 正六方凸凹止口组合锉配评分表（供参考）

序号	项目	考核内容	配分	评分标准	检测记录	扣分	得分
1	件1 (16.3分)	80±0.02 mm（2处）	2	一处超差扣1分			
2		($\phi 8^{+0.015}_{0}$) mm（5处）	4	一处超差扣0.8分			
3		5.7±0.2 mm（4处）	2	一处超差扣0.5分			
4		⊥ 0.12 A B	1	超差全扣			
5		⊥ 0.12 A（4处）	4	一处超差扣1分			
6		Ra 1.6 μm（5处）	2.5	一处降级扣0.5分			
7		Ra 3.2 μm（4处）	0.8	一处降级扣0.2分			
8	件2 (18.8分)	120°±3′（6处）	6	一处超差扣1分			
9		($36^{0}_{-0.025}$) mm（3处）	3.3	一处超差扣1.1分			
10		($\phi 8^{+0.015}_{0}$) mm	0.8	一处超差扣0.8分			
11		平面度公差≤0.03 mm（6处）	3	一处超差扣0.5分			
12		⊥ 0.04 A（3处）	3	一处超差扣1分			
13		R_a 1.6 μm	0.5	降级全扣			
14		Ra 3.2 μm（6处）	1.2	一处降级扣0.2分			
15	件3 (21.9分)	($58^{0}_{-0.03}$) mm	1.7	超差全扣			
16		80±0.02 mm	1	超差全扣			
17		40±0.02 mm	1	超差全扣			
18		35±0.02 mm（2处）	2	一处超差扣1分			
19		($\phi 8^{+0.015}_{0}$) mm（2处）	1.6	一处超差扣0.8分			
20		M5-6H（2处）	1	一处超差扣0.5分			
21		58±0.08 mm（2处）	2	一处超差扣1分			
22		26±0.08 mm（2处）	2	一处超差扣1分			
23		10±0.08 mm（2处）	2	一处超差扣1分			
24		⊥ 0.04 A（2处）	2	一处超差扣1分			
25		⊥ 0.12 A（2处）	2	一处超差扣1分			
26		Ra 1.6 μm（2处）	1	一处降级扣0.5分			
27		Ra 3.2 μm（13处）	2.6	一处降级扣0.2分			

续表

序号	项目	考核内容	配分	评分标准	检测记录	扣分	得分
28	件4 (18.2分)	80±0.02 mm	1	超差全扣			
29		45±0.02 mm	1	超差全扣			
30		45±0.02 mm	1	超差全扣			
31		($\phi 8_{0}^{+0.015}$) mm（2处）	1.6	一处超差扣0.8分			
32		M5-6H（2处）	1	一处超差扣0.5分			
33		58±0.08 mm（2处）	2	一处超差扣1分			
34		26±0.08 mm（2处）	2	一处超差扣1分			
35		10±0.08 mm（2处）	2	一处超差扣1分			
36		⊐ 0.04 A（2处）	2	一处超差扣1分			
37		⊐ 0.12 A（2处）	2	一处超差扣1分			
38		Ra 1.6 μm（2处）	1	一处降级扣0.5分			
39		Ra 3.2 μm（13处）	2.6	一处降级扣0.2分			
40	配合 (24.8分)	件2与件3、件4配合（含5次换位）间隙为≤0.05 mm（共48处）	19.2	一处超差扣0.4分			
41		件3与件4配合间隙为≤0.05 mm（6处）	2.4	一处超差扣0.4分			
42		件3、件4与件1配合后侧面错位量≤0.07 mm（6处）	1.2	一处超差扣0.2分			
43		80±0.05 mm	1	超差全扣			
44		28±008 mm	1	超差全扣			
45	外观	工件表面不许有敲击、碰伤、拉毛等缺陷	倒扣	由总分中酌情扣除1~5分			
46	违规	违反安全操作规程 违反职业规范	倒扣	由总分中酌情扣除5~10分			
					总分		

二、扇形组合锉配

1. 考件图样（图 5-14）

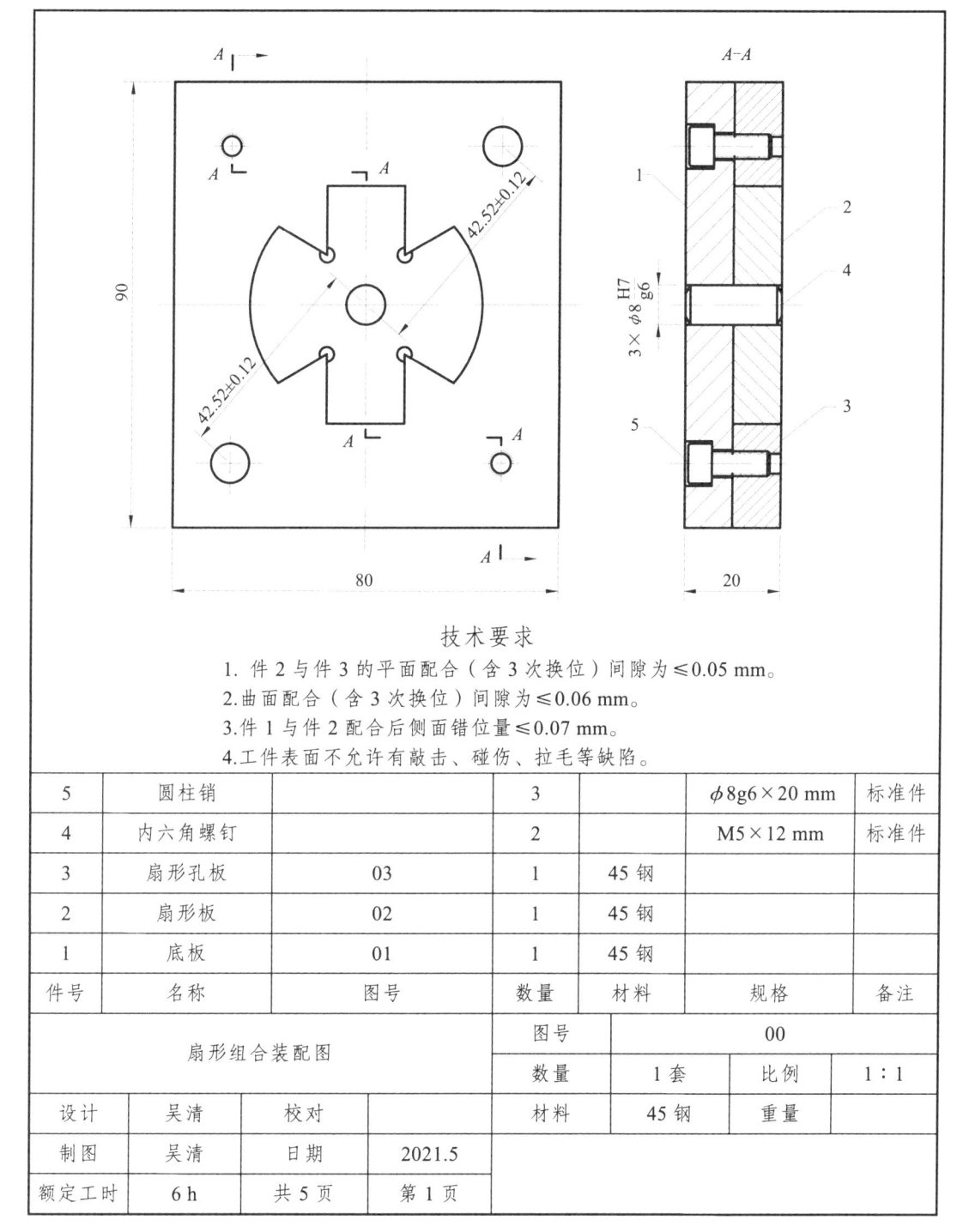

技术要求

1. 件 2 与件 3 的平面配合（含 3 次换位）间隙为 ≤0.05 mm。
2. 曲面配合（含 3 次换位）间隙为 ≤0.06 mm。
3. 件 1 与件 2 配合后侧面错位量 ≤0.07 mm。
4. 工件表面不允许有敲击、碰伤、拉毛等缺陷。

5	圆柱销		3		ϕ8g6×20 mm	标准件
4	内六角螺钉		2		M5×12 mm	标准件
3	扇形孔板	03	1	45 钢		
2	扇形板	02	1	45 钢		
1	底板	01	1	45 钢		
件号	名称	图号	数量	材料	规格	备注

扇形组合装配图		图号		00	
^	^	数量	1 套	比例	1∶1
设计	吴清	校对		材料	45 钢	重量	
制图	吴清	日期	2021.5			
额定工时	6 h	共 5 页	第 1 页			

（a）

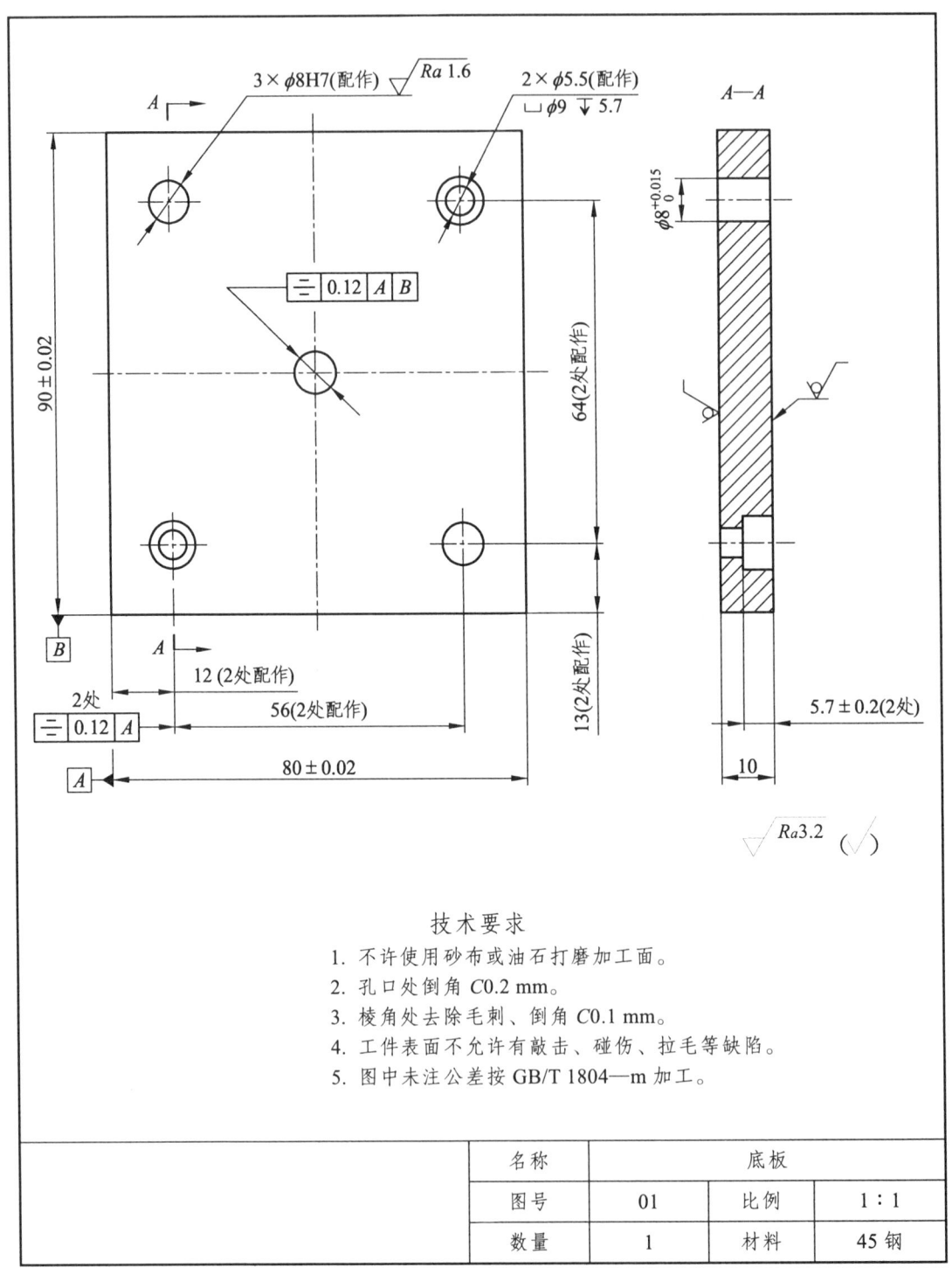

技术要求

1. 不许使用砂布或油石打磨加工面。
2. 孔口处倒角 C0.2 mm。
3. 棱角处去除毛刺、倒角 C0.1 mm。
4. 工件表面不允许有敲击、碰伤、拉毛等缺陷。
5. 图中未注公差按 GB/T 1804—m 加工。

名称		底板	
图号	01	比例	1∶1
数量	1	材料	45钢

(b)

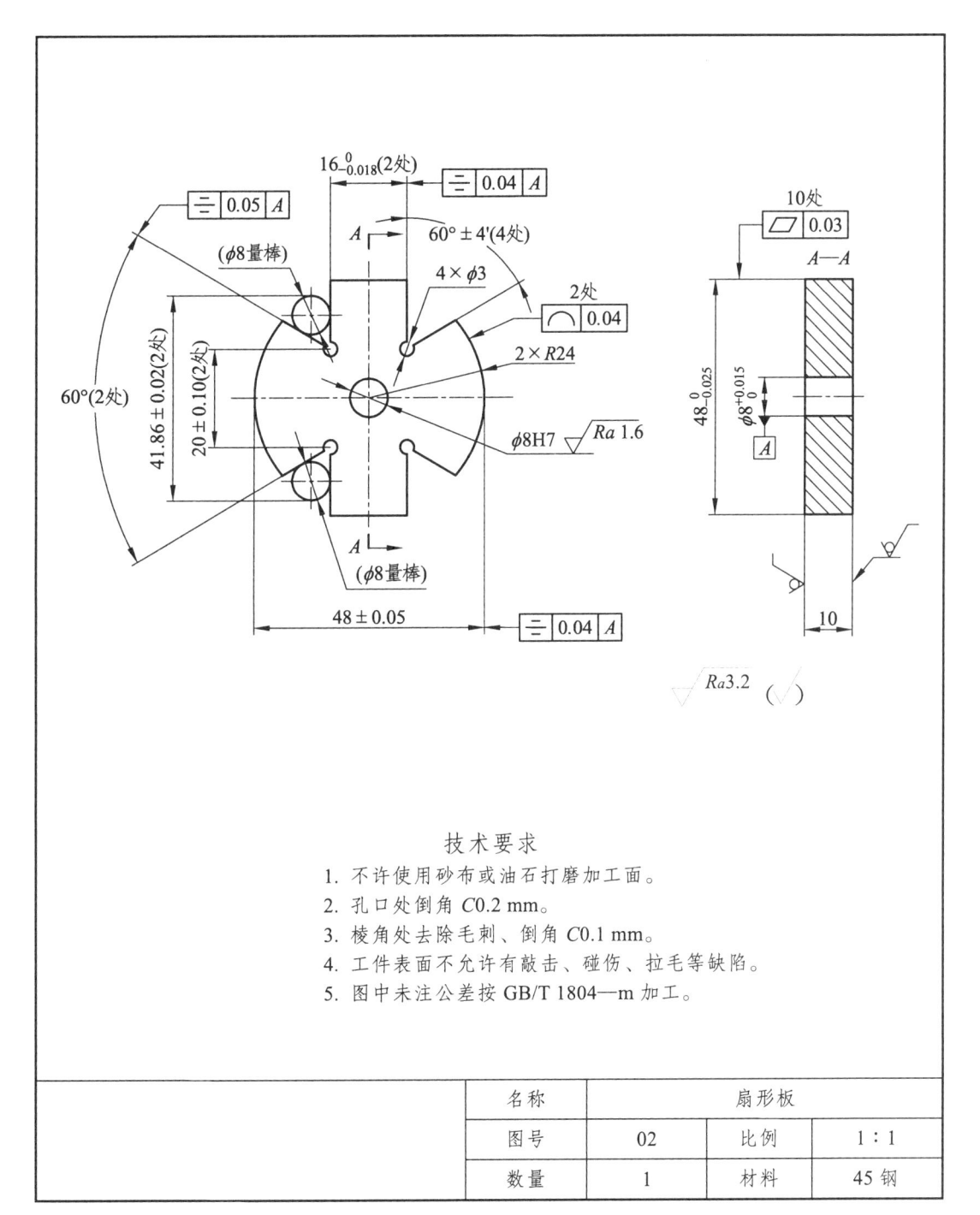

技术要求
1. 不许使用砂布或油石打磨加工面。
2. 孔口处倒角 C0.2 mm。
3. 棱角处去除毛刺、倒角 C0.1 mm。
4. 工件表面不允许有敲击、碰伤、拉毛等缺陷。
5. 图中未注公差按 GB/T 1804—m 加工。

名称	扇形板		
图号	02	比例	1∶1
数量	1	材料	45钢

(c)

技术要求

1. 不许使用砂布或油石打磨加工面。
2. 孔口处倒角 C0.2 mm。
3. 棱角处去除毛刺、倒角 C0.1 mm。
4. 工件表面不允许有敲击、碰伤、拉毛等缺陷。
5. 图中未注公差按 GB/T 1804—m 加工。

名称	扇形孔板		
图号	03	比例	1:1
数量	1	材料	45钢

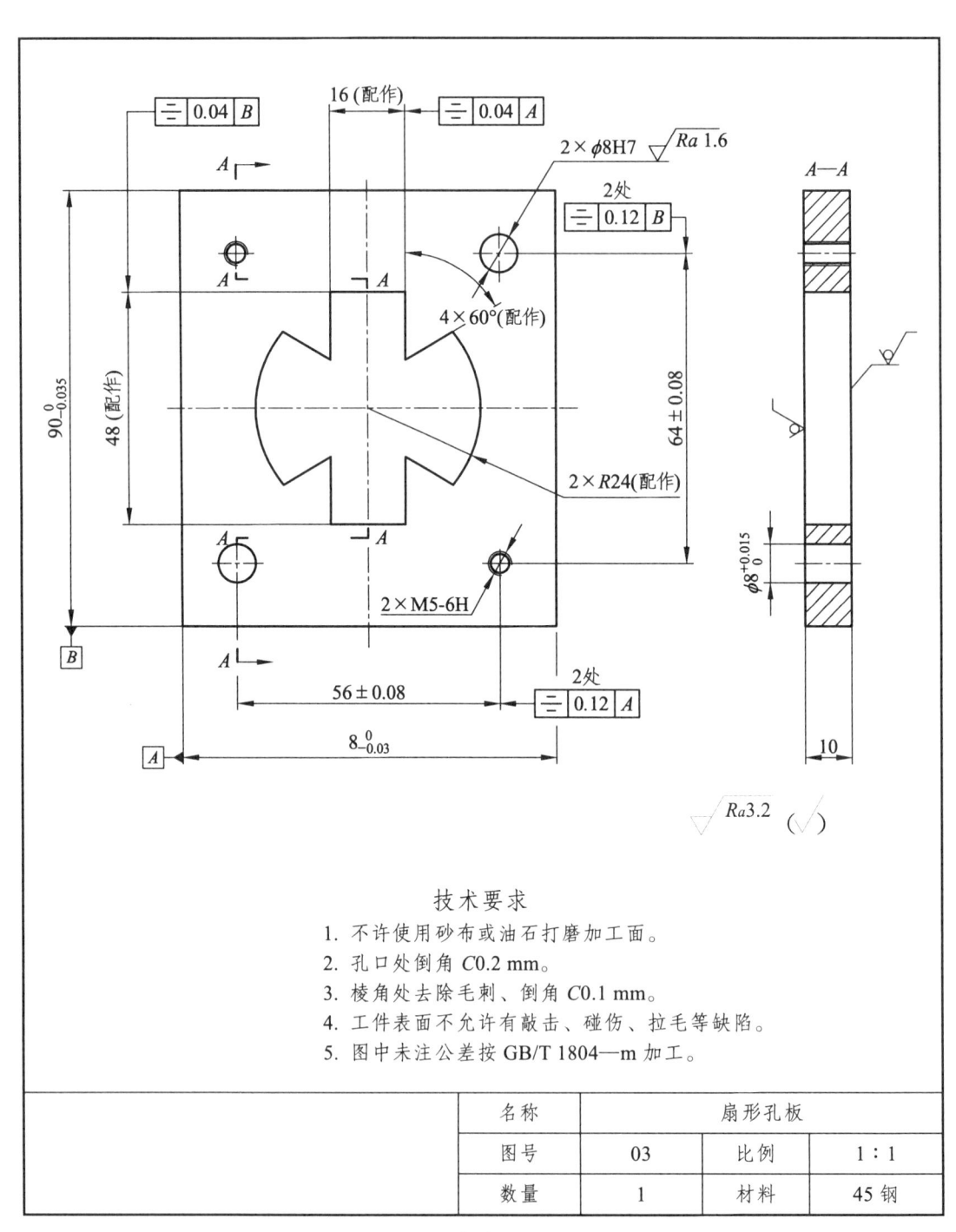

(d)

图 5-14 扇形组合锉配

2. 考件评分表

表 5-14 扇形组合锉配评分表（供参考）

序号	项目	考核内容	配分	评分标准	检测记录	扣分	得分
1	件 1 （13.3 分）	$(80_{-0.03}^{0})$ mm	2	超差全扣			
2		$(90_{-0.035}^{0})$ mm	2	超差全扣			
3		5.7±0.2 mm（2 处）	1	一处超差扣 0.5 分			
4		$(\phi 8_{0}^{+0.015})$ mm（3 处）	3	一处超差扣 1 分			
5		⫽ 0.12 A（2 处）	2	一处超差扣 1 分			
6		⫽ 0.12 A B	1	一处超差扣 1 分			
7		Ra 1.6 μm（3 处）	1.5	一处降级扣 0.5 分			
8		Ra 3.2 μm（4 处）	0.8	一处降级扣 0.2 分			
9	件 2 （37.4 分）	$(16_{-0.018}^{0})$ mm（2 处）	4	一处超差扣 2 分			
10		$(48_{-0.025}^{0})$ mm	2	超差全扣			
11		41.86±0.02 mm（2 处）	3	一处超差扣 1.5 分			
12		20±0.10 mm（2 处）	1	一处超差扣 0.5 分			
13		60°±4′（4 处）	8	一处超差扣 2 分			
14		$(\phi 8_{0}^{+0.015})$ mm	1	超差全扣			
15		⌳ 0.03（10 处）	5	一处超差扣 0.5 分			
16		⌒ 0.04（2 处）	3	一处超差扣 1.5 分			
17		⫽ 0.04 A（3 处）	4.5	一处超差扣 1.5 分			
18		⫽ 0.05 A（2 处）	3	一处超差扣 1.5 分			
19		Ra 1.6 μm	0.5	降级全扣			
20		Ra 3.2 μm（12 处）	2.4	一处降级扣 0.2 分			

续表

序号	项目	考核内容	配分	评分标准	检测记录	扣分	得分
21	件3 (25.7分)	$(80_{-0.03}^{0})$ mm	2	超差全扣			
22		$(90_{-0.035}^{0})$ mm	2	超差全扣			
23		64±0.08 mm（2处）	2	一处超差扣1分			
24		56±0.08 mm（2处）	2	一处超差扣1分			
25		M5-6H（2处）	2	一处超差扣1分			
26		$(\phi 8_{0}^{+0.015})$ mm（2处）	2	一处超差扣1分			
27		⊥ 0.04 A（2处）	3	一处超差扣1.5分			
28		⊥ 0.04 B	1.5	超差全扣			
29		∥ 0.12 A（2处）	2	一处超差扣1分			
30		∥ 0.12 B（2处）	2	一处超差扣1分			
31		Ra 1.6 μm（2处）	2	一处降级扣0.5分			
32		Ra 3.2 μm（16处）	3.2	一处降级扣0.2分			
33	配合 (23.6分)	件2与件3平面配合（含3次换位）间隙为≤0.05 mm、曲面配合间隙≤0.06 mm（共24处）	21.6	一处超差扣0.9分			
34		件3与件1的侧面错位量≤0.07 mm（4处）	1	一处超差扣0.25分			
35		42.52±0.12 mm（2处）	1	一处超差扣0.5分			
36	外观	工件表面不许有敲击、碰伤、拉毛等缺陷	倒扣	由总分中酌情扣除1~5分			
37	违规	违反安全操作规程 违反职业规范	倒扣	由总分中酌情扣除5~10分			
					总分		

三、正六方斜面组合锉配

1. 考件图样（图 5-15）

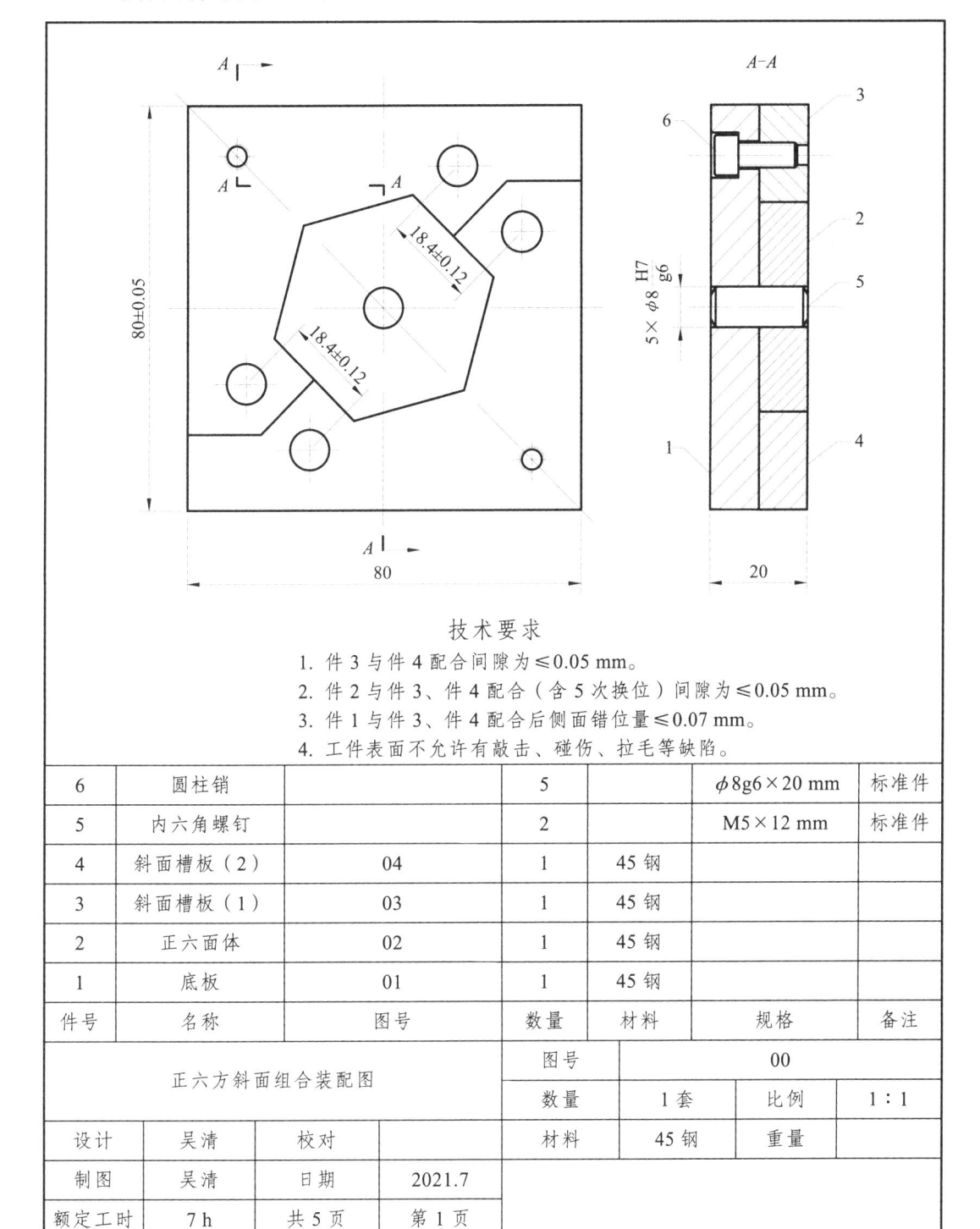

技术要求
1. 件 3 与件 4 配合间隙为 ≤0.05 mm。
2. 件 2 与件 3、件 4 配合（含 5 次换位）间隙为 ≤0.05 mm。
3. 件 1 与件 3、件 4 配合后侧面错位量 ≤0.07 mm。
4. 工件表面不允许有敲击、碰伤、拉毛等缺陷。

6	圆柱销			5		$\phi 8g6 \times 20$ mm	标准件
5	内六角螺钉			2		M5×12 mm	标准件
4	斜面槽板（2）	04		1	45 钢		
3	斜面槽板（1）	03		1	45 钢		
2	正六面体	02		1	45 钢		
1	底板	01		1	45 钢		
件号	名称	图号		数量	材料	规格	备注
正六方斜面组合装配图				图号		00	
				数量	1 套	比例	1:1
设计	吴清	校对		材料	45 钢	重量	
制图	吴清	日期	2021.7				
额定工时	7 h	共 5 页	第 1 页				

(a)

钳工锉削技术

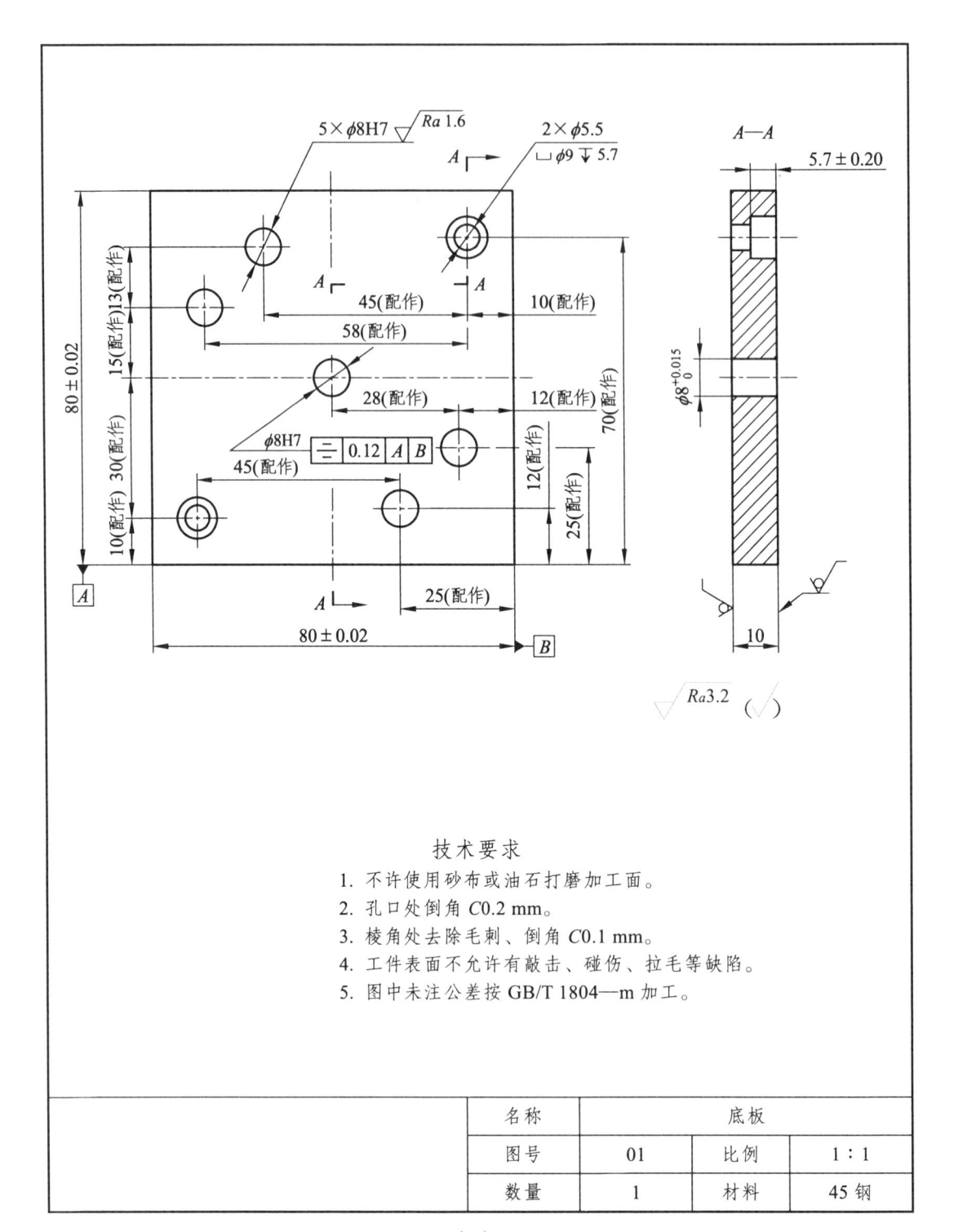

技术要求
1. 不许使用砂布或油石打磨加工面。
2. 孔口处倒角 C0.2 mm。
3. 棱角处去除毛刺、倒角 C0.1 mm。
4. 工件表面不允许有敲击、碰伤、拉毛等缺陷。
5. 图中未注公差按 GB/T 1804—m 加工。

名称	底板		
图号	01	比例	1∶1
数量	1	材料	45钢

(b)

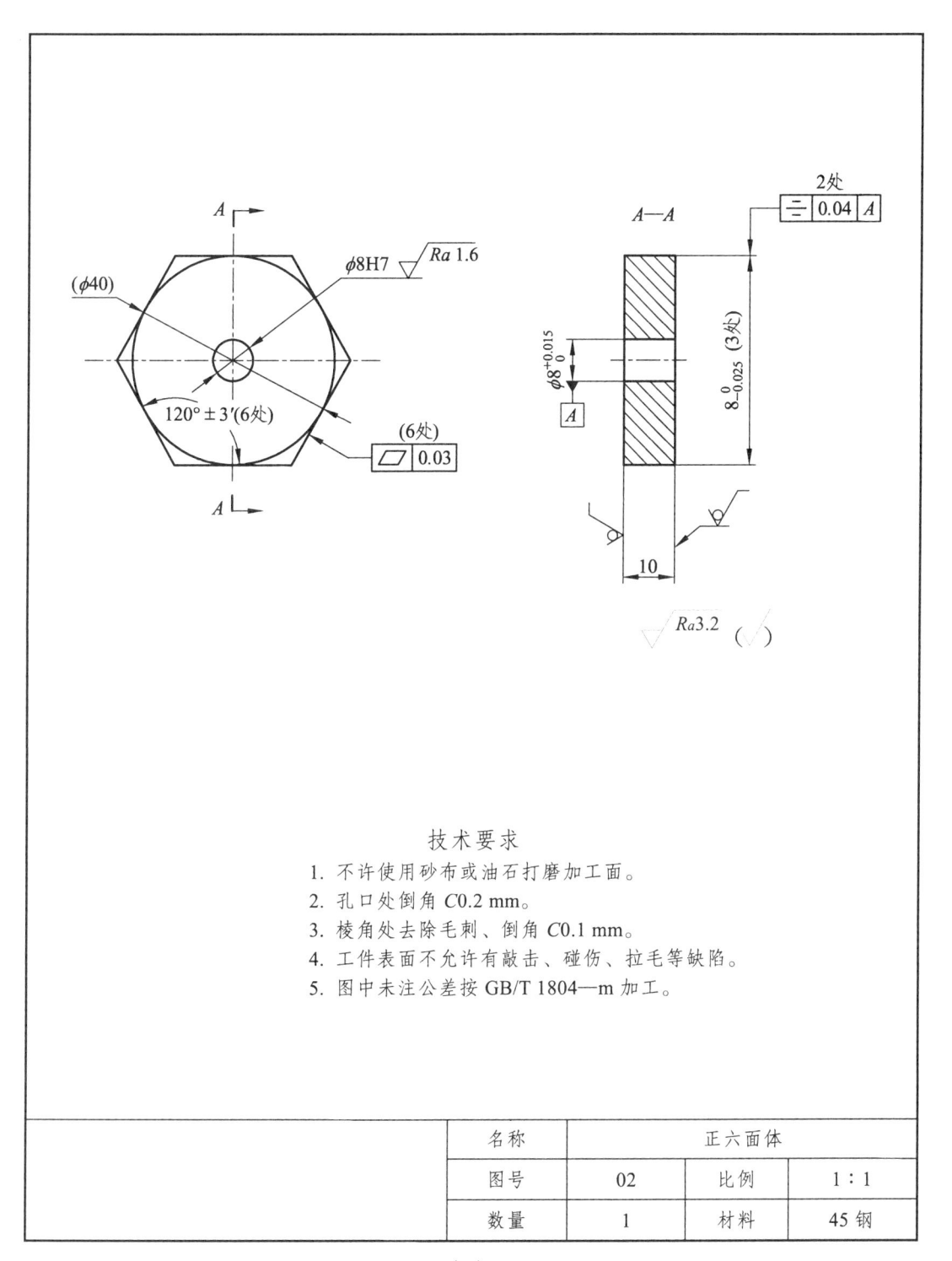

技术要求
1. 不许使用砂布或油石打磨加工面。
2. 孔口处倒角 C0.2 mm。
3. 棱角处去除毛刺、倒角 C0.1 mm。
4. 工件表面不允许有敲击、碰伤、拉毛等缺陷。
5. 图中未注公差按 GB/T 1804—m 加工。

	名称		正六面体
	图号	02	比例	1∶1
	数量	1	材料	45钢

(c)

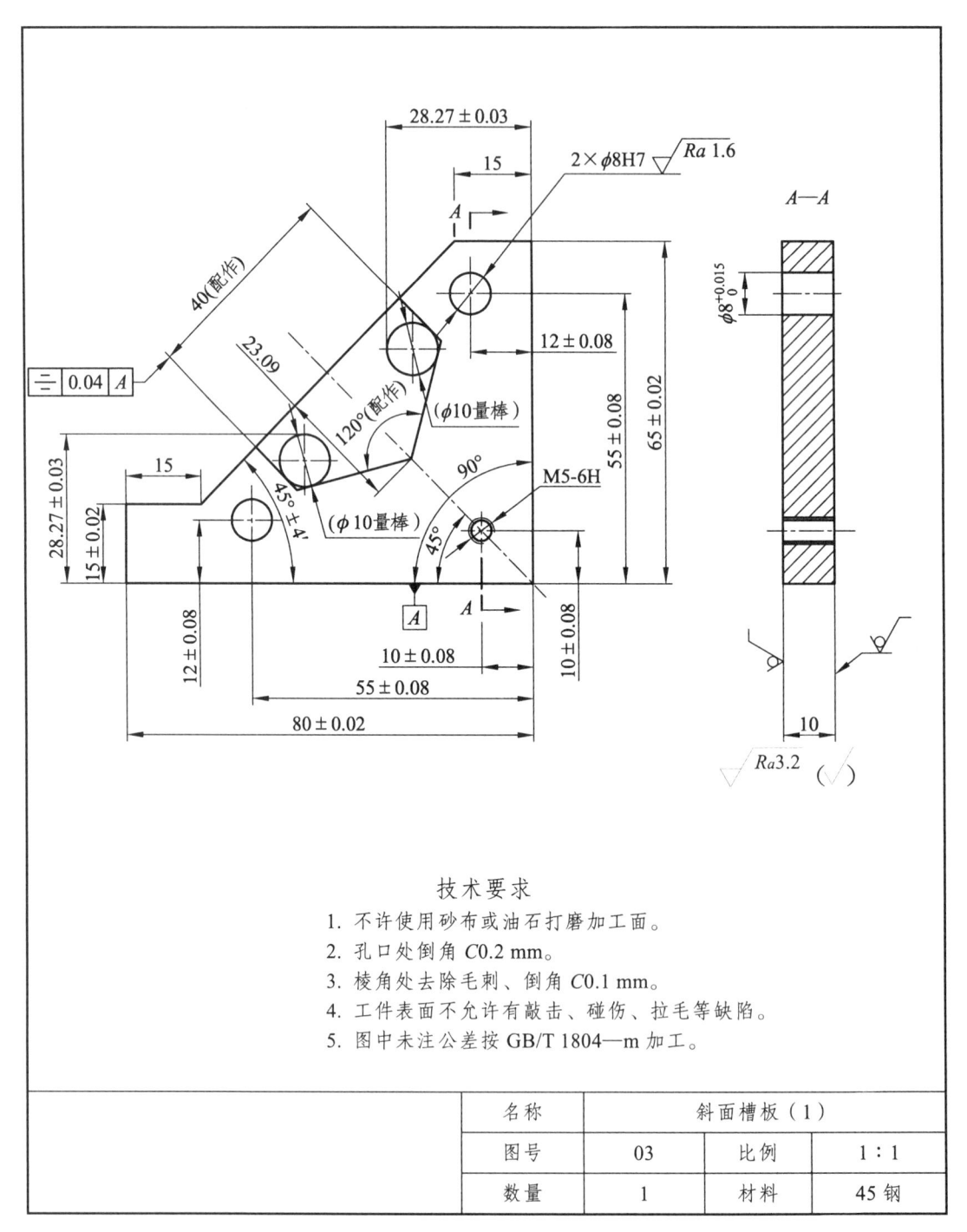

技术要求
1. 不许使用砂布或油石打磨加工面。
2. 孔口处倒角 C0.2 mm。
3. 棱角处去除毛刺、倒角 C0.1 mm。
4. 工件表面不允许有敲击、碰伤、拉毛等缺陷。
5. 图中未注公差按 GB/T 1804—m 加工。

名称	斜面槽板（1）		
图号	03	比例	1∶1
数量	1	材料	45 钢

（d）

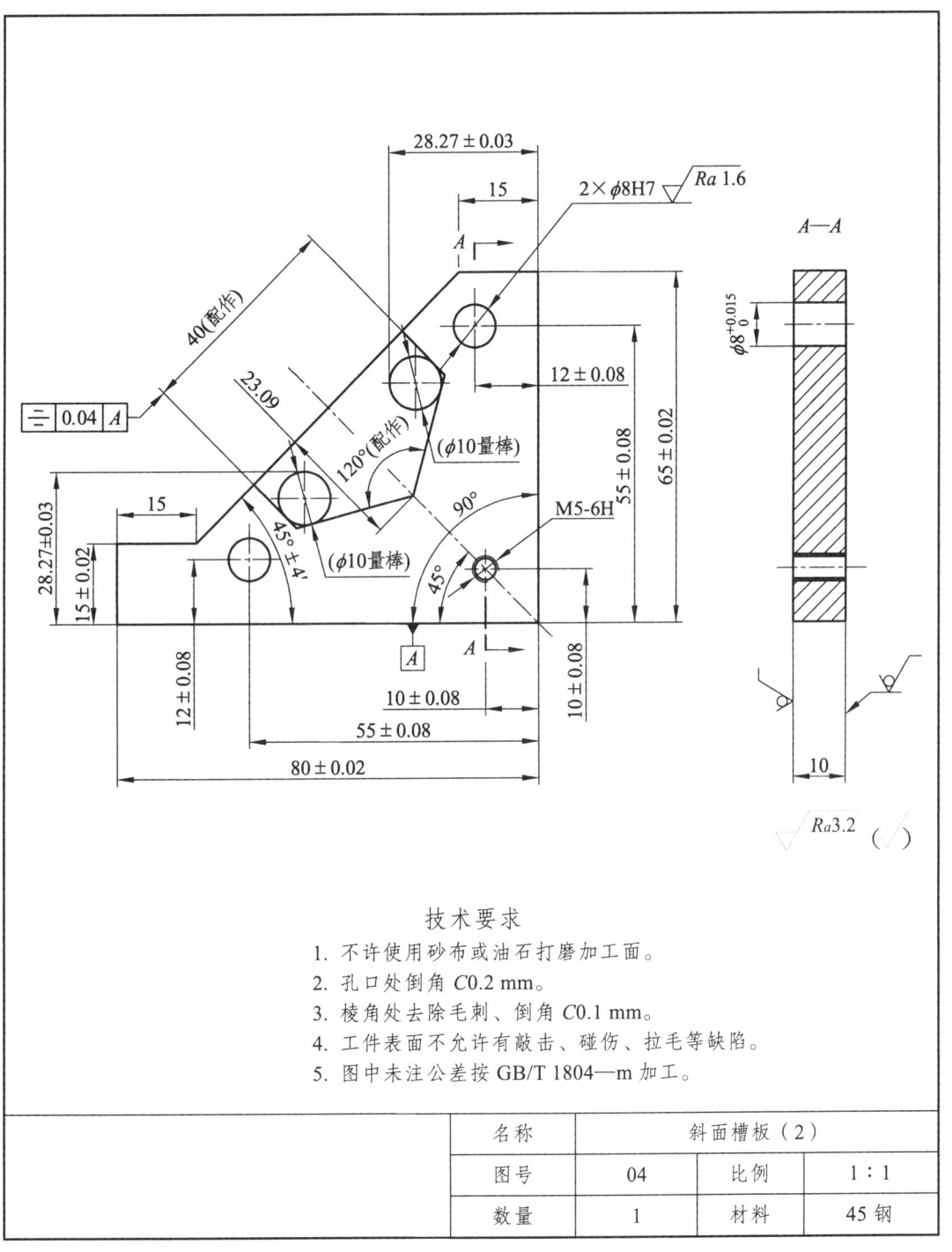

技术要求
1. 不许使用砂布或油石打磨加工面。
2. 孔口处倒角 C0.2 mm。
3. 棱角处去除毛刺、倒角 C0.1 mm。
4. 工件表面不允许有敲击、碰伤、拉毛等缺陷。
5. 图中未注公差按 GB/T 1804—m 加工。

名称	斜面槽板（2）		
图号	04	比例	1:1
数量	1	材料	45钢

(e)

图 5-15　正六方斜面组合锉配

2. 考件评分表（表 5-15）

表 5-15 正六方斜面组合锉配评分表（供参考）

序号	项目	考核内容	配分	评分标准	检测记录	扣分	得分
1	件1 （10.6 分）	80±0.02 mm（2 处）	2	一处超差扣 1.2 分			
2		5.7±0.2 mm（2 处）	1	一处超差扣 0.5 分			
3		($\phi 8_0^{+0.015}$) mm（5 处）	2.5	一处超差扣 0.5 分			
4		⌖ 0.12 A B	1	超差全扣			
5		Ra 1.6 μm（5 处）	2.5	一处降级扣 0.5 分			
6		Ra 3.2 μm（4 处）	1.2	一处降级扣 0.3 分			
7	件2 （21.4 分）	($40_{-0.025}^{0}$) mm（3 处）	6	一处超差扣 2 分			
8		($\phi 8_0^{+0.015}$) mm	0.5	超差全扣			
9		∠ 0.03（6 处）	3	一处超差扣 0.5 分			
10		⌖ 0.04 A（3 处）	3.6	一处超差扣 1.2 分			
11		120°±3′（6 处）	6	一处超差扣 1 分			
12		R_a 1.6 μm	0.5	一处降级扣 0.5 分			
13		Ra 3.2 μm（6 处）	1.8	一处降级扣 0.3 分			
14	件3 （21.4 分）	80±0.02 mm	1.2	超差全扣			
15		65±0.02 mm	1.2	超差全扣			
16		15±0.02 mm	1.2	超差全扣			
17		28.27±0.03 mm（2 处）	2	一处超差扣 1 分			
18		55±0.08 mm（2 处）	2	一处超差扣 1 分			
19		12±0.08 mm（2 处）	2	一处超差扣 1 分			
20		10±0.08 mm（2 处）	2	一处超差扣 1 分			
21		M5-6H	1	超差全扣			
22		($\phi 8_0^{+0.015}$) mm（2 处）	1	一处超差扣 0.5 分			
23		⌖ 0.04 A	1.2	超差全扣			
24		45°±4′	2.3	超差全扣			
25		Ra 1.6 μm（2 处）	1	一处降级扣 0.5 分			
26		Ra 3.2 μm（11 处）	3.3	一处降级扣 0.3 分			

续表

序号	项目	考核内容	配分	评分标准	检测记录	扣分	得分
27	件4 (21.4分)	80±0.02 mm	1.2	超差全扣			
28		65±0.02 mm	1.2	超差全扣			
29		15±0.02 mm	1.2	超差全扣			
30		28.27±0.03 mm（2处）	2	一处超差扣1分			
31		55±0.08 mm（2处）	2	一处超差扣1分			
32		12±0.08 mm（2处）	2	一处超差扣1分			
33		10±0.08 mm（2处）	2	一处超差扣1分			
34		M5-6H	1	超差全扣			
35		($\phi 8_0^{+0.015}$) mm（2处）	1	一处超差扣0.5分			
36		0.04 A	1.2	超差全扣			
37		45°±4′	2.3	超差全扣			
38		Ra 1.6 μm（2处）	1	一处降级扣0.5分			
39		Ra 3.2 μm（11处）	3.3	一处降级扣0.3分			
40	配合 (25.2分)	件3与件4配合间隙为≤0.05 mm（4处）	2	一处超差扣0.5分			
41		件2与件3、件4配合（含5次换位）间隙为≤0.05 mm（48处）	19.2	一处超差扣0.4分			
42		件1与件3、件4配合后的侧面错位量≤0.07 mm（4处）	2	一处超差扣0.5分			
43		80±0.05 mm	1	超差全扣			
44		18.40±0.12 mm（2处）	1	一处超差扣0.5分			
45	外观	工件表面不许有敲击、碰伤、拉毛等缺陷	倒扣	由总分中酌情扣除1~5分			
46	违规	违反安全操作规程 违反职业规范	倒扣	由总分中酌情扣除5~10分			
					总分		

四、飞机形体组合锉配

1. 考件图样（图5-16）

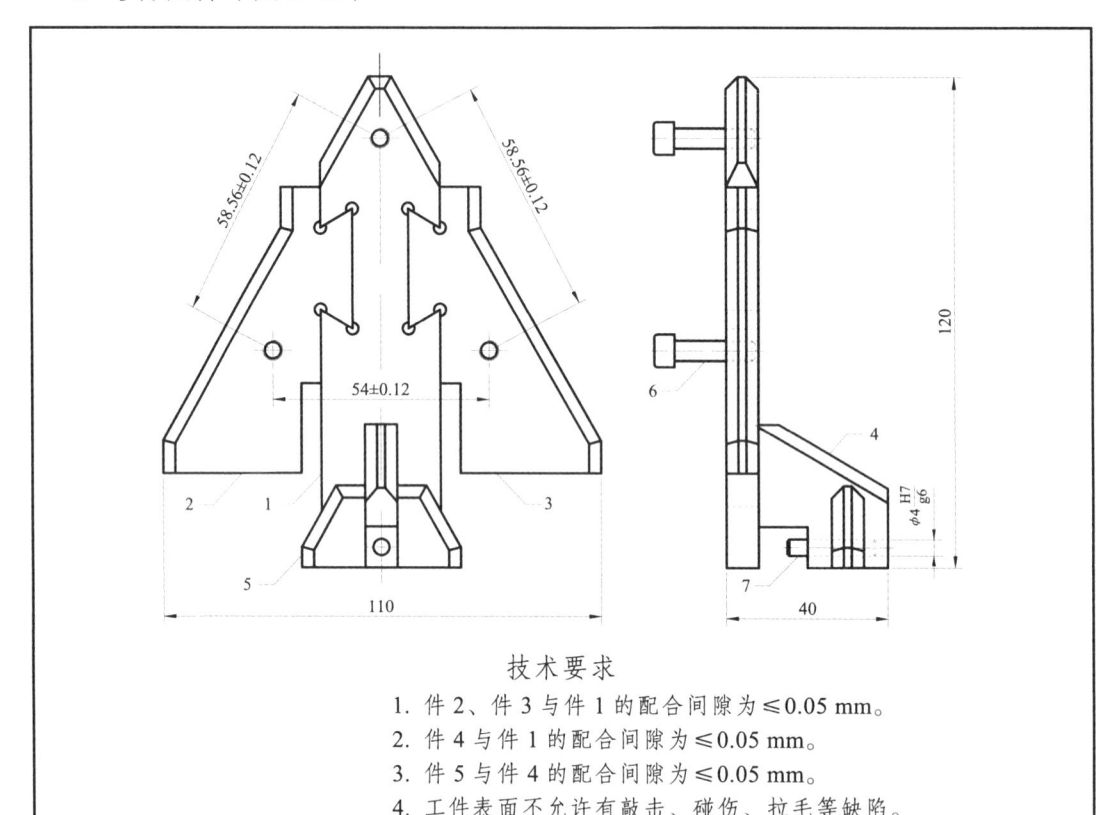

技术要求

1. 件2、件3与件1的配合间隙为≤0.05 mm。
2. 件4与件1的配合间隙为≤0.05 mm。
3. 件5与件4的配合间隙为≤0.05 mm。
4. 工件表面不允许有敲击、碰伤、拉毛等缺陷。

7	圆柱销		1		ϕ4g6×20 mm	标准件
6	起落架（内六角螺钉）		3		M5×20 mm	标准件
5	水平尾翼	05	1	45钢		
4	垂直尾翼	04	1	45钢		
3	机翼（2）	03	1	45钢		
2	机翼（1）	02	1	45钢		
1	机身	01	1	45钢		
件号	名称	图号	数量	材料	规格	备注

飞机形体组合装配图		图号	00		
^		数量	1套	比例	1:1
设计	吴清	校对		材料	45钢	重量	
制图	吴清	日期	2021.7			
额定工时	7 h	共5页	第1页			

(a)

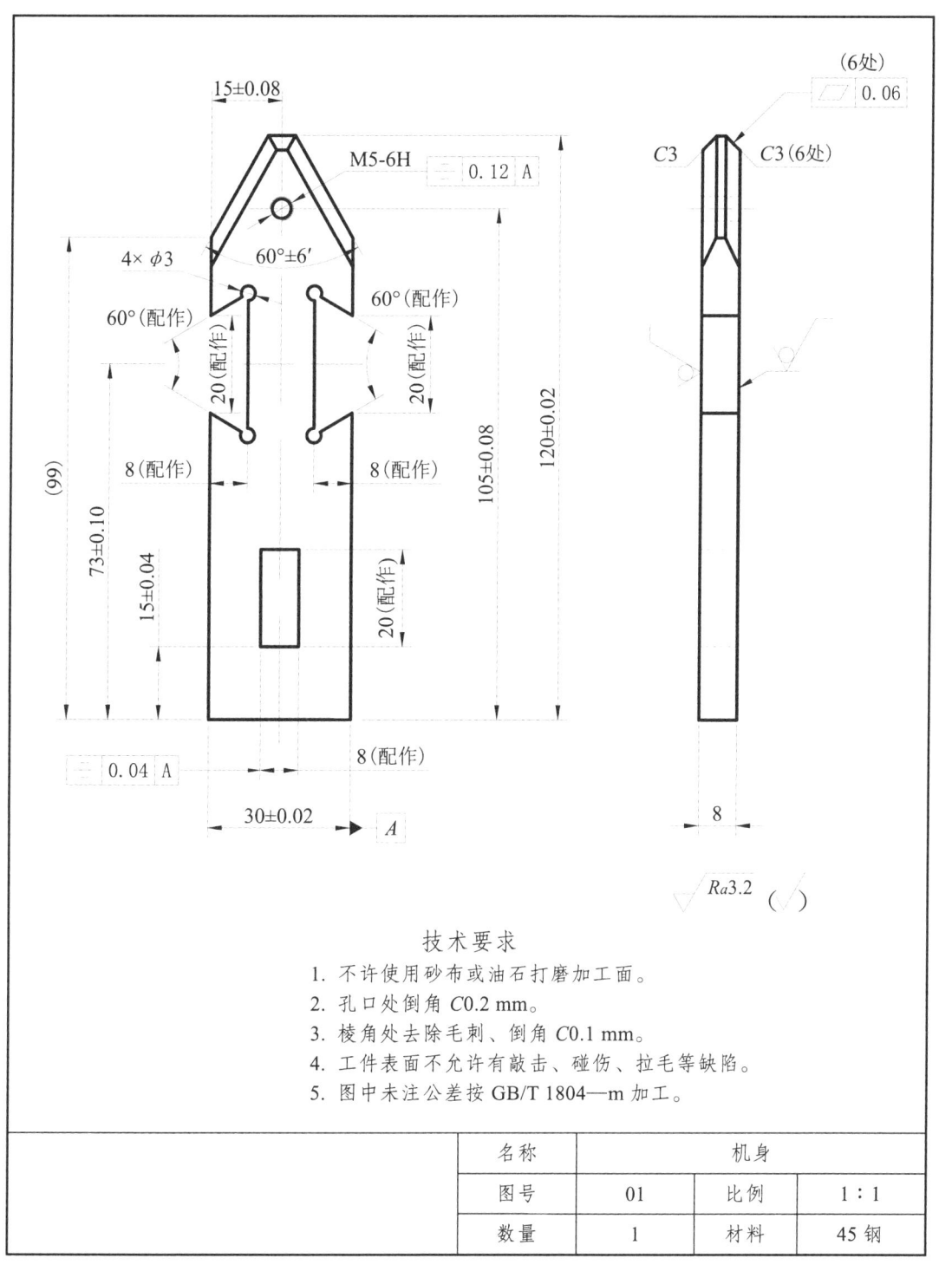

技术要求
1. 不许使用砂布或油石打磨加工面。
2. 孔口处倒角 C0.2 mm。
3. 棱角处去除毛刺、倒角 C0.1 mm。
4. 工件表面不允许有敲击、碰伤、拉毛等缺陷。
5. 图中未注公差按 GB/T 1804—m 加工。

名称		机身	
图号	01	比例	1：1
数量	1	材料	45钢

(b)

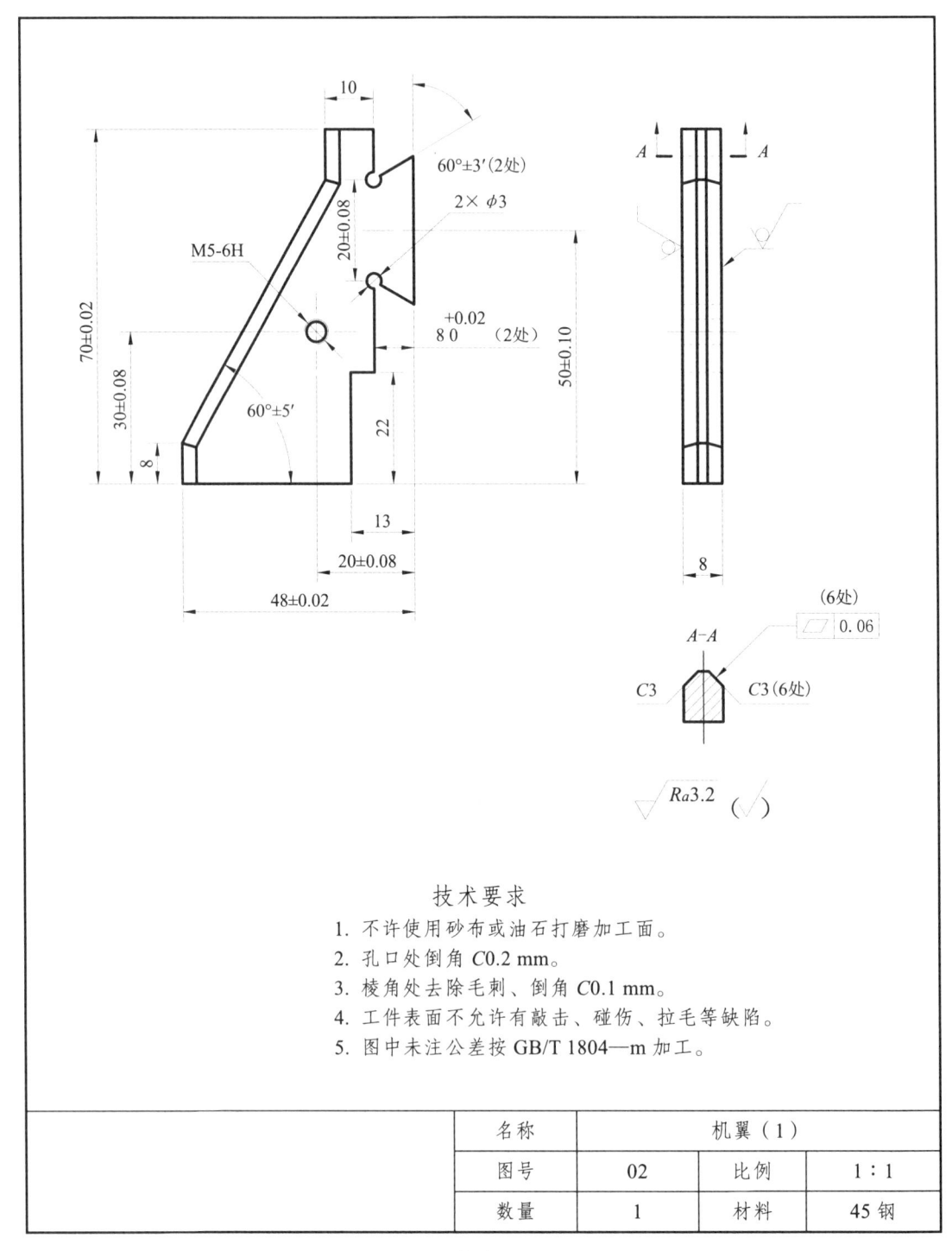

技术要求
1. 不许使用砂布或油石打磨加工面。
2. 孔口处倒角 C0.2 mm。
3. 棱角处去除毛刺、倒角 C0.1 mm。
4. 工件表面不允许有敲击、碰伤、拉毛等缺陷。
5. 图中未注公差按 GB/T 1804—m 加工。

名称	机翼（1）		
图号	02	比例	1:1
数量	1	材料	45钢

(c)

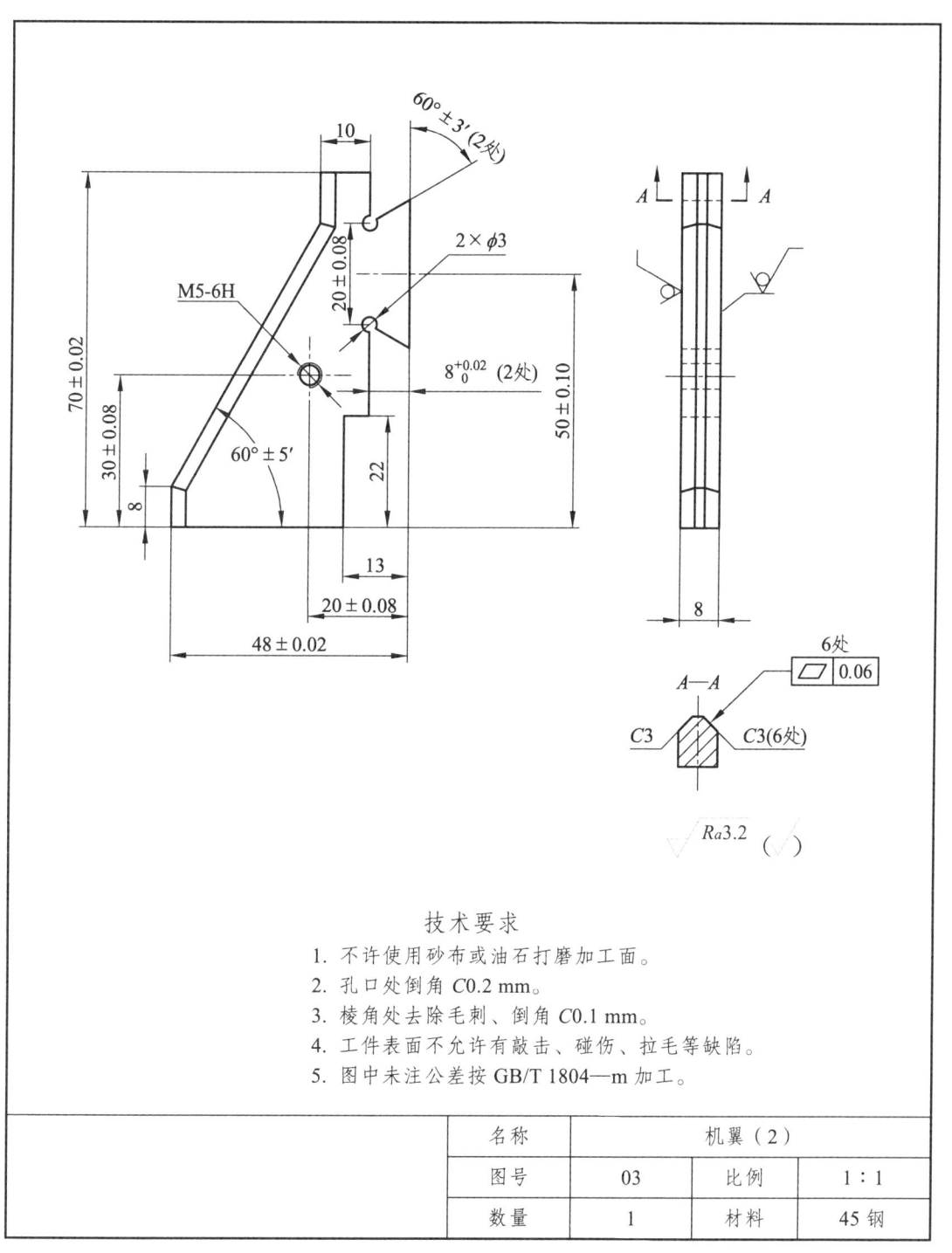

技术要求
1. 不许使用砂布或油石打磨加工面。
2. 孔口处倒角 C0.2 mm。
3. 棱角处去除毛刺、倒角 C0.1 mm。
4. 工件表面不允许有敲击、碰伤、拉毛等缺陷。
5. 图中未注公差按 GB/T 1804—m 加工。

名称	机翼（2）		
图号	03	比例	1∶1
数量	1	材料	45钢

（d）

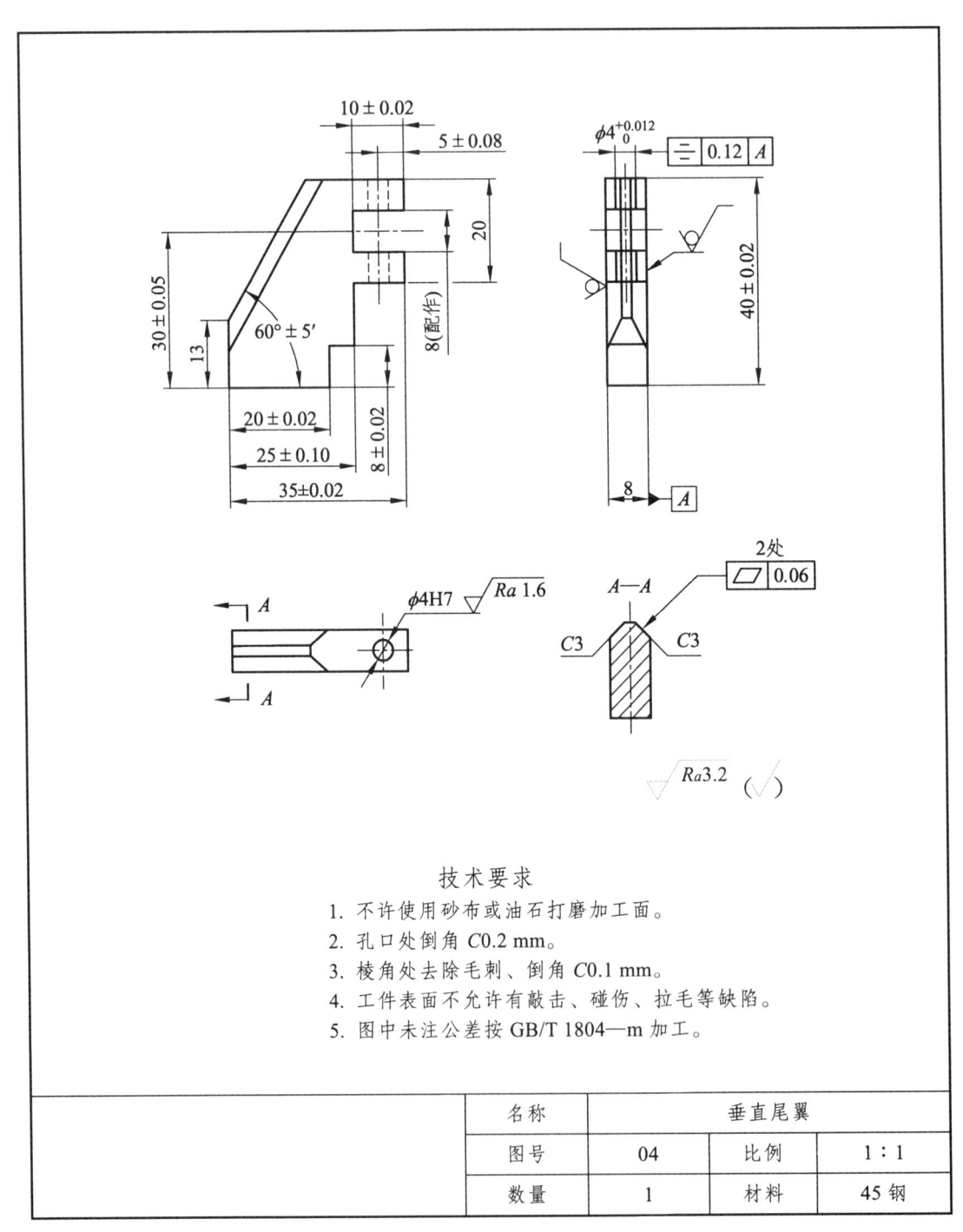

技术要求
1. 不许使用砂布或油石打磨加工面。
2. 孔口处倒角 C0.2 mm。
3. 棱角处去除毛刺、倒角 C0.1 mm。
4. 工件表面不允许有敲击、碰伤、拉毛等缺陷。
5. 图中未注公差按 GB/T 1804—m 加工。

名称		垂直尾翼	
图号	04	比例	1∶1
数量	1	材料	45钢

(e)

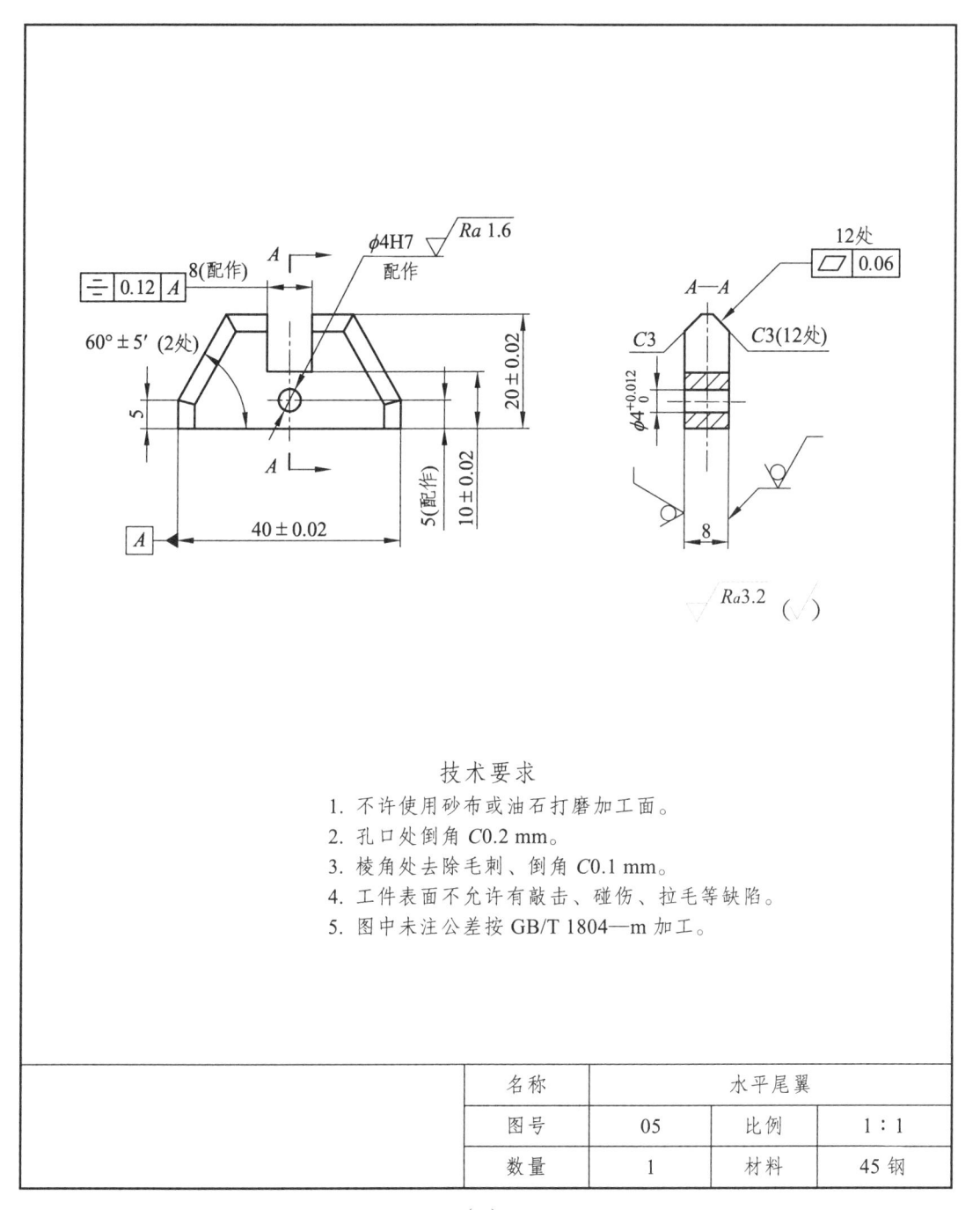

技术要求
1. 不许使用砂布或油石打磨加工面。
2. 孔口处倒角 C0.2 mm。
3. 棱角处去除毛刺、倒角 C0.1 mm。
4. 工件表面不允许有敲击、碰伤、拉毛等缺陷。
5. 图中未注公差按 GB/T 1804—m 加工。

名称	水平尾翼		
图号	05	比例	1:1
数量	1	材料	45钢

(f)

图 5-16 飞机形体组合锉配

2. 考件评分表（表 5-16，供参考）

表 5-16 飞机形体组合锉配评分表

序号	项目	考核内容	配分	评分标准	检测记录	扣分	得分
1	件1 （15.1 分）	120±0.02 mm	1.2	超差全扣			
2		30±0.02 mm	1.1	超差全扣			
3		15±0.04 mm	1	超差全扣			
4		73±0.10 mm	1	超差全扣			
5		105±0.08 mm	1	超差全扣			
6		15±0.08 mm	1	超差全扣			
7		60°±6′	1	超差全扣			
8		M5-6H	0.6	超差全扣			
9		⊥ 0.04 A	1	超差全扣			
10		∥ 0.12 A	0.8	超差全扣			
11		C3±0.20 mm（6处）	1.8	一处超差扣 0.3 分			
12		▱ 0.06（6处）	1.2	一处超差扣 0.2 分			
13		Ra 3.2 μm（24处）	2.4	一处降级扣 0.1 分			
14	件2 （19.5 分）	70±0.02 mm	1.1	超差全扣			
15		48±0.02 mm	1.1	超差全扣			
16		($8^{+0.02}_{0}$) mm（2处）	2	一处超差扣 1 分			
17		50±0.10 mm	1	超差全扣			
18		30±0.08 mm	1	超差全扣			
19		20±0.08 mm（2处）	2	一处超差扣 1 分			
20		60°±3′（2处）	3	一处超差扣 1.5 分			
21		60°±5′	3	超差全扣			
22		M5-6H	0.6	超差全扣			
23		C3±0.20 mm（6处）	1.8	一处超差扣 0.3 分			
24		▱ 0.06（6处）	1.2	一处超差扣 0.2 分			
25		Ra 3.2 μm（17处）	1.7	一处降级扣 0.1 分			
26	件3 （19.5 分）	70±0.02 mm	1.1	超差全扣			
27		48±0.02 mm	1.1	超差全扣			
28		($8^{+0.02}_{0}$) mm（2处）	2	一处超差扣 1 分			
29		50±0.10 mm	1	超差全扣			
30		30±0.08 mm	1	超差全扣			
31		20±0.08 mm（2处）	2	一处超差扣 1 分			
32		60°±3′（2处）	3.6	一处超差扣 1.8 分			
33		60°±5′	3	超差全扣			
34		M5-6H	0.6	超差全扣			
35		C3±0.20 mm（6处）	1.8	一处超差扣 0.3 分			
36		▱ 0.06（6处）	1.2	一处超差扣 0.2 分			
37		Ra 3.2 μm（17处）	1.7	一处降级扣 0.1 分			

续表

序号	项目	考核内容	配分	评分标准	检测记录	扣分	得分
38	件4 (11.3分)	40±0.02 mm	1.1	超差全扣			
39		35±0.02 mm	1.1	超差全扣			
40		20±0.02 mm	1	超差全扣			
41		10±0.02 mm	1	超差全扣			
42		8±0.02 mm	1	超差全扣			
43		25±0.10 mm	0.5	超差全扣			
44		5±0.08 mm	0.5	超差全扣			
45		60°±5′	1.2	超差全扣			
46		($\phi 4^{+0.012}_{0}$) mm	1	超差全扣			
47		$C3\pm0.20$ mm(2处)	0.6	一处超差扣0.3分			
48		⊿ 0.06(2处)	0.4	一处超差扣0.2分			
49		⏥ 0.12 A	0.5	超差全扣			
50		Ra 1.6 μm	0.3	降级全扣			
51		Ra 3.2 μm(11处)	1.1	一处降级扣0.1分			
52	件5 (15.1分)	60°±5′(2处)	2	一处超差扣1分			
53		40±0.02 mm	1.1	超差全扣			
54		20±0.02 mm	1.1	超差全扣			
55		10±0.02 mm	1	超差全扣			
56		($\phi 4^{+0.012}_{0}$) mm	1	超差全扣			
57		$C3\pm0.20$ mm(12处)	3.6	一处超差扣0.3分			
58		⊿ 0.06(12处)	2.4	一处超差扣0.2分			
59		⏥ 0.12 A	0.5	超差全扣			
60		Ra 1.6 μm	0.3	降级全扣			
61		Ra 3.2 μm(21处)	2.1	一处降级扣0.1分			
62	配合 (19.5分)	件2、件3与件1的配合间隙为≤0.05 mm(10处)	10	一处超差扣1分			
63		件4与件1的配合间隙为≤0.05 mm(4处)	4	一处超差扣1分			
64		件5与件4的配合间隙为≤0.05 mm(4处)	4	一处超差扣1分			
65		58.56±0.12(2处)	1	一处超差扣1分			
66		54±0.12	0.5	超差全扣			
67	外观	工件表面不许有敲击、碰伤、拉毛等缺陷	倒扣	由总分中酌情扣除1~5分			
68	违规	违反安全操作规程 违反职业规范	倒扣	由总分中酌情扣除5~10分			
					总分		

五、圆弧燕尾组合锉配

1. 考件图样（表5-17）

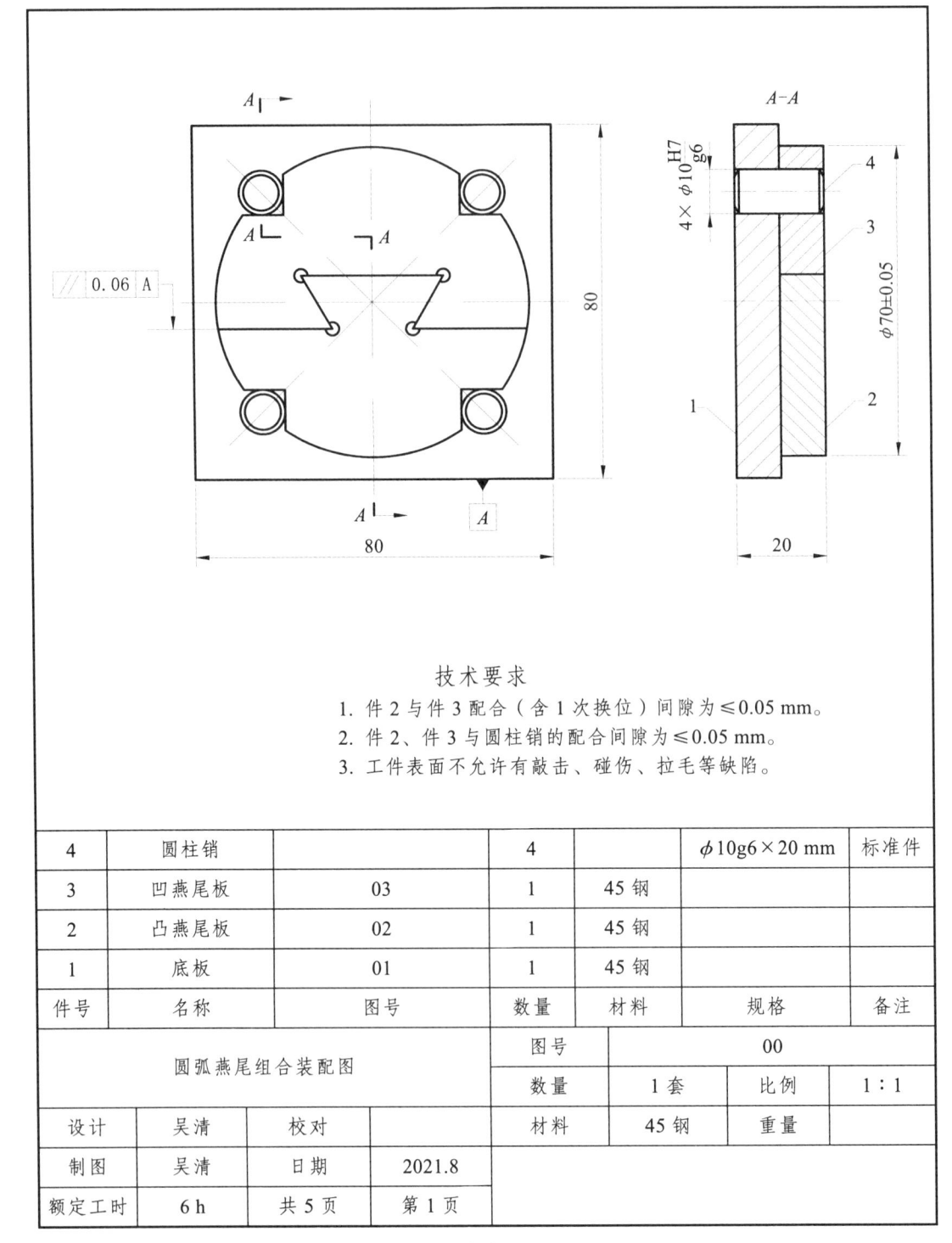

技术要求
1. 件2与件3配合（含1次换位）间隙为≤0.05 mm。
2. 件2、件3与圆柱销的配合间隙为≤0.05 mm。
3. 工件表面不允许有敲击、碰伤、拉毛等缺陷。

4	圆柱销		4		$\phi 10g6 \times 20$ mm	标准件
3	凹燕尾板	03	1	45钢		
2	凸燕尾板	02	1	45钢		
1	底板	01	1	45钢		
件号	名称	图号	数量	材料	规格	备注
圆弧燕尾组合装配图			图号		00	
^			数量	1套	比例	1:1
设计	吴清	校对		材料	45钢	重量
制图	吴清	日期	2021.8			
额定工时	6 h	共5页	第1页			

（a）

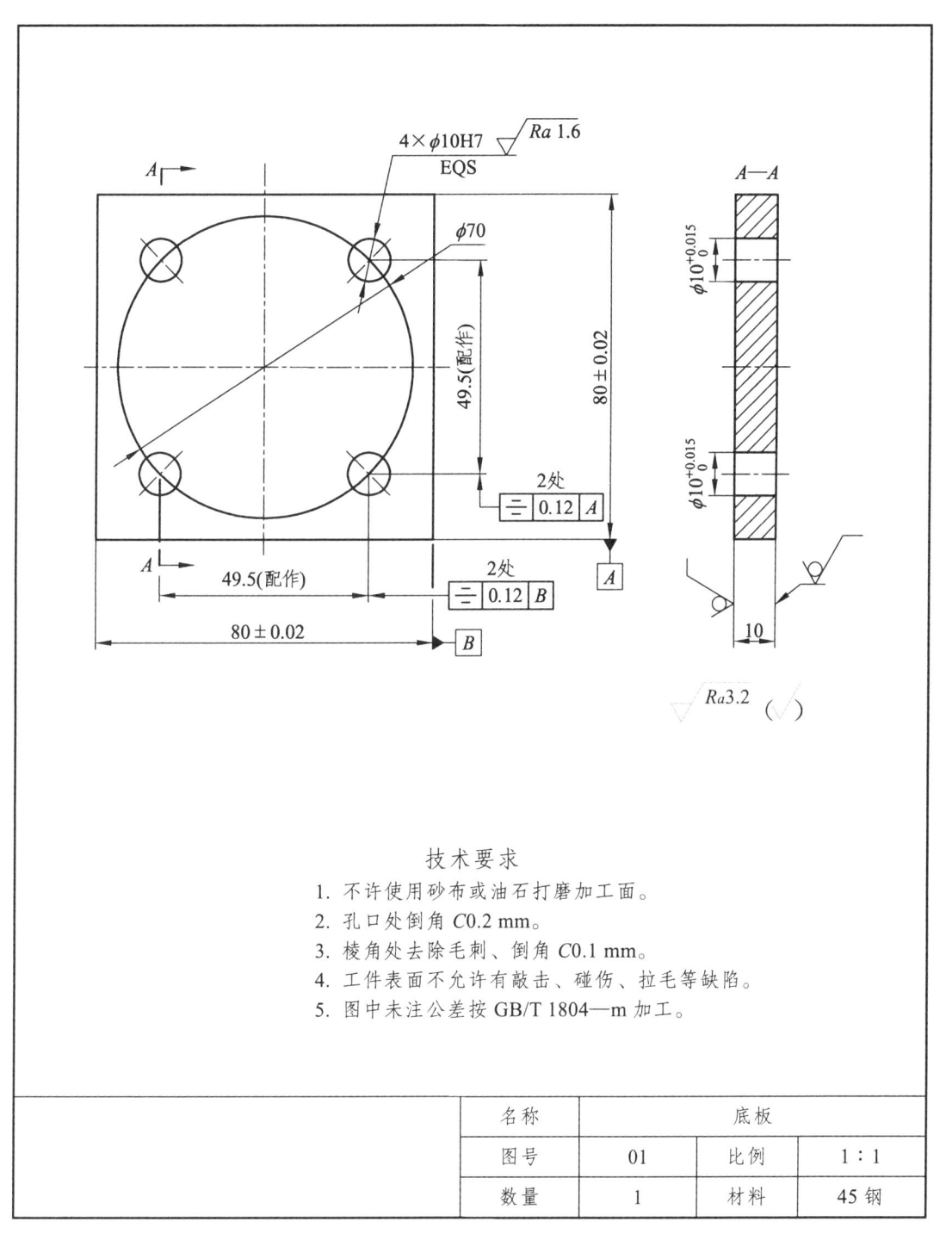

技术要求
1. 不许使用砂布或油石打磨加工面。
2. 孔口处倒角 C0.2 mm。
3. 棱角处去除毛刺、倒角 C0.1 mm。
4. 工件表面不允许有敲击、碰伤、拉毛等缺陷。
5. 图中未注公差按 GB/T 1804—m 加工。

名称		底板	
图号	01	比例	1:1
数量	1	材料	45 钢

(b)

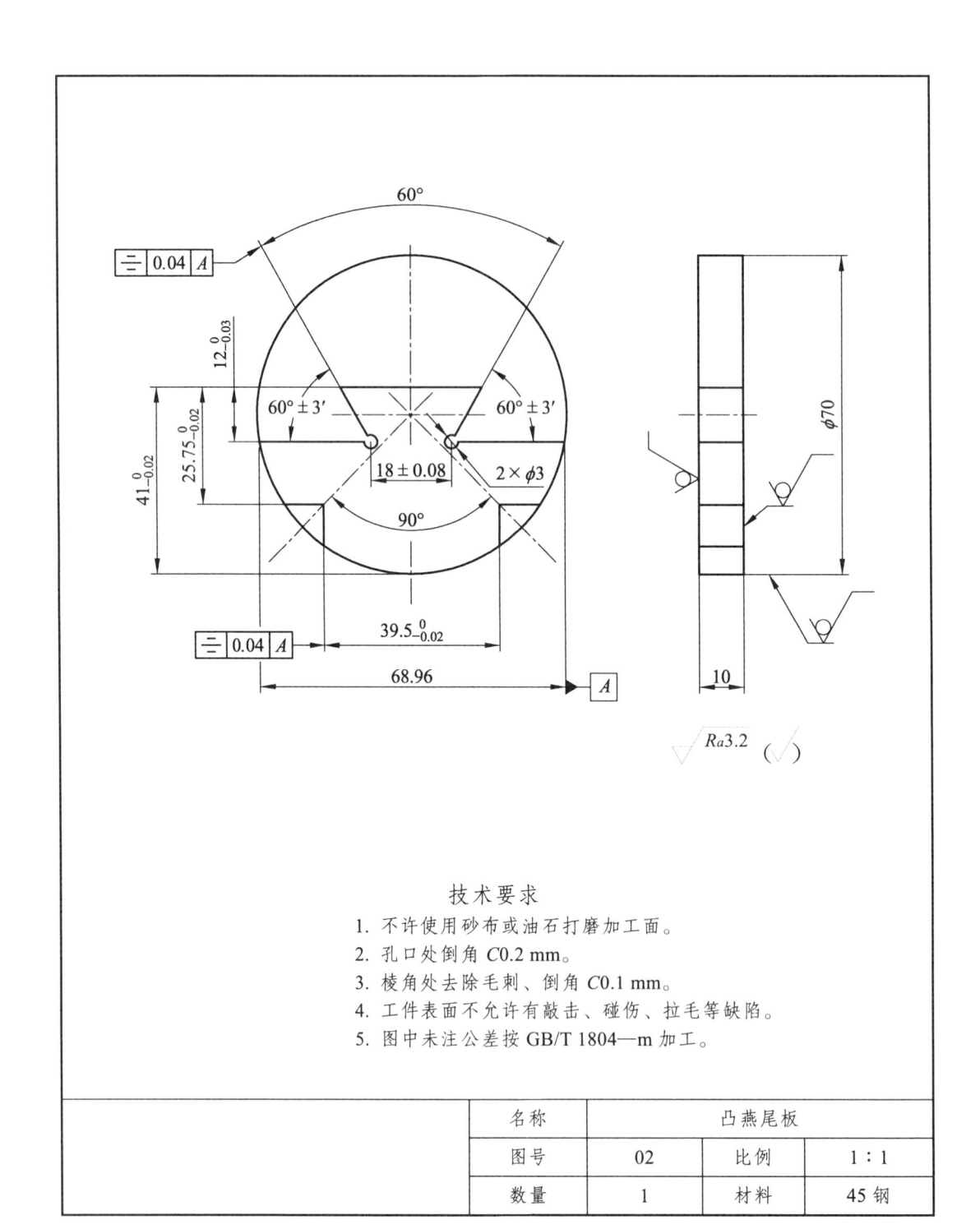

技术要求
1. 不许使用砂布或油石打磨加工面。
2. 孔口处倒角 C0.2 mm。
3. 棱角处去除毛刺、倒角 C0.1 mm。
4. 工件表面不允许有敲击、碰伤、拉毛等缺陷。
5. 图中未注公差按 GB/T 1804—m 加工。

名称	凸燕尾板		
图号	02	比例	1∶1
数量	1	材料	45钢

(c)

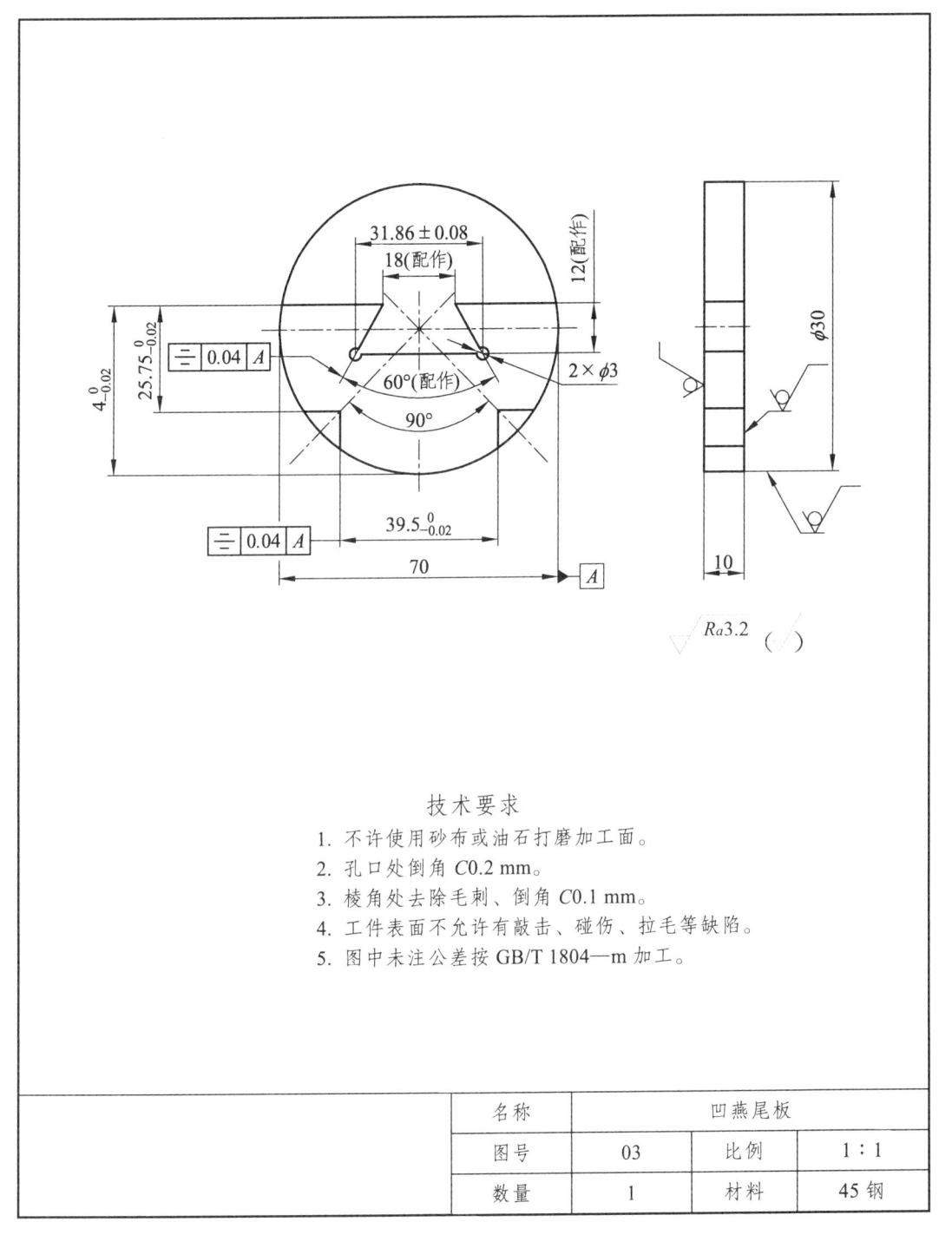

技术要求
1. 不许使用砂布或油石打磨加工面。
2. 孔口处倒角 C0.2 mm。
3. 棱角处去除毛刺、倒角 C0.1 mm。
4. 工件表面不允许有敲击、碰伤、拉毛等缺陷。
5. 图中未注公差按 GB/T 1804—m 加工。

名称	凹燕尾板		
图号	03	比例	1∶1
数量	1	材料	45钢

(d)

图 5-17 圆弧燕尾组合锉配

2. 考件评分表（表5-17，供参考）

表5-17 圆弧燕尾组合锉配评分表

序号	项目	考核内容	配分	评分标准	检测记录	扣分	得分
1	件1 （25分）	80±0.02 mm（2处）	5	一处超差扣2.5分			
2		($\phi 10_{0}^{+0.015}$) mm（4处）	6	一处超差扣1.5分			
3		⌖ 0.12 A（2处）	4	一处超差扣2分			
4		⌖ 0.12 B（2处）	4	一处超差扣2分			
5		Ra 1.6 μm（4处）	4	一处降级扣1分			
6		Ra 3.2 μm（4处）	2	一处降级扣0.5分			
7	件2 （30.5分）	60°±3′（2处）	6	一处超差扣3分			
8		($41_{-0.02}^{0}$) mm	2.5	超差全扣			
9		($39.5_{-0.02}^{0}$) mm	2.5	超差全扣			
10		($25.75_{-0.02}^{0}$) mm（2处）	5	一处超差扣2.5分			
11		($12_{-0.03}^{0}$) mm（2处）	5	一处超差扣2.5分			
12		18±0.08 mm	1	超差全扣			
13		⌰ 0.04 A（2处）	4	一处超差扣2分			
14		Ra 3.2 μm（9处）	4.5	一处降级扣0.5分			
15	件3 （19.5分）	($41_{-0.02}^{0}$) mm	2.5	超差全扣			
16		($39.5_{-0.02}^{0}$) mm	2.5	超差全扣			
17		($25.75_{-0.02}^{0}$) mm（2处）	5	超差全扣			
18		31.86±0.08 mm	1	超差全扣			
19		⌰ 0.04 A（2处）	4	一处超差扣2分			
		Ra 3.2 μm（9处）	4.5	一处降级扣0.5分			
20	配合 （25）	件2与件3配合（含1次换位）间隙为≤0.05 mm（10处）	15	一处超差扣1.5分			
21		件2、件3与圆柱销的配合间隙为≤0.05 mm（8处）	5.6	一处超差扣0.7分			
22		$\phi 70±0.05$ mm	1.4	超差全扣			
23		∥ 0.06 A（2处）	3	一处超差扣1.5分			
24	外观	工件表面不许有敲击、碰伤、拉毛等缺陷	倒扣	由总分中酌情扣除1~5分			
25	违规	违反安全操作规程 违反职业规范	倒扣	由总分中酌情扣除5~10分			
				总分			

六、凸凹圆弧组合锉配

1. 考件图样（图 5-18）

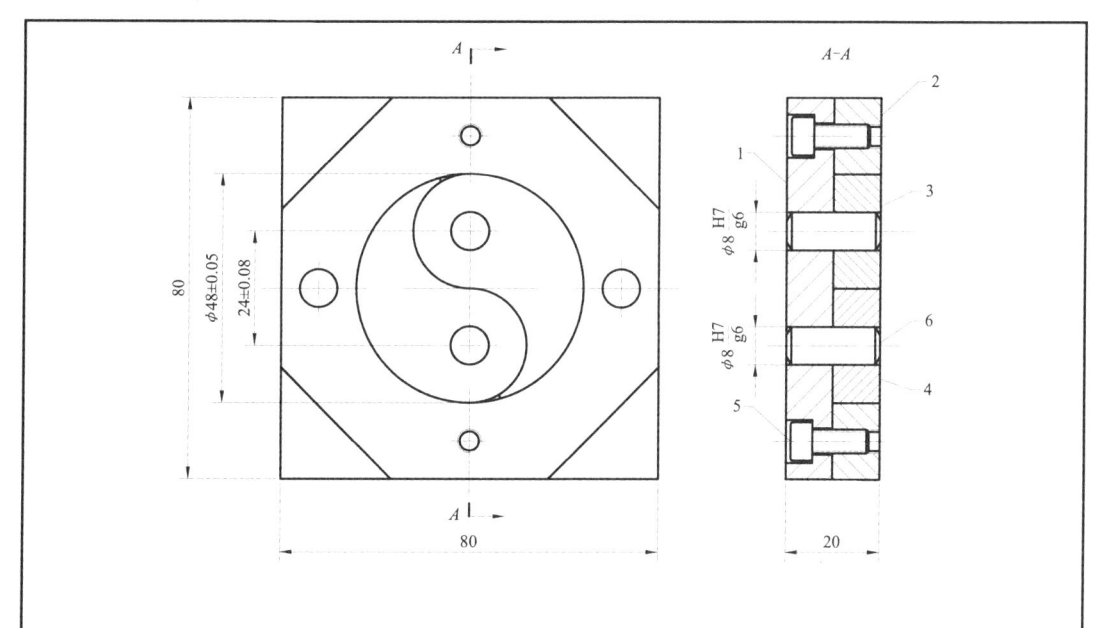

技术要求

1. 件 3 与件 4 之间曲面配合（含两件翻转换位一次）间隙为 ≤0.05 mm。
2. 件 3、件 4 与件 2 曲面配合（含件 3 和件 4 翻转换位一次）间隙为 ≤0.05 mm。
3. 件 1 与件 2 配合后的侧面（4 处）错位量 ≤0.07 mm。
4. 工件表面不允许有敲击、碰伤、拉毛等缺陷。

8	圆柱销		6		ϕ8g6×20 mm	标准件
7	内六角螺钉		2		M5×12 mm	标准件
6	燕尾板（2）	06	1	45 钢		
5	燕尾板（1）	05	1	45 钢		
4	凸凹圆弧板（2）	04	1	45 钢		
3	凸凹圆弧板（1）	03	1	45 钢		
2	正八边圆孔板	02	1	45 钢		
1	底板	01	1	45 钢		
件号	名称	图号	数量	材料	规格	备注

凸凹圆弧组合装配图			图号	00		
			数量	1 套	比例	1∶1
设计	吴清	校对		材料	45 钢	重量
制图	吴清	日期	2013.7			
额定工时	7 h	共 5 页	第 1 页			

(a)

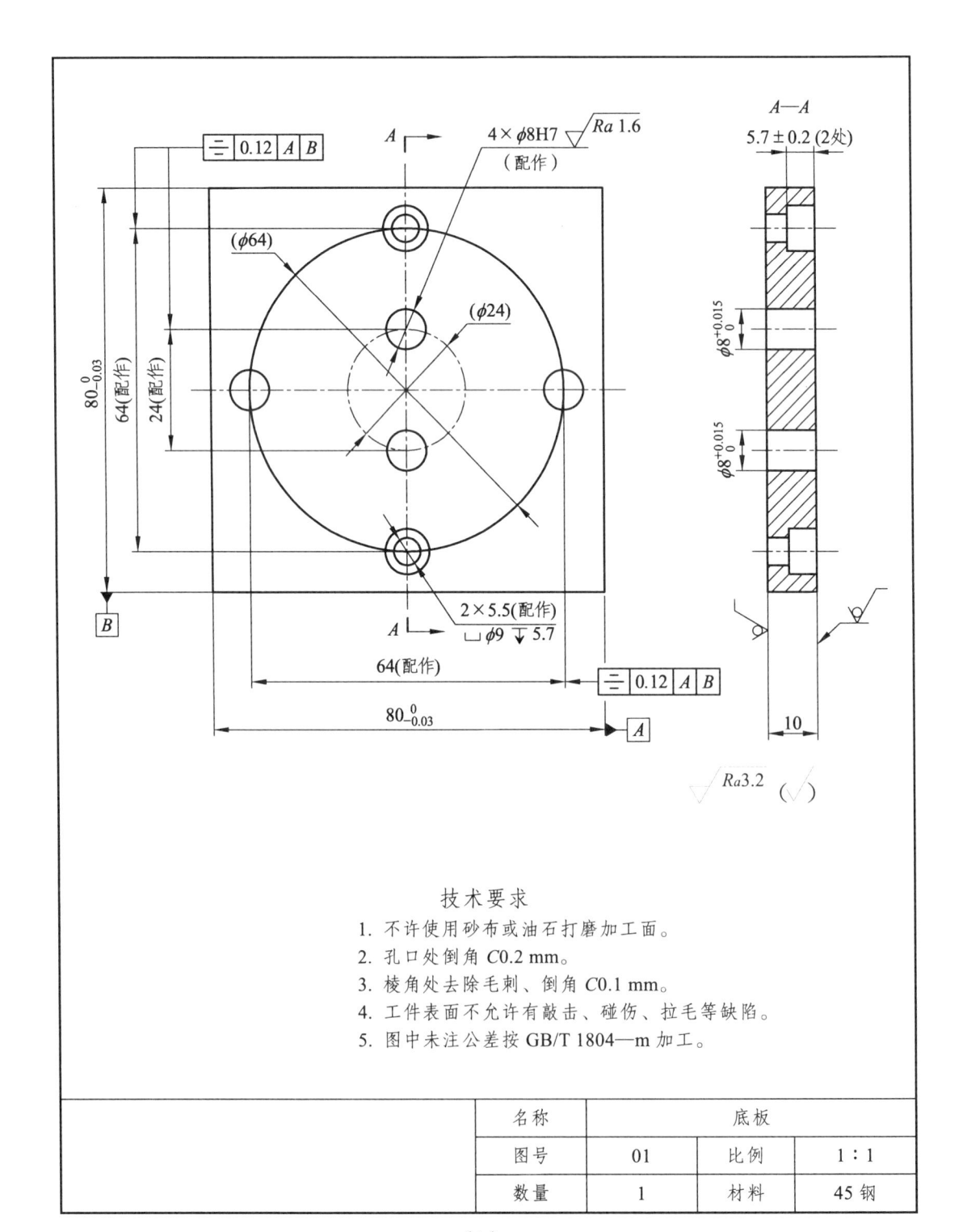

技术要求
1. 不许使用砂布或油石打磨加工面。
2. 孔口处倒角 $C0.2$ mm。
3. 棱角处去除毛刺、倒角 $C0.1$ mm。
4. 工件表面不允许有敲击、碰伤、拉毛等缺陷。
5. 图中未注公差按 GB/T 1804—m 加工。

名称		底板	
图号	01	比例	1∶1
数量	1	材料	45 钢

（b）

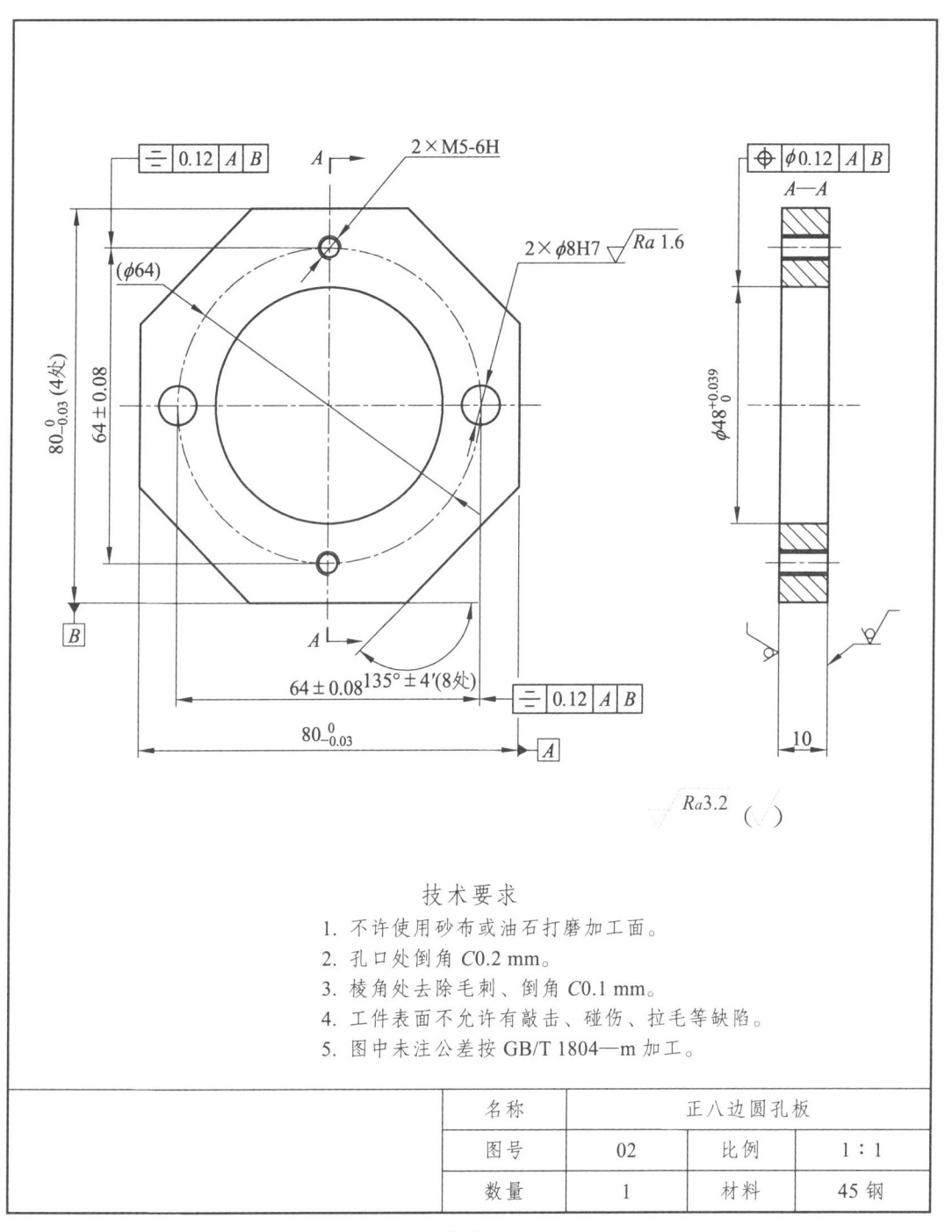

技术要求
1. 不许使用砂布或油石打磨加工面。
2. 孔口处倒角 C0.2 mm。
3. 棱角处去除毛刺、倒角 C0.1 mm。
4. 工件表面不允许有敲击、碰伤、拉毛等缺陷。
5. 图中未注公差按 GB/T 1804—m 加工。

名称		正八边圆孔板	
图号	02	比例	1:1
数量	1	材料	45 钢

(c)

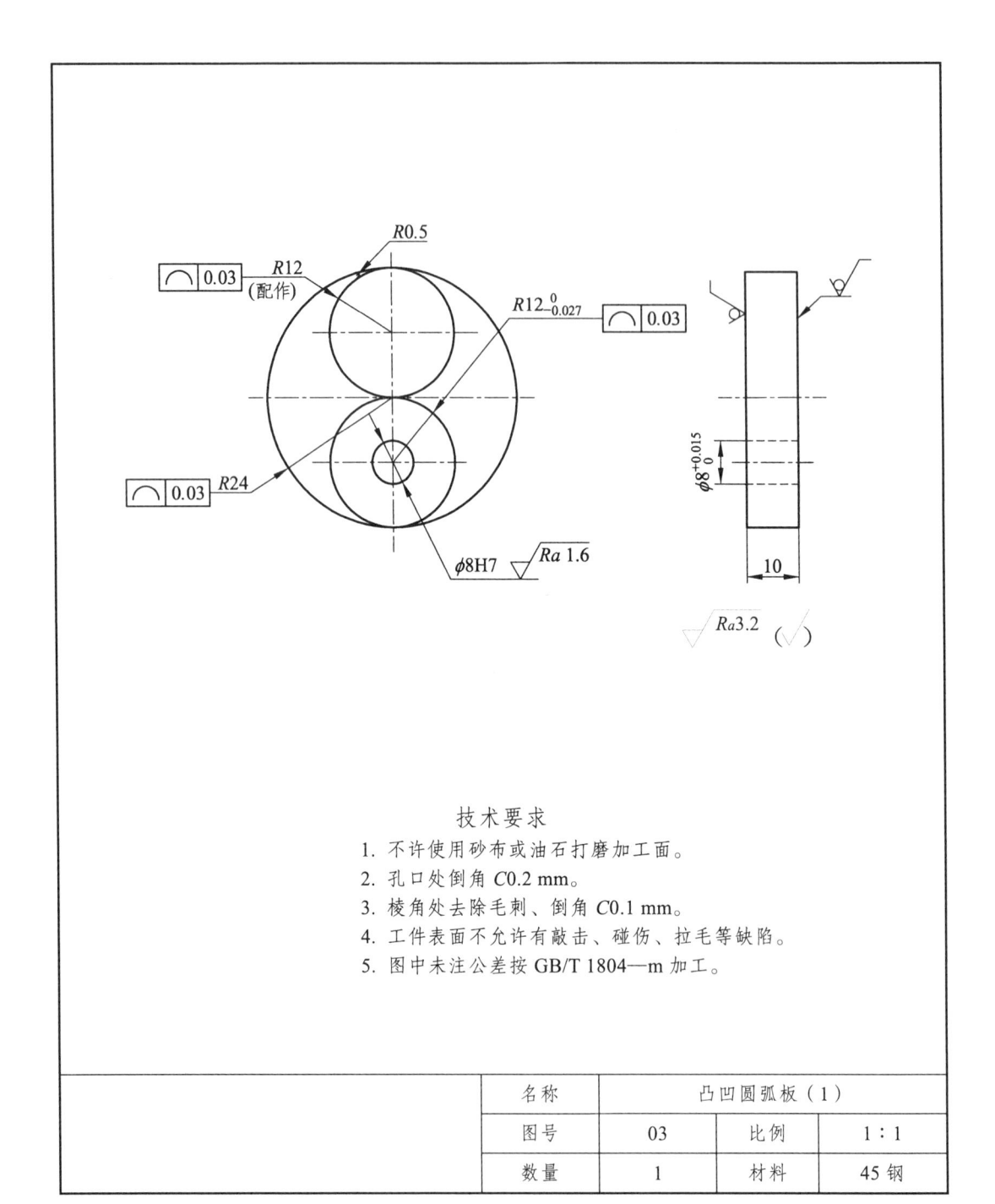

技术要求
1. 不许使用砂布或油石打磨加工面。
2. 孔口处倒角 C0.2 mm。
3. 棱角处去除毛刺、倒角 C0.1 mm。
4. 工件表面不允许有敲击、碰伤、拉毛等缺陷。
5. 图中未注公差按 GB/T 1804—m 加工。

名称	凸凹圆弧板（1）		
图号	03	比例	1∶1
数量	1	材料	45 钢

(d)

技术要求
1. 不许使用砂布或油石打磨加工面。
2. 孔口处倒角 C0.2 mm。
3. 棱角处去除毛刺、倒角 C0.1 mm。
4. 工件表面不允许有敲击、碰伤、拉毛等缺陷。
5. 图中未注公差按 GB/T 1804—m 加工。

名称	凸凹圆弧板（2）		
图号	04	比例	1:1
数量	1	材料	45钢

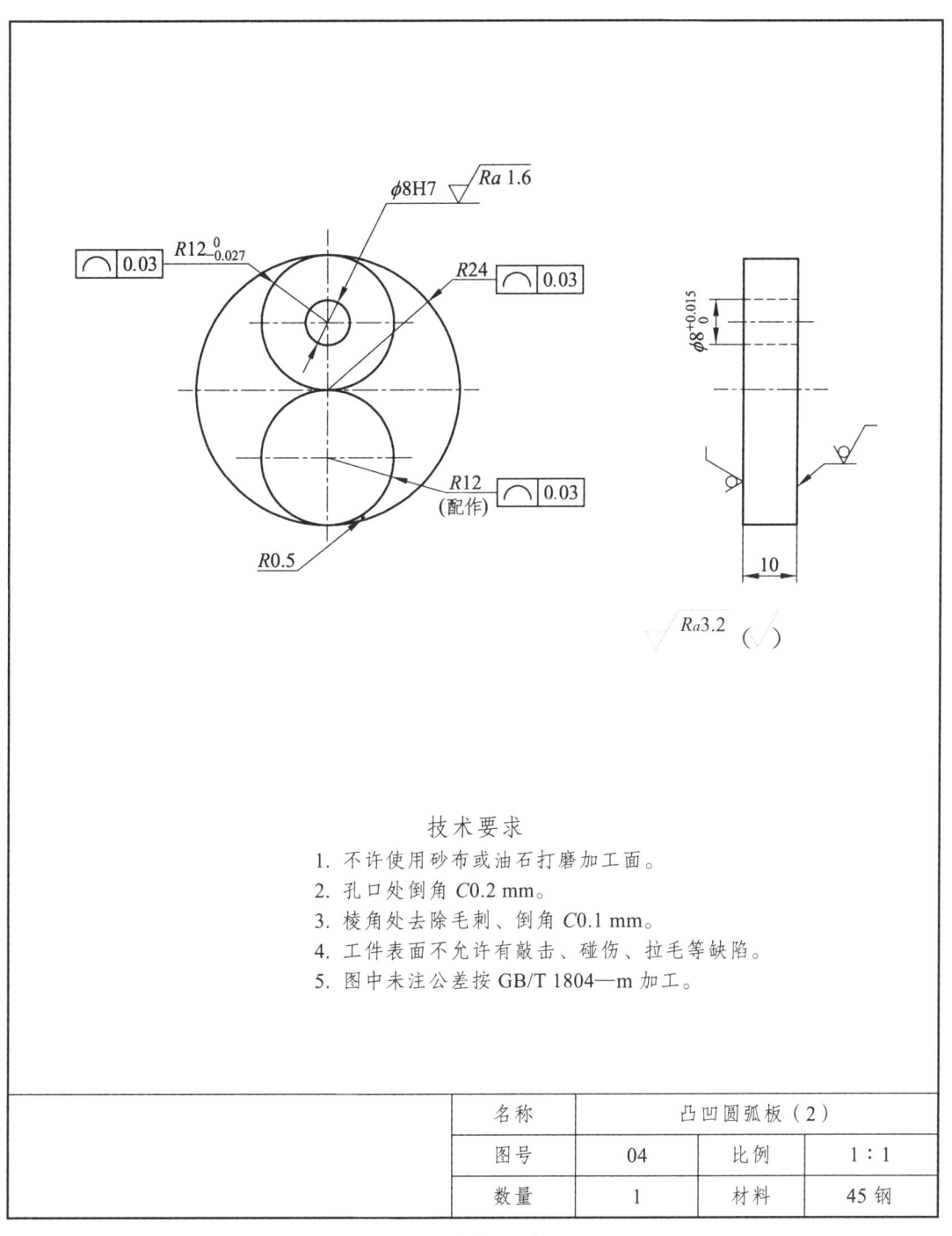

(e)

图 5-18 凸凹圆弧组合锉配

2. 考件评分表（表 5-18，供参考）

表 5-18 凸凹圆弧组合锉配锉配评分表

序号	项目	考核内容	配分	评分标准	检测记录	扣分	得分
1	件 1 (13.3 分)	($80_{-0.03}^{0}$) mm（2 处）	4	一处超差扣 2 分			
2		($\phi 8_{0}^{+0.015}$) mm（4 处）	1	一处超差扣 0.5 分			
3		5.7±0.2 mm（2 处）	1	一处超差扣 0.5 分			
4		▱ 0.12 A B（3 处）	4.5	一处超差扣 1.5 分			
5		Ra 1.6 μm（4 处）	2	一处降级扣 0.5 分			
6		Ra 3.2 μm（4 处）	0.8	一处降级扣 0.2 分			
7	件 2 (34.6 分)	135°±4′（8 处）	12	一处超差扣 1.5 分			
8		($80_{-0.03}^{0}$) mm（4 处）	8	一处超差扣 2 分			
9		($\phi 48_{0}^{+0.039}$) mm	4	超差全扣			
10		($\phi 8_{0}^{+0.015}$) mm（2 处）	2	一处超差扣 1 分			
11		64±0.08 mm（2 处）	1	一处超差扣 0.5 分			
12		M5-6H（2 处）	1	一处超差扣 0.5 分			
13		▱ 0.12 A B（3 处）	3	一处超差扣 1 分			
14		⌖ ⌀0.12 A B	1	超差全扣			
15		Ra 1.6 μm（2 处）	1	一处降级扣 0.5 分			
16		Ra 3.2 μm（8 处）	1.6	一处降级扣 0.2 分			
17	件 3 (14.1 分)	(R$12_{-0.027}^{0}$) mm	3	超差全扣			
18		($\phi 8_{0}^{+0.015}$) mm	1	超差全扣			
19		⌒ 0.03（3 处）	9	一处超差扣 3 分			
20		Ra 1.6 μm	0.5	降级全扣			
21		Ra 3.2（3 处）	0.6	一处降级扣 0.2 分			

续表

序号	项目	考核内容	配分	评分标准	检测记录	扣分	得分
22	件4 （14.1分）	$R12_{-0.027}^{0}$ mm	3	超差全扣			
23		$(\phi8_{0}^{+0.015})$ mm	1	超差全扣			
24		⌒ 0.03（3处）	9	一处超差扣3分			
25		Ra 1.6 μm	0.5	降级全扣			
26		Ra 3.2 μm（3处）	0.6	一处降级扣0.2分			
27	配合 （23.9分）	件3与件4之间配合（含两件翻转换位一次）间隙为≤0.05 mm（4处）	9.2	一处超差扣2.3分			
28		件3、件4与件2配合（含件3和件4翻转换位一次）间隙为≤0.05 mm（4处）	9.2	一处超差扣2.3分			
29		件1与件2配合后的侧面（4处）错位量≤0.07 mm	2.4	一处超差扣0.6分			
30		$\phi48\pm0.05$ mm	2	超差全扣			
31		24 ± 0.08 mm	1.1	超差全扣			
32	外观	工件表面不许有敲击、碰伤、拉毛等缺陷	倒扣	由总分中酌情扣除1~5分			
33	违规	违反安全操作规程 违反职业规范	倒扣	由总分中酌情扣除5~10分			
					总分		

参考文献

[1] 技工学校机械类通用教材编审委员会. 钳工工艺学[M]. 3 版. 北京：机械工业出版社，1986.

[2] 中华人民共和国人力资源和社会保障部. 国家职业技能标准 钳工[S]. 北京：中国劳动社会保障出版社，2020.

编著者文献

[1] 吴清. 关于锉削操作方法的探讨[J]. 吉林职业师范学院学报（教研版），2000（12）：82-83.

[2] 吴清. 锉削操作技法[J]. 工具技术，2002（9）：56-57.

[3] 吴清. 平面锉削的操作要领和基本锉法[J]. 机械工人（冷加工），2007（10）：40-41.

[4] 吴清. 型面锉削工艺[J]. 金属加工（冷加工），2016（18）：58-59.

[5] 吴清. 吴氏全程大力锉削操作训练法[J]. 科技创新导报，2016（24）：44-50.

[6] 吴清. 吴氏平面精锉操作法[J]. 科技创新导报，2017（16）：110-115.

[7] 吴清. 吴氏曲面锉削操作法[J]. 科技创新导报，2017（17）：110-113.

[8] 吴清. 吴氏台钳装夹操作法[J]. 科技创新导报，2018（06）：122-102.

[9] 吴清. 提高铰孔质量的工艺方法[J]. 山东工业技术，2023（03）：97-102.

[10] 吴清. 看图学钳工锉削技能[M]. 北京：化学工业出版社，2014.

[11] 吴清. 钳工基础技术[M]. 3 版. 北京：清华大学出版社，2019.